आधुनिक जैविक कृषि

जलवायु परिवर्तन एवं जैव विविधता के संदर्भ में

आदिमानव से आधुनिक मानव तक की दुरूह यात्रा

ऋषि परम्परा से कृषि परम्परा तक की दुर्गम यात्रा

आधुनिक जैविक कृषि

जलवायु परिवर्तन एवं जैव विविधता के संदर्भ में

अनिल कुमार सिंह
अजय कुमार सिंह
आराधना कुमारी
अंजनी कुमार सिंह
आशुतोष उपाध्याय
संजीव कुमार
राकेश कुमार यादव
एवं
प्रेम कुमार सुन्दरम

SSPH

सतीश सीरियल पब्लिशिंग हाउस

403, एक्सप्रेस टॉवर, वाणिज्यिक परिसर, आजादपुर, नई दिल्ली–110033
दूरभाषः 011–27672852 फेक्सः 91–11–27672046
ईमेलः info@satishserial.com, hkjain1975@yahoo.com
वैबसाईटः www.satishserial.com

Published by :

SATISH SERIAL PUBLISHING HOUSE
403, Express Tower, Commercial Complex, Azadpur, Delhi-110033 (INDIA)
Phone : 011-27672852 Fax : 91-11-27672046
E-mail : info@satishserial.com, hkjain1975@yahoo.com

ISBN 978-93-88020-26-8

Composed, Designed & Printed in India

समर्पण

हमारे पूर्वज आदिमानव के संघर्षशील
जीवन शैली को सादर समर्पित

जिनके अदम्य साहस एवं अनगिनत बलिदानों
ने हमें आधुनिक मानव बनाया

अपनी बात

जैविक कृषि प्रणाली या पद्धति हमारे देश भारत के लिए कोई नया कृषि अवतार नहीं है। क्योंकि हमारे पूर्वजों ने कृषि की कला मानव सभ्यता के शैशवकाल में सीखना एव इस विद्या में महारत प्राप्त करना शुरू कर दिया था। भारतीय मनीषियों ने जैविक खेती में महत्त्वपूर्ण शोध किये, यह कहना कोई अतिरेक नहीं होगा। ऋषि पराशर ही प्रथम कृषि वैज्ञानिक हैं, उनके योगदान को शायद ही कोई नकार सके। जैविक कृषि प्रणाली का विकास एवं वैज्ञानिक शोध के लिए विश्व, ऋषि पराशर का सदैव ऋणी रहेगा। इसे हम वैदिकयुगीन कृषि भी कह सकते हैं, कालान्तर में महान अर्थशास्त्री चाणक्य ने भी कृषि पर बहुत कार्य किया, उन्होंने भूमि का वर्गीकरण उसकी उर्वराशक्ति के आधार पर किया। तदुपरांत घाघ, भड्डरी जसै महान ज्योतिषियों ने कृषि पर आकाशोय पिंडो यथा चन्द्र, ग्रह, नक्षत्रों का इस धरा पर रहने वाले इंसानों जानवरों एवं कृषि पर पड़ने वाले प्रभावों का सूक्ष्म अध्ययन करके लेखनीबद्ध किया।

भारत में प्राकृतिक खेती का विकास विभिन्न चरणों से गुजरते हुये, रसायनिक खेती, व्यवसायिक खेती से होते हुए पुनः अपने नैसर्गिक रूप में सशक्त होकर हमारे सम्मने दस्तक दे रहा है। देखने एवं समझने वाली बात यह है कि जिस तरह हनारे देश में हिन्दू संस्कृति में विभिन्न मतों एवं धर्मों का विकास हुआ, ठीक उसी तरह कृषि में भी नाना प्रकार के प्रयोग हुए, और नित नई कृषि विधाओ का आगाज हुआ। उदाहरण के तौर पर होमासोल, वैदिक कृषि, अग्निहोत्र कृषि, परम्परागत खेती, जैविक खेती, नैसर्गिक कृषि, प्राकृतिक खेती आदि–आदि। सभी खेती की प्रणालियों का मलू मन्त्र, प्रकृति के साथ सहजीवन, रसायनों के उपयोग पर पाबंदी के साथ दैविक एवं खगोलीय पिंड़ो से उत्सर्जित ऊर्जा का सदुपयोग खेती के साथ जन कल्याण हेतु करना।

जैविक कृषि, मात्र खेतीबारी ही नहीं हैं, अपितु जीवन जीने की सम्पूर्ण प्रक्रिया है, एक जीवन पद्धति है, एक जीवन दर्शन है, जिसमें पृथ्वी को जीवनदायिनी एवं जीवित स्वरुप को परिकल्पना की गयी है। जैविक कृषि प्रणाली एक समपूर्ण स्वावलबीं कृषि प्रणाली हैं, यही कारण है कि इस खेती के लिए बाहर से कोई भी पदार्थ या सामान ला कर प्रयोग नहीं कर सकते हैं। यहाँ तक कि खाद, बीज, कीटनाशी, रोगनाशी एवं खरपतवारनाशी इत्यादि भी स्वयं जैविक तरीके से बनाने होते हैं। फसल पोषण के लिए जैविक एवं कम्पोस्ट खाद का उपयोग होता है। पौधों को कीट, रोग एवं खरपतवार के प्रबंधन हेतु जैवनाशियों का उपयागे करते हैं, जिसका निर्माण जैविक पदार्थों से किया जाता है।

जहाँ तक प्रश्न है कि जैव विविधता को बरकरार रखना है, बस इतना ही कहना उचित होगा कि जैविक कृषि प्रणाली में न तो प्राकृतिक संसाधनो का अपव्यय होता है, न ही इसका दोहन होता हैं, अपितु, प्राकृतिक संसाधनों का समुचित उपयोग होता है, क्योंकि जैविक कृषि प्रणाली में पशुओं के मल मूत्र, फसल अपशिष्ट इत्यादि का सदुपयोग करके केंचुआ खाद, बायो गैस घोल, आदि तैयार किए जाते हैं। केंचुआ खाद में संतुलित एवं पर्याप्त मात्रा में पोषक तत्व होने के कारण

फसलों एवं भूमि पर इसका सकारात्मक प्रभाव पड़ता है। किसी भी प्रकार यथा जल, मिट्टी व वायु प्रदूषण का कोई भी खतरा नहीं होता है, इसलिए जैव विविधता की अक्षुण्णता बनी रहती है। जहाँ तक बात जलवायु परिवर्तन की चुनौतियों को सफलतापूर्वक झेलने की बात है तो जैविक एवं परंपरागत कृषि, रसायनिक कृषि से कही ज्यादा कारगर है। जैव उत्पादित खाद्य पदार्थ न केवल पोषकता से लबरेज होते हैं, बल्कि ये खाने में भी स्वादिष्ट होते हैं। सबसे बड़ी बात यह है कि रसायनिक खादों के प्रयोग से उत्पादित खाद्य पदार्थ हमारे पाचनतंत्र एवं स्वास्थ्य पर बुरा प्रभाव डालता है। कैंसर जैसी लाइलाज बीमारी का सबसे बड़ा कारण कृषि रसायनों का अंधाधुंध उपयोग है।

अंत मे हम सभी कृषक बंधुओ से यही अनुरोध करेंगे कि –

रसायनिक खादों के ज्यादा प्रयोग से

जल और जमीन होते जा रहे बर्बाद

और उत्पादित खाद्य पदार्थों का सेवन

हमारे स्वास्थ्य पर करता कुठाराघात

गैस, बदहजमी और कई अन्य विकार

रसायनिक खेती देती हमें यह सौगात

उत्पाद की मात्रा भले ही बढ़ गई हो

पर गुणवत्ता तो खोते जा रहे उत्पाद

जैविक कृषि एक ऐसी प्रणाली, जिसमें जैविक खादों का करते उपयोग

अपव्यय कम और लाभ अधिक, स्वस्थ बनाता है जैविक उत्पाद उपभोग

लेखकगण

आभार

"नवोन्मेषी कृषि उद्यमिता के द्वारा जीवेकोपार्जन सुरक्षा" नामक राष्ट्रीय सम्मेलन का आयोजन ग्रामीण अर्थव्यवस्था उत्थान समिति, वाराणसी के तत्वाधान में 12–13 मार्च, 2016 को पाटलीपुत्र की पावन भूमि पर किया गया था, इस सम्मेलन में पुरस्कृत प्रगतिशील कृषकों से वार्तालाप के दौरान ही "जैविक कृषि" को लेखनीबद्ध करने का विचार आया। ज्ञात हो कि बिहार की धरती वैदिक काल से ही ज्ञान–विज्ञान के क्षेत्र में अग्रणीय रही है। यहाँ पर कृषि का विकास बौद्ध काल (700 ई०पू०) से शुरू होकर मगध काल (544 ई०पू० से 499 ई०पू०) एवं मौर्य काल (322 ई०पू० से 185 ई०पू० तक) से होते हुए इसका चरमोत्कर्ष गुप्त काल (320–550 ई०पू०) में हुआ।

वस्तुतः इसके प्रेरणा स्रोत हमारे कृषक बंधु ही हैं। हम कृषि वैज्ञानिक प्रायः कृषक–वैज्ञानिक समागम में देश के विभिन्न अंचलो के कृषक बंधुओ के साथ कृषि के विभिन्न आयामों पर विचार विमर्श करते रहते हैं, जिसके फलस्वरूप शनैः–शनै कृषि ज्ञान गंगा में अनवरत वृद्धि होती गई। हम उन सभी महानुभावों के प्रति अपना आभार प्रकट करते हैं, जिन्होने अपने बहुमूल्य कृषि ज्ञान एवं अनुभव को हमसे साझा किया। पाण्डुलिपि को लिपिबद्ध करने के क्रम में समय–समय पर बड़े बुजुर्गों का सानिध्य स्नेह, प्यार एवं ढ़ेर सारा आशीर्वाद मिला, जिसके लिए हम हृदय से आभारी हैं। अध्यायों को क्रमबद्ध करने में हमारे वरिष्ठ एवं अनुभवी वैज्ञानिकों का सहयोग एवं उत्साहवर्धन प्रंससनीय रहा, जिसके लिए हम सभी लोगों को हार्दिक धन्यवाद देते हैं। इस पुस्तक में कृषक बंधुओं के अनुभवों को भी यथोचित स्थान दिया गया है। इस पुस्तक को संकलित, संपादित एवं लेखनीबद्ध करने के क्रम में सामग्रियों का संकलन विभिन्न स्रोतों यथा प्राचीन पुस्तकें, टीका टिप्पणी, लेख, यहाँ तक की इन्टरनेट पर उपलब्ध सामग्रियों को भी सरल भाषा में प्रस्तुत करके किया गया है। हम उन सभी लेखकों एवं रचनाकारों का भी आभार प्रकट करते हैं, जिनकी अमूल्य कृतियों ने इस पुस्तक के प्रस्तुतीकरण में महत्त्वपूर्ण योगदान दिया है।

यह आभार तब तक अधूरा है, जब तक कि हम श्रीमती मंजूलता सिंह जो, अध्यक्षा, ग्रामीण अर्थव्यवस्था उत्थान समिति, वाराणसी, को अपनी कृतज्ञता न व्यक्त कर दें। श्रीमती सिंह ने अपने व्यस्त दिनचर्या में से समय निकाल कर इस पाण्डुलिपि की वर्तनी को शुद्ध करने का ही कार्य नहीं किया, अपितु अपने कृषि अनुभवों को भी साझा किया, जिससे कि इस पुस्तक की गुणवत्ता में सुधार हो पाया।

हम अपने माता–पिता, भाई–बंधुओं, शुभेच्छुकों एवं बच्चों के प्रति भी विशेष आभार प्रकट करते हैं, क्योंकि उन्हानें विपरीत परिस्थितियों में भी हमारे पठन पाठन का समुचित ध्यान रखा आरै अपनी इच्छाओं एवं अपेक्षाओं का बलिदान करते हुए हमारा उत्साहवर्धन करते रहे। पाण्डुलिपि लिपिबद्ध करते समय हमने स्वजनों का जो अमूल्य समय नष्ट किया है, उसके लिए हम क्षमाप्रार्थी हैं। हम सभी उन महानुभावों का हार्दिक आभार प्रकट करते हैं, जिन्होनें प्रत्यक्ष या परोक्ष रूप से पुस्तक को इस रूप में प्रस्तुतीकरण में सहायता की है। पुस्तक लेखन के दौरान जाने–अंजाने में किसी को कष्ट पहुंचा हो तो उसके लिए हम हृदय से क्षमा प्रार्थी हैं।

लेखकगणप

प्रस्तावना

ऋषि मुनियों की कर्मभूमि, हिन्दुस्तान, "सुजलाम–सुफलाम" की कामना से परिपूर्ण है। वैदिक कृषि पद्धति पर्यावरण, पारिस्थितिक संयोजन एवं समन्वयन के सिद्धांतों पर आधारित हमारी देव संस्कृति के दूरदर्शी ऋषियों एवं महर्षियों के उत्कृष्ट चिंतन का परिणाम है। भारत की परम्परागत कृषि अर्थात जैविक खेती से बहुत ही पुराना नाता रहा है, पाषाण काल से लेकर आज तक हम जैविक कृषि प्रणाली को किसी न किसी स्वरूप मे अपनाते आ रहे हैं।

जैविक कृषि, जो कि परम्परागत तरीके से सदियों से चली आ रही है, उसमें समय के साथ–साथ नित नए आयाम जुड़े, परंतु मूलभूत सिद्धांत में कोई परिवर्तन नही आया। आज भी जैविक कृषि उत्पादन व्यवस्था में प्रयोग किए जाने वाले प्रायः सभी प्राकृतिक संसाधन ही होते हैं। इस प्रकार की खेती में कीटनाशकों और उर्वरकों का उपयोग वर्जित होता है। इसलिए जैव कृषि प्रणाली जैव विविधता के लिए फायदेमंद हो सकती है। क्योकि जैविक खेतों की मृदा मे जैव संसाधन आधुनिक तरीके से की जा रही खेती की तुलना में अधिक पाये जाते हैं। जब जरा सा मौसम में बदलाव आता है तो हमें उससे सामंजस्य बिठाने में कुछ समय तो लग ही जाता है, फसलों को नित और लगातार नयी बीमारियों से जूझना पड़ता है, जिससे उत्पादन क्षमता पर बहुत ही बुरा प्रभाव पड़ता है। परंतु जैविक खेती बदलते जलवायु हेतु एक बरदान साबित हो सकती है या यूँ कहे हो रही है।

आदिमानव द्वारा धरातल पर हल के माध्यम से खींची गई लकीर, मानव इतिहास को स्पष्ट रूप से दो काल खंडो मे विभाजित करती है, क्योंकि इस अद्भुत घटना ने आदिमानव को आज का विकसित मानव बनने के दुरूह पथ पर अग्रसारित कर दिया था, यही कारण है कि कृषि को सभी सभ्यताओं की जननी होने का श्रेय प्राप्त है। कृषि हमारे जन–जीवन मे इतना रची बसी है, कि ये हमें पता ही नही चलता कि कृषि हमारी परम्परा का हिस्सा है या रोजगार का साधन। यह कहना मुश्किल हो जाता है, क्योंकि कृषि सामाजिक समरसता का सशक्त ताना बाना है। हमारे प्रत्येक रीति–रिवाज कृषि से सीधे जुड़े हुए हैं। शायद ही कोई कार्यक्रम कृषि क्रियाओं से अछूता हो। यह कहना अतिश्योक्ति नहीं होगा, कि आज बच्चा जब से होश संभालता है, उसे कृषि एवं उससे संबधित क्रियायें एक सामान्य दिनचर्या सा प्रतीत होती हैं। बस यहीं से खेती और इससे जुड़ीं विभिन्न गतिविधियाँ जीवन का सामान्य हिस्सा प्रतीत होती हैं, आरै वह उसे जीवन पर्यन्त आत्मसात करता चला जाता है, या यूँ कहें कि कृषि एवं उससे संबन्धित कार्य मानव के श्वासों मे रच बस जाता है।

विश्व के प्राचीनतम ग्रंथ "ऋग्वेद के अनुसार "कृषि" शब्द की उत्पत्ति ''कृष" धातु से हुई है, जिसका तात्पर्य कर्षण क्रिया अर्थात "जुताई" से है। जुताई से ही कृषि क्रिया का शुभारंभ होता है। ऋग्वेद (श्लोक संख्या 34–13) में भी कृषि कर्म पर विशेष वर्णन मिलता है जिसमे स्पष्ट लिखा है कि–

।। अक्षैर्मा दीव्यः कृषिमित् कृशस्व वित्तेः रमस्व बहुमन्यमान ।।

अर्थात् जुआ मत खेलो, कृषि करो और सम्मान के साथ द्रव्य पाओ।

कालांतर में महर्षि पराशर ने कृषि पराशर की रचना की थी, जिसमे कृषि की सम्पूर्ण व्याख्या 243 श्लोको मे की थी। कृषि के महत्व पर प्रकाश डालते हुए (श्लोक संख्या 8) लिखा था कि–

।। कृषिर्धन्या कृषिर्मेध्या जन्तूनां जीवनं कृषि।।

अर्थात् कृषि सम्पत्ति और मेधा प्रदान करती है और कृषि ही मानव जीवन का आधार है। कृषि की महिमा के वर्णन से भारतीय साहित्य भरा पड़ा है उदाहरण के तौर पर

।। उत्तम खेती मध्यम बान। अधम चाकरी भीख निदान।।

जीविका एवं व्यवसाय के मामले में सर्वश्रेष्ठ व्यवसाय खेती (कृषि) है इसके बाद दूसरे नंबर पर मध्यम कोटि का व्यवसाय वाणिज्य (व्यापार) है एवं नौकरी सबसे निम्न कोटि का व्यवसाय है, इसी क्रम में भिक्षाटन सबसे निकृष्ट कोटि का व्यवसाय माना गया है।

हमारे देश में कृषकों के पास देशी तकनीकी ज्ञान (आई.टी.के.) का अथाह भंडार है। कृषि से जुड़ी कई ऐसी लोकोक्तियॉ हैं, जिनके पीछे विज्ञान छिपा है। कई लोकोक्तियॉ कृषि एवं जलवायु से सम्बन्धित हैं, जो बिल्कुल सटीक हैं। किसानों को खेती, आसपास की जलवायु एवं प्राकृतिक संसाधनों का काफी ज्ञान होता है। कृषकों के सदियों के अनुभवों के आधार पर ही ये लोकोक्तियॉ बनी हैं। देशी तकनीकी ज्ञान को क्रिया रूप में ढ़ाल कर कृषक प्राकृतिक संसाधनों का यथोचित उपयोग कर सकते हैं। यदि इन लोकोक्तियों को क्रियान्वित किया जाए, तो भविष्य में शोध करने के नये तरीके एवं नई तकनीकें ढूंढी जा सकती हैं जो जलवायु परिवर्तन के परिपेक्ष्य में भी कृषि में स्थायित्व ला सकेंगी।

काहे पंडित पढ़ि पढ़ि भरो, पूस अमावस की सुधि करो।

पूस उजेली सप्तमी, अष्टमी नौमी जाज।
मेघ होय तो जान लो, अब सुभ होइहै काज।।

यदि पूस मास के शुक्ल पक्ष की सप्तमी, अष्टमी और नवमी को बदली और गर्जना हो तो सब काम सुफल होगा अर्थात् सुकाल होगा।

सावन सुक्ला सप्तमी, जो गरजै अधिरात।
बरसै तो झुरा परै, नाहीं समौ सुकाल।।

यदि सावन मास के शुक्ल पक्ष में सप्तमी को आधी रात के समय बादल गरजे और पानी बरसे तो सूखा पड़ेगा यदि बरसात न हो तो समय अच्छा बीतेगा।

आवत आदर न दियो, जात दियों न हस्त। दोनो ही पछतात हैं, पाहुन और गृहस्थ।

इस लोकोक्ति के दो अर्थ है, पहला अर्थ यह है कि यदि आद्रा एवं हस्ता नक्षत्र में वर्षा नहीं होती है तो उस वर्ष धान की फसल अच्छी नहीं होगी फलस्वरूप गृहस्थ पछतायेगा एवं दूसरा अर्थ यह है कि यदि आते समय अतिथि को आदर सम्मान नहीं दिया और जाते समय अभिवादन नही किया, तो अतिथि पछताता है कि ऐसे संबंधी के यहाँ क्यों आया? जहाँ सम्मान नहीं मिला।

आंक से कोदो, नीम जवा। गाड़र गेहूं बेर चना।।

मंदार के पौधे में जिस वर्ष खूब फूल खिलते हैं, तो यह तय मानिए कि उस वर्ष कोदों की फसल अच्छी होती है। यदि नीम के पेड़ में अधिक फूल–फल लगते हैं तो समझ लीजिए जौ की फसल अच्छी होती है, परंतु यदि गाड़र (एक घास जिसे खस भी कहते हैं) की वृद्धि होती है, तो उस वर्ष गेहूँ, बेर और चने की फसल अच्छी होती है।

अखै तीज तिथि के दिना, गुरु होवे संजूत। तो भाखैं यों भड्डरी, उपजै नाज बहूत।।

भड्डरी जी का कहना है कि यदि वैशाख में अक्षय तृतीया को गुरुवार पड़े तो खूब अन्न पैदा होगा।

भारतीय पारिस्थितियों मे सुखद एवं खुशहाल ग्रामीण जीवन जैविक कृषि से अलग नहीं हो सकता है, जहाँ पर समुदाय समर्थित कृषि कार्य मे संलग्न श्रमिकों और उनके परिवारों के लिए भुगतान और शर्तें निष्पक्ष होती हैं। इसमें स्थानीय अर्थव्यवस्था का विकास होता है ताकि मध्यम और छोटी जोत के खेती करने वाले समुदाय एक अच्छा एवं खुशहाल जीवन का आनंद उठा सकता है। इतना ही नही, जैविक कृषि, खाद्य गुणवत्ता एवं मृदा की गुणात्मकता के लिए बेहतर साबित हुए हैं। व्यवहारिक दृष्टिकोण से जैविक उत्पादक, पौष्टिक, उच्च गुणवत्ता वाले खाद्य पदार्थों के उत्पादन के लिए बेहतर साबित हुआ है।

विषय–सूची

परिशिष्ट

अध्याय 1

जैविक कृषि का परिचय

जैविक कृषि वह सदाबहार कृषि पद्धति है, जो पर्यावरण की शुद्धता, जलवायु की शुद्धता, भूमि का प्राकृतिक स्वरूप बनाये रखने वाली, जल धारण क्षमता बढ़ाने वाली, धैर्यशील कृत संकल्पित होते हुए रसायनों का उपयोग आवश्यकता अनुसार कम से कम करते हुए कृषक को कम लागत मे दीर्घकालीन स्थिर व अच्छी गुणवत्ता देने वाली पारम्परिक पद्धति है। दूसरे शब्दों में "जैविक कृषि, कृषि की वह विधि है जो संश्लेषित उर्वरकों एवं संश्लेषित कीटनाशकों के प्रयोग न करने या न्यूनतम प्रयोग पर आधारित है तथा जो भूमि की उर्वरा शक्ति को बचाये रखने के लिये फसल चक्र, हरी खाद, कम्पोस्ट आदि का प्रयोग करती है"।

इस पद्धति में रसायनिक उर्वरकों, कीटनाशकों तथा खरपतवारनाशियों के स्थान पर जीवांश खाद पोषक तत्वों (गोबर की खाद, कम्पोस्ट, हरी खाद, जीवाणु कल्चर, जैविक खाद आदि), जैव नाशियों (बायो–पैस्टीसाइड) व बायो एजेन्ट जैसे क्राईसोपा आदि का उपयोग किया जाता है, जिससे न केवल भूमि की उर्वरा शक्ति लम्बे सम्य तक बनी रहती है, बल्कि पर्यावरण भी प्रदूषित नहीं होता तथा कृषि लागत घटने व उत्पाद की गुणवत्ता बढ़ने से कृषक को अधिक लाभ भी मिलता है।

जैविक कृषि की आवश्यकता

संपूर्ण विश्व में बढ़ती हुई जनसंख्या एक गंभीर समस्या है। बढ़ती हुई जनसंख्या के साथ भोजन की आपूर्ति के लिए मानव द्वारा खाद्य उत्पादन की होड़ में अधिक से अधिक उत्पादन प्राप्त करने के लिए तरह–तरह की रसायनिक खादों, जहरीले कीटनाशकों का उपयोग, प्रकृति के जैविक और अजैविक पदार्थों के बीच आदान–प्रदान के चक्र को (इकोलाजी सिस्टम) प्रभावित करता है, जिससे भूमि की उर्वरा शक्ति खराब हो जाती है। साथ ही वातावरण प्रदूषित होता है, तथा मनुष्य के स्वास्थ्य में गिरावट आती है। पिछले कुछ समय से रसायनिक उर्वरकों व कीटनाशकों के अन्धाधुन्ध व असन्तुलित प्रयोग का कुप्रभाव न केवल मनुष्य व पशुओं के स्वास्थ्य पर हुआ है, बल्कि इसका कुप्रभाव पानी, भूमि एंव पर्यावरण पर भी स्पष्ट दिखाई देने लगा है।

प्राचीन काल में मानव स्वास्थ्य के अनुकूल तथा प्राकृतिक वातावरण के अनुरूप कृषि की जाती थी। जिससे जैविक और अजैविक पदार्थों के बीच आदान–प्रदान का चक्र

निरन्तर चलता रहता था। जिसके फलस्वरूप जल, भूमि, वायु तथा वातावरण प्रदूषित नहीं होते थे। भारत वर्ष में प्राचीन काल से कृषि के साथ–साथ गौ पालन किया जाता था। जो कि प्राणी मात्र व वातावरण के लिए अत्यन्त उपयोगी था। परन्तु बदलते परिवेश में गौ पालन धीरे–धीरे कम हो गया तथा कृषि में तरह–तरह की रसायनिक खादों व कीटनाशकों का प्रयोग हो रहा है, जिसके फलस्वरूप जैविक और अजैविक पदार्थो के चक्र का संतुलन बिगड़ता जा रहा है, और वातावरण प्रदूषित होकर मानव जाति के स्वास्थ्य को प्रभावित कर रहा है। हम रसायनिक खादों, जहरीले कीटनाशकों के उपयोग के स्थान पर, जैविक खादों एवं दवाईयों का उपयोग कर, उत्पादन के साथ–साथ भूमि, जल एवं वातावरण की शुद्धता को कायम रख सकते हैं, इससे मनुष्य एवं अन्य जीवधारी स्वस्थ रहेंगे।

भारत वर्ष में ग्रामीण अर्थव्यवस्था का मुख्य आधार कृषि है और कृषकों की आय का मुख्य साधन भी कृषि ही है। बढ़ती हुई जनसंख्या को देखते हुए एवं आय की दृष्टि से, उत्पादन बढ़ाना आवश्यक है। अधिक उत्पादन के लिए कृषि में अधिक मात्रा में रसायनिक उर्वरकों एवं कीटनाशक का उपयोग करना पड़ता है, जिससे जल, भूमि, वायु और वातावरण भी प्रदूषित हो रहे हैं साथ ही खाद्य पदार्थ भी जहरीले हो रहे हैं। इसलिए इस प्रकार की सभी समस्याओं से निपटने के लिए ''जैविक कृषि'' को बढ़ावा दिया जा रहा है। भारत सरकार भी इस कृषि को अपनाने के लिए प्रचार–प्रसार कर रही है।

रसायनों के बुरे प्रभावों को ध्यान में रखते हुए भारत सरकार ने कुछ ज्यादा जहरीली कीटनाशक दवाइयों का या तो उत्पादन तथा प्रयोग बन्द कर दिया है, या उनका प्रयोग कुछ एक फसलों पर ही करना सुनिश्चित किया है। इन सब बुरे प्रभावों को ध्यान में रखते हुए विश्व के कृषि वैज्ञानिकों ने यह सलाह दी है कि किसानों को ऐसे सभी तरीकों को क्रमानुसार प्रयोग में लाना चाहिए, जो उनकी फसलों को कीड़ों तथा बीमारियों से बचा सकें तथा साथ ही साथ पर्यावरण को भी प्रदूषण से बचाया जा सके।

रसायनिक उर्वरकों व कीटनाशकों का भूमि में प्रयोग, भूमि को मृत माध्यम मान कर किया जाता रहा है। अतः भूमि के स्वास्थ्य की रक्षा करने के लिए कृषि की ऐसी प्रणाली जिसमें भूमि को एक जीवित सजीव माध्यम माना जाए, अति आवश्यक है, क्योंकि मृदा में असंख्य जीव रहते हैं, जो कि एक दूसरे के पूरक तो होते ही हैं, साथ में पौधों की बढ़वार हेतु पोषक तत्व भी उपलब्ध करवाते हैं। अतः जैविक कृषि पद्धति में उपलब्ध अन्य कृषक एवं हितैषी जीवों के मध्य सामंजस्य बनाकर कृषि की जाती है।

मिट्टी पौधों में वृद्धि एवं विकास का माध्यम है। पौधों के समुचित विकास एवं फसलोत्पादन के लिए उच्च गुणवत्ता वाले बीज, खाद एवं उपजाऊ होना नितांत आवश्यक है।

जैविक कृषि के सिद्धांत

जैविक कृषि के निम्नलिखित मूलभूत सिद्धांत है –

1. प्रकृति धरोहर है।
2. प्रत्येक जीव के पोषण के लिए मृदा ही स्त्रोत है।
3. पौधे जिनको हम उगाना चाहते हैं, के साथ साथ मृदा को भी पोषण देना है।
4. ऊर्जा प्राप्त करने वाली लागत में पूर्ण स्वतन्त्रता।
5. पारिस्थितिकी का पुनरुद्धार।

जैविक कृषि का उद्देश्य

इस प्रकार की कृषि करने का मुख्य उद्देश्य यह है कि रसायनिक उर्वरकों का उपयोग न हो तथा इसके स्थान पर जैविक उत्पाद का उपयोग अधिक से अधिक हो। लेकिन वर्तमान में बढ़ती जनसंख्या को देखते हुए तुरन्त उत्पादन में कमी न हो अतः इसे (रसायनिक उर्वरकों के उपयोग को) वर्ष प्रति वर्ष चरणबध तरीके से कम करते हुए जैविक उत्पादों को ही प्रोत्साहित करना है। जैविक कृषि का प्रारूप निम्नलिखित प्रमुख क्रियाओं के क्रियान्वित करने से प्राप्त किया जा सकता है –

1. कार्बनिक खादों का उपयोग
2. जीवाणु खादों का प्रयोग
3. फसल अवशेषों का उचित उपयोग
4. जैविक तरीकों द्वारा कीट व रोग नियंत्रण
5. फसल चक्र में दलहनी फसलों को अपनाना
6. मृदा संरक्षण क्रियाएं अपनाना

जैविक कृषि से होने वाले लाभ

कृषकों की दृष्टि से लाभ –

1. भूमि की उपजाऊ क्षमता में वृद्धि तथा टिकाऊपन
2. सिंचाई अंतराल में वृद्धि
3. रसायनिक खाद पर निर्भरता कम होने से कृषि में लागत में कमी
4. फसलों की उत्पादकता में वृद्धि

5. पशुओं को अधिक महत्व
6. फसल अवशेषों को खपाने की समस्या नहीं
7. स्वास्थ्य में सुधार

मिट्टी की दृष्टि से

1. जैविक खाद के उपयोग करने से भूमि की गुणवत्ता में सुधार
2. मिट्टी की संरचना में सुधार
3. भूमि की जल धारण क्षमता में वृद्धि
4. भूमि से पानी का वाष्पीकरण कम
5. सूक्ष्म तत्वों की कमी पूरी होती है

पर्यावरण की दृष्टि से

1. भूमि के जल स्तर में वृद्धि
2. मिट्टी, खाद्य पदार्थ और जमीन में पानी के माध्यम से होने वाले प्रदूषण में कमी
3. कचरे का उपयोग खाद बनाने में करने से कचरे से होने वाली बीमारियों में कमी
4. फसल उत्पादन की लागत में कमी एवं आय में वृद्धि
5. अंतर्राष्ट्रीय बाजार की स्पर्धा में जैविक उत्पाद की गुणवत्ता का खरा उतरना
6. कृषि मित्रजीव सुरक्षित एवं उनकी संख्या में बढ़ोत्तरी

जैविक कृषि के मार्ग में बाधाएं

1. भूमि संसाधनों को जैविक कृषि से रसायनिक में बदलने में अधिक समय नहीं लगता, लेकिन रसायनिक से जैविक में जाने में समय लगता है।
2. शुरूआती समय में उत्पादन में कुछ गिरावट आ सकती है, जो कि किसान सहन नहीं करते है। अतः जैविक कृषि अपनाने हेतु उन्हें अलग से प्रोत्साहन देना जरूरी है।
3. आधुनिक रसायनिक कृषि ने मृदा में उपस्थित सूक्ष्म जीवाणुओं को लगभग नष्ट कर दिया है, अतः उनके पुनः निमार्ण में 3–4 वर्ष लग सकते हैं।

अच्छी जैविक खाद तैयार करने के लिए निम्नलिखित बातों पर ध्यान देना आवश्यक है–

1. जैविक खाद बनाने के लिए पौधों के अवशेष, गोबर, जानवरों का बचा हुआ चारा आदि सभी वस्तुओं का प्रयोग करना चाहिए।
2. जैविक खाद बनाने के लिए 10 फुट लम्बा, 4 फुट चौड़ा व 3 फुट गहरा गड्ढा करना चाहिए। सारे जैविक पदार्थों को अच्छी तरह मिलाकर गड्ढे को भरना चाहिए तथा उपयुक्त मात्रा में पानी डाल देना चाहिए।
3. गड्ढे में पदार्थों को 30 दिन के बाद अच्छी तरह पलटना चाहिए और उचित मात्रा में नमी रखनी चाहिए। यदि नमी कम है तो पलटते समय पानी डाला जा सकता है। पलटने की क्रिया से जैविक पदार्थ जल्दी सड़ते हैं और खाद में पोषक तत्वों की मात्रा बढ़ती है।
4. इस तरह यह खाद 3 महीने में बन कर तैयार हो जाती है।
5. खेत में खाद डालकर शीघ्र ही मिट्टी में मिला देना चाहिए। ढेरियों को खेत में काफी समय छोड़ने से नत्रजन की हानि होती है जिससे खाद की गुणवत्ता में कमी आती है। गोबर की खाद में नत्रजन की मात्रा कम होती है और उसकी गुणवत्ता बढ़ाने के लिए अनुसंधान कार्यों से कुछ विधियां विकसित की गई हैं। जैविक खाद में स्फुर की मात्रा बढ़ाने के लिए रॉक फास्फेट का प्रयोग किया जा सकता है। 100 किलोग्राम गोबर में 2 किलोग्राम रॉक फास्फेट आरम्भ में अच्छी तरह मिलाकर सड़ने दिया जाता है। तीन महीने में इस खाद में स्फुर की मात्रा लगभग 3 प्रतिशत हो जाती है। इस विधि से स्फुर की घुलनशीलता बढ़ती है और विभिन्न फसलों में रसायनिक स्फुर युक्त खादों का प्रयोग नहीं करना पड़ता।
6. अगर खाद बनाते समय केंचुओं का प्रयोग कर लिया जाए तो यह जल्दी बनकर तैयार हो जाती है और इस खाद में नत्रजन की मात्रा अधिक होती है। खाद बनाते समय फास्फोटिका का एक पैकेट व एजोटोबैक्टर जीवाणु खाद का एक पैकेट एक टन खाद में डाल दिया जाए, तो स्फुर को घुलनशील बनाने वाले जीवाणु व एजोटोबैक्टर जीवाणु पनपते हैं और खाद में नत्रजन व स्फुर की मात्रा अधिक होती है। इस जीवाणुयुक्त खाद के प्रयोग से पौधों का विकास अच्छा होता है। इस तरह वैज्ञानिक विधियों का प्रयोग करके अच्छी गुणवत्ता वाली जैविक खाद बनाई जा सकती है जिसमें ज्यादा लाभकारी तत्व उपस्थित होते हैं।

इसके प्रयोग से भूमि की उर्वरा शक्ति बढ़ाई जा सकती है। जैविक खाद किसानों के यहाँ उपलब्ध संसाधनों के प्रयोग से आसानी से बनाई जा सकती है। रसायनिक खादों का प्रयोग कम करके और जैविक खाद का अधिक से अधिक प्रयोग करके हम अपने संसाधनों

का सही उपयोग कर कृषि उपज में बढ़ोत्तरी कर सकते हैं और जमीन को खराब होने से बचाया जा सकता है।

अतः यह कहा जा सकता है कि जैविक कृषि में रासायनिक खादों का उपयोग किये बिना, मिट्टी का स्वास्थ्य बेहतर बनाये रखते हुये, कम लागत से अच्छी गुणवत्ता का उत्पादन प्राप्त किया जा सकता है।

❑❑❑

अध्याय 2

भारतीय कृषि का क्रमिक विकास

कृषि को सभी सभ्यताओं की जननी होने का श्रेय प्राप्त है, क्योंकि यह जन–जीवन में इतना रचा बसा है कि हमें ये पता ही नहीं चलता कि कृषि हमारी परंपरा या संस्कृति का अटूट अंग है, या ये जीवन निर्वाह का साधन या रोजगार का एक सशक्त माध्यम। यह कहना मुश्किल हो जाता है, क्योंकि कृषि सामाजिक समरसता का सशक्त ताना–बाना है। हमारे सभी रीति–रिवाज कृषि से सीधे जुड़े हुए है, शायद ही कोई कार्यक्रम कृषि क्रियाओं से अछूता हो। यह कहना अतिश्योक्ति नहीं होगा कि आज एक बच्चा जब से होश संभालता है, उसे कृषि एवं उससे संबधित क्रियाएँ एक सामान्य दिनचर्या सी प्रतीत होती हैं। बस यहीं से कृषि और इससे जुड़ी विभिन्न गतिविधियाँ जीवन का एक सामान्य हिस्सा बन जाती हैं, और वह उसे जीवन पर्यन्त आत्मसात करता चला जाता है या यूँ कहें कि कृषि एवं उससे संबन्धित कार्य मानव के श्वासों मे रच–बस जाता है।

"ऋग्वेद" के अनुसार "कृश" धातु से शब्द "कृषि" की उत्पत्ति हुई है जिसका तात्पर्य कर्षण क्रिया अर्थात "जुताई" से है। जुताई से ही कृषि क्रिया का शुभारंभ होता है। कालांतर में महर्षि पतांजलि ने "कृषि" की विस्तृत व्याख्या की और यह बताया कि कृषि व्यवस्था में संलग्न मनुष्य ही नहीं, अपितु पशुओं की भी भोजन व्यवस्था सुनिश्चित कराना कृषि का ही अभिन्न अंग है।

कृषि का शुभारंभः मानव एवं मानवता के इतिहास की एक बड़ी घटना

मानव इतिहास एवं मानवता के विकास के क्रम में मानव द्वारा कृषि कार्य का श्रीगणेश एक महत्वपूर्ण घटना साबित हुई, जो कि न केवल सुदूरगामी परिवर्तन का केंद्र बनी, अपितु मानव जीविका और जीवन शैली में अमूल–चूल परिवर्तन की सतत साक्षी भी। कृषि के विकास ने अनिवार्य रूप से खानाबदोश शिकारी समूह की जीवन शैली एवं जीविका को क्रमशः बदल डाला। कालान्तर में खानाबदोश शिकारी समूह की जगह खेतों से उत्पन्न खाद्य पदार्थों पर निर्भरता ने ले ली होगी, ऐसी भी मान्यता है कि इन घटनाक्रमों पर बस्तियों के विकास का काफी प्रभाव पड़ा था।

कृषि प्रौद्योगिकी के विकास के साथ बढ़ती विशेषज्ञता का एक संभवित फायदा अतिरिक्त फसलों के निर्माण, एवं समुदाय की तत्काल जरूरतों से अधिक भोजन की आपूर्ति

थी। हालांकि आरंभिक किसानों पर भी सूखे या कीड़ों की वजह से होने वाले अकाल का प्रतिकूल असर भी पड़ता था। फिर भी कृषि समुदाय आम तौर पर सफल साबित हुई और कृषिबारी के तहत उनका विकास और विस्तार भी जारी रहा। अतिरिक्त फसलों को परवर्ती उपयोग के लिए भंडारित किया जा सकता है या संभवतः अन्य आवश्यक सामग्रियों या सुख–साधनों के लिए अदल–बदल किया जा सकता है, ऐसा विचार विकसित हो गया था। यही वह समय था जब अनुद्योगशील कृषक जनसंख्या में खानाबदोश की तुलना में अधिक तेजी से वृद्धि होने लगी थी।

नवपाषाण काल में भारतीय कृषि का स्वरूप

भारत में कृषि का श्रीगणेश नवपाषाण क्रांति (8000–25000 ईसा पूर्व) से हुआ। नवपाषाण युग में केवल एक मानव प्रजाति (होमो सैपियंस) अपना अस्तित्व बचा पाने में कामयाब हुई थी, जबकि पाषाण युग एक से अधिक मानव समाजों का अस्तित्व हुआ करता था। यही वह समय था जब मनुष्य ने पशुता को त्यागने की शुरुआत की और एक सभ्य समाज की स्थापना करने की तरफ कदम बढ़ाया। जलवायु परिवर्तनों ने संभवतः लोगों को कृषि का विकास करने पर मजबूर कर दिया होगा। 9500–9000 ई.पू. तक कृषक समुदाय का जन्म हुआ और वे एशिया माइनर, उत्तर अफ्रीका और उत्तर मेसोपोटामिया में फ़ैल गए। आरंभिक नवपाषाण काल में कृषि केवल कुछ पौधों तक ही सीमित थी जिनमें जंगली और घरेलू दोनों तरह के पौधे शामिल थे जिनमें एंकोर्न गेहूँ, बाजरा और स्पेल्ट (जर्मन गेहूँ) और कुत्ता, भेड़ और बकरी पालन शामिल था। 8000 ई.पू. तक इसमें पालतू मवेशी और सुअर शामिल हुए और स्थायी रूप से या मौसम के अनुसार बस्तियां बसाई गईं और बर्तन का इस्तेमाल शुरू हुआ।

शायद इस समय कृषि का श्री गणेश गेहूँ और जौ की कृषि एवं पशुपालन का श्री गणेश भेड़ और बकरियों के पालन से हुआ होगा। दक्षिण भारत में नवपाषाण का आरम्भ 3000 ई.पू. तक हुआ और यह लगभग 1400 ई.पू. तक कायम रहा जब मेगालिथिक संक्रमण काल का आरम्भ हुआ। कर्नाटक क्षेत्र में 2500 ई.पू. के बाद से शुरू होकर बाद में तमिलनाडु में फैलने वाले ऐश माउन्ड्स दक्षिण भारतीय नवपाषाण की एक विशेषता है। परिष्कृत पत्थर की बसूली और कुल्हाड़ियों के इस्तेमाल से अगम्य इलाकों में कृषि एक जीवन शैली के रूप में कायम हुई।

नव पाषाण युग मानव प्रौद्योगिकी के विकास का एक महत्त्वपूर्ण समय था, जिसकी शुरुआत मध्य पूर्व में 9500 ई.पू. के आसपास हुई थी, जिसे पारम्परिक रूप से पाषाण युग का अंतिम हिस्सा माना जाता है। नव पाषाण युग का आगमन कृषि की शुरुआत के साथ हुआ था, जिसमें लोगों ने जंगली अनाजों के इस्तेमाल का मार्ग प्रशस्त किया जो बाद में सही मायने में कृषि के रूप में विकसित हुआ और कालान्तर में पालतू जानवरों का इस्तेमाल

शामिल हुआ और यही से "नव पाषाण क्रांति" का उद्भव हुआ। इसका अंत भौगोलिक क्षेत्र के आधार पर धातु के औजारों के ताम्र युग या कांस्य युग में सर्वव्यापी होने या सीधे लौह युग में विकसित होने के साथ हुआ।

नवपाषाण काल का मानव फसलों की कटाई एवं उसका भंडारण करना सीख चुका था। इस समय तक कृषि का विस्तार पूरब से लेकर उत्तर पश्चिम तक हो चुका था एवं 5000 ई॰ पू॰ तक कश्मीर में कृषि का विस्तार हो चुका था। कपास की कृषि अब तक उन्नत हो चुकी थी। आम एवं खरबूज भी पैदा होने लगे थे। नील की कृषि भी अब तक शुरू हो चुकी थी। नवपाषाण काल में उपयोग होने वाले बहुद्देश्यी यंत्र यथा कंगन, कुल्हाड़ी का सिरा, छेनी और चमकाने वाले यंत्र चित्र 2.1 में दर्शाये गए हैं।

चित्र 2.1: नवपाषाण कालीन बहुद्देश्यी यंत्र यथा कंगन, कुल्हाड़ी का सिरा, छेनी और चमकाने वाले यंत्र

पौराणिक काल मे कृषि का स्वरूप

विष्णु पुराण के अनुसार "पृथु" ने ही विभिन्न वनस्पतियों को धरती के गर्भ से निकाल कर भूतल पर स्थापित करके कृषि का आविष्कार एवं विकास किया। इस धरती का नामकरण "पृथ्वी" "पृथु" के नाम पर ही हुआ है (विष्णु पुराण 1,13.9,40–43)।

उत्तर वैदिक काल में भारतीय कृषि

उत्तर वैदिक काल खण्ड ईसा पूर्व 1100 से 500 के बीच का माना जाता है। उत्तर वैदिक काल का भारतवर्ष चित्र 2.2 में दर्शाया गया है। भारतीय भूभाग में आर्यों का आगमन वैदिक काल में हुआ। "दस्यु हत्या" कुछ और नहीं अपितु आर्यों एवं यहाँ के मूल निवासियों के बीच हुआ वर्चस्व संघर्ष है। "ऋग्वेद" में कृषि पर विस्तार से चर्चा को गयी है, कृषि संबन्धित कुल 21 संदर्भ है, मानसूनी वर्षा, कृषि के लिये शुभ संकेत माना जाता था। ज्ञातव्य हो कि "ऋग्वेद" आर्यों की सबसे प्राचीन धर्मग्रंथ है। कर्षण (जुताई) से कृषि–क्रिया का प्रारम्भ होता था। सिंचाई के लिए नदियों का प्रयोग का भी वर्णन मिलता था। प्रमुख रूप से जौ, तिल एवं कद्दू वर्गीय फसलों की कृषि होती है। आर्य मुख्यरूप से दूध, घी,

साग–सब्जी, भेड, बकरियों के मांस का सेवन करते थे, परंतु "गौ–रक्षा" समाज का महत्त्वपूर्ण विषय था। गौ मांस भक्षण निषिद्ध था। "ऋग्वेद" मे लोगो को कृषि करने का स्पष्ट विवरण मिलता है।

अक्षैर्मा दीव्यः कृशिमित् कृशस्व वित्ते रमस्व बहुमन्यमानः।

ऋग्वेद– 34–13, अर्थात् जुआ मत खेलो, कृषि करो और सम्मान के साथ धन पाओ।

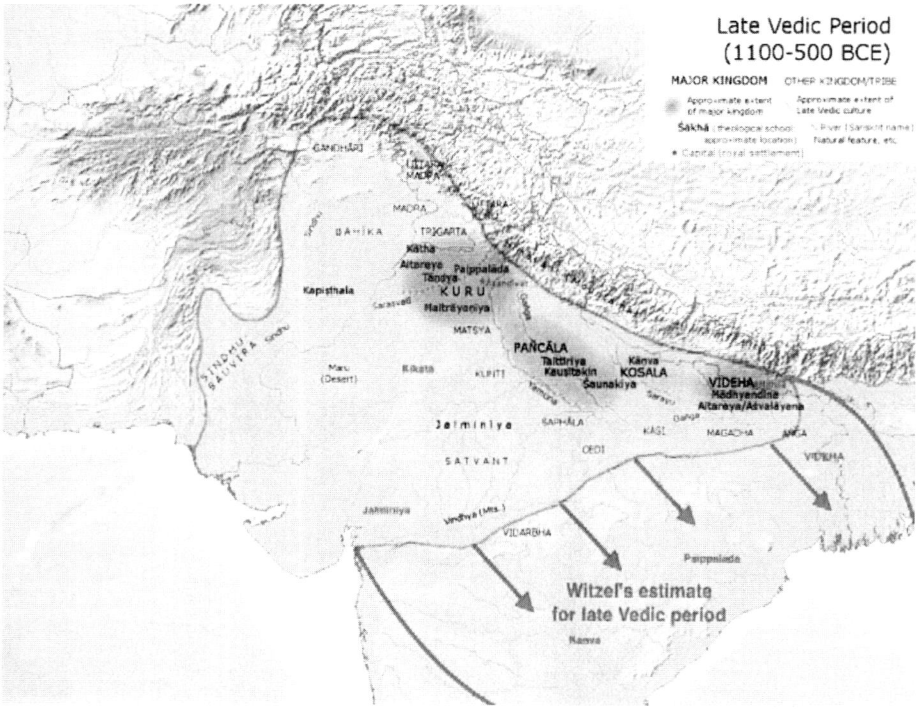

चित्र 2.2: उत्तर वैदिक काल का भारतवर्श (ईसा पूर्व 1100–500)

सिंधु घाटी सभ्यता

सिंधु घाटी 4500 ई॰ पू॰ में विकसित हुई, यहाँ के लोग मटर, तिल, खजूर तथा गन्ना की कृषि भी करने लगे थे। जंगली धान की कृषि भी 4500 ई॰ पू॰ मे होने लगी थी। मिश्रित कृषि, सिंधु घाटी की प्रमुख कृषि क्रिया थी। जंगली धान के साथ–साथ बहुत सारे वनस्पतियों को भी पालतू बनाने के कार्य की शुरुआत हुई। सिंचाई एवं जल निकास का विकास हुआ। नहरों का प्रचालन 2600 ई॰ पू॰ मे शुरू हुआ। बैलों द्वारा खेत की जुताई का शुभारंभ (2500 ई॰ पू॰) भी सिंधु घाटी में ही हुआ। सुदूर दक्षिण के पठार में भी कृषि कार्य 2800 से 1500 ई॰ पू॰ में बाजरा मूँग, कुलथी की कृषि से प्रारम्भ हुआ।

लौह युग (वेदिक काल) में भारतीय कृषि का स्वरूप (1500 ई॰पू॰ से 200 ई॰पू॰ तक)

इस समय तक खरीफ (वर्षा) में धान की कृषि एवं रबी में गेहूँ एवं जौ की कृषि प्रारम्भ हो गई थी। जूट की सर्वप्रथम कृषि इसी युग मे भारत में हुई। पीपल, वरगद वगैरह की कृषि इस युग में शुरू हुई। बाद के वर्षो में खाद्यान्न फसल, सब्जी एवं फलों की कृषि प्रारम्भ हुई। कृषि के औजारों का प्रयोग, गोबर की खाद का प्रयोग एवं फसल चक्र तथा फसल प्रणाली का विकास इसी दौरान हुआ। दूध का सेवन एवं मांस का भक्षण भी शुरू हुआ।

हड़प्पा सभ्यता

हड़प्पा संस्कृति काल में धान एवं गेहूँ की कृषि के प्रमाण परिलक्षित होते हैं। महाभारत काल (400 ई॰पू॰) एवं रामायण काल (200 ई॰पू॰) में कृषि के बारे में विस्तार से चर्चा मिलती है, जिसमें अन्न, फल, सब्जियों का वर्णन मिलता है। आगे चल कर कृषि नें आशातीत विकास हुआ। जिसमें लोहे के औजारों का प्रयोग कृषि में क्रान्ति ले कर आया। कृषि का विविधिकरण हुआ। इस समय तक गेहूँ, जौ, धान, सेम, मक्का तथा बाजरा की कृषि बड़े पैमाने पर होना शुरू हो गई थी।

बौद्ध काल (700 ई॰पू॰)

इस युग में देश में भारी प्रशासनिक सुधार हुए। पूरे भारतवर्ष में 16 बड़े राज्य थे, जिन्हें महाजनपद की संज्ञा प्राप्त थी। इस समय तक ग्रामीण अर्थव्यवस्था कृषकों के हाथ में थी। जमींदारी प्रथा का उदभव नहीं हुआ था। चारागाह एवं कृषि के लिए अलग अलग भूखंड निर्धारित किए गए। कृषि में कृषि के साथ–साथ पशुपालन दिन प्रतिदिन बढ़ता चला गया। कृषि कार्य हेतु लोहे के औजारों का प्रयोग आम हो गया।

मगध काल (544 ई॰पू॰ से 499 ई॰पू॰ तक)

इस काल में कृषि उन्नत थी, कृषि कार्य हेतु नवीन तकनीकों का विकास किया गया। सभी फसलों के उन्नत बीज एवं पौध का समुचित प्रबंध किया गया। इस काल में गेहूँ, जौ, सरसों, मूँग, धान, तिल, कुसुम, सब्जी एवं फल की कृषि बहुतायत में होती थी। फसल सुरक्षा पर भी ध्यान दिया जाता था। सम्राट अशोक के शासन काल (274 ई॰पू॰ से 237 ई॰पू॰ तक) में वन रोपड़ पर विशेष ज़ोर था। कटहल, केला, आम एवं अंगूर की कृषि की जाने लगी। भोजन में खाद्यान्न, दाल, फल, दूध, दही, मांस और मछली का प्रयोग होता था।

मौर्य काल (322 ई॰पू॰ से 185 ई॰पू॰ तक)

इस काल खंड में मृदा का वर्गीकरण हो चुका था और लगान की प्रथा शुरू की जा चुकी थी। मौसम वेधशाला का प्रयोग कृषि हेतु किया जाने लगा था। जलाशयों एवं तालाबों की व्यवस्था, कृषि सिंचाई हेतु की जाने लगी थी। रहट का प्रयोग सिंचाई में होना प्रारम्भ हो गया था। ग्रीक विदेशी मेगास्थनीज ने इस बात का जिक्र अपनी पुस्तक 'इंडिका' में भी किया था। इस समय तक पूरे भारतवर्ष में खाद्यान्नों की कृषि का विस्तार हो चुका था। गेहूँ, धान, बाजरा तथा दलहनी फसलें अपने चरम पर थीं। द्विफसली कृषि पूरे हिंदुस्तान मे विस्तारित हो चुकी थी।

मध्य कालीन भारत मे कृषि व्यवस्था (533 ई॰ से 1300 ई॰ तक)

दक्षिण भारतीय राज्यों विशेषकर तमिल के लोग विविध प्रकार की कृषि करते थे। यथा धान, तिल, नील, गन्ना, बाजरा, नारियल, दालें, इमली, मसाले, कटहल, सुपारी इत्यादि। मसालों में काली मिर्च, तेजपत्ता एवं अफीम की विदेशी व्यापार में बहुत अहम भागीदारी थी, कृषि बहुत ही उन्न्त थी। जुताई, उर्वरक, सिंचाई, एवं फसल सुरक्षा की समुचित व्यवस्था थी। जल भंडारण एवं संचय का प्रबंध था। नदियों पर बांध बना कर तालाबों में जलसंचय किया जाता था। चोल शासन काल में भूमि एवं पानी की किसानों को जरूरत के अनुसार आवंटन की सुंदर व्यवस्था थी। नहरों/तालाबो का जाल बिछाया गया।

गुप्त काल (320–550 ई॰)

इस काल में कृषि उन्नत दशा में थी, तकनीक एवं विदेशी व्यापार जोरों पर था। यही कारण है कि सर्करा (चीनी) शोधन की खोज इसी समय हुई एवं रेशम का व्यापार चीन से होता था। पहाडों पर स्थान बदल–बदल कर झूम कृषि का प्रचलन आम था।

9वीं से 11वीं शताब्दी में भारतीय कृषि

धान की कृषि में नए सोपान जुड़े। नर्सरी एवं रोपाई की तकनीक का प्रादुर्भाव हुआ। बीज चयन एवं बीज भंडारण की तकनीक विकसित की गई। फलों में जामुन की कृषि, आम व केला के साथ प्रारम्भ हुई।

मुस्लिम काल (1206 से 1761 ई॰ तक)

इस शासन काल में कृषि एवं बागवानी पर विशेष ज़ोर दिया गया। इस समय धान, गेहूँ, मँडुआ, जामुन, नारंगी, महुआ की कृषि का विवरण मिलता है। विशेष कृषि क्षेत्र बनाए गए, जो कि मुख्यतः धान, गेहूँ या बाजरा के उत्पादन पर आधारित थे।

तुगलक काल (1351–188 ई॰) में नहरों का विस्तार हुआ जिससे सिंचाई की व्यवस्था को मजबूती प्रदान हुई, साथ ही साथ कृषि एवं बागवानी पर बल दिया गया। 1498 से 1588 के बीच विदेशों से मक्का, आलू, टमाटर, पपीता तथा काजू लाए गए।

मछली पालन की शुरुआत 16वीं शताब्दी में हुई। 17वीं शताब्दी मे तंबाकू का उत्पादन पुर्तगालियों द्वारा शुरू हुआ, यहाँ तक की अनानास, पपीता तथा काजू भी पुर्तगाली अपने साथ यहाँ पर ले कर आए। कॉफ़ी आबसीनिया से भारत में आया और जूट की कृषि पूरे भारत में होने लगी। कृषि भूमि प्रबंधन अकबर (1556–1605) के शासन में दुरुस्त की गई। इस समय तक भारतीय कृषि उत्पाद पूरे विश्व में फैल गए थे।

ब्रिटिश काल (1757 से 1947)

ब्रिटिश राज में कृषि पर कोई विशेष ध्यान नहीं दिया गया। 1885 ई॰ में बिहार में कृषि विभाग की स्थापना हुई। 1905 में भारतीय कृषि अनुसंधान संस्थान, पूसा बिहार में स्थापित की गई, जिसे 1935 में नई दिल्ली में स्थानांतरित कर दिया गया। कृषि शोध एवं शिक्षा के लिए, सन् 1908 में देश भर में 6 कृषि कालेज की स्थापना, साबोर (बिहार), लायलपुर (पंजाब, पाकिस्तान), कानपुर (उत्तर प्रदेश), पूना एवं नागपुर (महाराष्ट्र) एवं कोयंबटूर (तमिलनाडू) में की गई। देश में कृषि शोध एवं शिक्षा को नई दिशा देने के लिए भारतीय कृषि अनुसंधान परिषद की स्थापना सन 1929 में की गई जिसका मुख्यालय नई दिल्ली में है। इसी समयावधि में भारतीय कपास, नील, अफीम, गेहूँ एवं चावल ने विश्व बाजार में अपनी दमदार उपस्थिति दर्ज कराई। 19वीं शताब्दी के उत्तरार्ध में कृषि के क्षेत्रफल और कृषि उत्पादकता में प्रतिवर्ष 1.0% की वृद्धि दर्ज की गई। जलाशय तथा बाँधों का निर्माण बड़े पैमाने पर किया गया। कृषि में बड़े पैमाने पर निवेश किया गया। 1921 से 1946 के दौरान खाद्य उत्पादन में 0.7% की दर से कमी आयी, परंतु जनसंख्या वृद्धि दर 1.0% रहीं।

स्वतंत्र भारत मे कृषि का विकास

स्वतंत्र भारत की प्रमुख प्राथमिकता देश के नागरिकों को समुचित मात्रा में भोजन की उपलब्धता सुनिश्चित करना था। योजनाबद्ध तरीके से चहुँमुखी विकास के लिए पंचवर्षीय योजनाओं का संचालन 1 अप्रैल 1951 से किया जा रहा है। फसलोत्पादन को गति प्रदान करने के लिए सरकार द्वारा विभिन्न योजनाओं को चरणबद्ध तरीके से लागू किया गया। जरूरत पड़ने पर उत्पाद विशेष पर समय–समय पर विशेष योजनाओं का परिचालन किया गया। उदाहरण के तौर पर, खाद्यान्नों के उत्पादन के लिए हरित क्रान्ति (1965–66) नामक परियोजना प्रारम्भ की गई, परिणामस्वरूप देश में खाद्यान्नों के उत्पादन में आशातीत वृद्धि देखी गई। उत्साहजनक परिणाम से सरकार ने तिलहन में उत्पादन में वृद्धि के लिए पीली

क्रांति (1986–1990) परियोजना के साथ–साथ, दुग्ध उत्पादन के लिए श्वेत क्रान्ति (1970–1996), मछली उत्पादन में वृद्धि के लिए नीली क्रान्ति (1973–2002) की गई, जिनके परिणाम मिले जुले दिखे। यही कारण है कि 1990 के दशक में कृषि निर्यात लगातार 10 प्रतिषत प्रति वर्ष की दर से होता रहा। कृषि विकास को आर्थिक गति प्रदान करने हेतु सन् 1982 में राष्ट्रीय कृषि एवं ग्रामीण विकास बैंक की स्थापना मील का पत्थर साबित हुई।

1991 के बाद का कृषि परिवेश

1991 में शुरू किए गए आर्थिक सुधार के कारण भारतीय कृषि में बहुत परिवर्तन परिलक्षित हुये। मूल्य वर्धित कृषि पर ध्यान दिया गया। भोजन अवयव में विविधिकरण के कारण अनाजों पर निर्भरता कम हुई। सब्जी, दूध, फल एवं मांसाहार में लगातार वृद्धि दर्ज की गई। कृषि पर हमारी (जनसंख्या) निर्भरता दिन प्रति दिन कम हो रही है, और ये कम हो कर 2016–17 में 50% के नीचे आ गयी है इसमें लगातार गिरावट एक शुभ संकेत है।

वर्तमान भारत में कृषि विकास (वर्ष 2016–17)

वर्ष 2016–2017 में खाद्यान्न का रिकार्ड उत्पादन (27.338 करोड़ टन) के साथ–साथ सर्वोत्तम कृषि विकास दर 4.4% प्राप्त किया गया। खाद्यान्न उत्पादन का पंच–वर्षीय औसत 25.7 करोड़ टन है। इस वर्ष खाद्य उत्पादन में 8.67 प्रतिशत की वृद्धि के साथ–साथ, मछली उत्पादन में 20.1% एवं दुग्ध उत्पादन मे 16.9% की सराहनीय वृद्धि दर्ज की गई। वर्ष 2022 तक किसानों की आय को दुगुना करने के लिए दूरगामी परिणामों वाली महत्वाकांक्षी योजना पर अमल के लिए कृषि एवं किसान कल्याण मंत्रालय किसानों के समग्र विकास पर ध्यान दे रही है।

❑❑❑

अध्याय 3

भारत में जैविक कृषि का विकास

''जैविक कृषि'', कृषि की परम्परागत विधि है, जिसमें रसायनिक उर्वरकों, कीटनाशकों तथा खरपतवारनाशियों के स्थान पर जीवांश खाद पोषक तत्वें एवं जैव नाशियों आदि का उपयोग किया जाता है। इस कृषि में, भूमि की उर्वरा शक्ति को बचाये रखने के लिये फसल चक्र हरी खाद, कम्पोस्ट आदि का प्रयोग करते हैं, इसमें कृषि लागत घटने व उत्पाद की गुणवत्ता बढ़ने से कृषक को अधिक लाभ भी मिलता है। इतना ही नहीं, भूमि कि उर्वरा शक्ति अक्षुण्य बनी रहती है, एवं पर्यावरण प्रदूषण का खतरा भी नहों होता है।

वैसे अगर भारत की बात करें, तो भारत में आजादी से पहले पारम्परिक कृषि जैविक तरीके से ही की जाती थी, जिसमें किसी भी प्रकार के रसायन के बिना फसलें पैदा की जाती थीं। यह कृषि स्वास्थ्य के अनुकूल तथा प्राकृतिक वातावरण के अनुरूप थी, जिससे जैविक और अजैविक पदार्थों के बीच आदान–प्रदान का चक्र निरन्तर चलता रहता था। जिसके फलस्वरूप जल, भूमि, वायु तथा वातावरण प्रदूषित नहीं होते थे। लेकिन आजादी के बाद भारत को फसलों के मामले में आत्मनिर्भर बनाने के लिए हरित क्रान्ति की शुरुआत हुई जिसमें रसायनों और कीटनाशकों की मदद से उन फसलों क भी भरपूर मात्रा में उत्पादन किया जाने लगा जिसके बारे में कभी सोचा भी नहीं जा सकता था। हरित क्रान्ति के कारण गेहूँ, ज्वार, बाजरा और मक्का का कृषि में काफी विकास हुआ।

इसलिए इस प्रकार की सभी समस्याओं से निपटने के लिए ''जैविक कृषि'' को बढ़ावा दिया जा रहा है। भारत सरकार भी इस कृषि को अपनाने के लिए प्रचार–प्रसार कर रही है। इसमें हम रसायनिक खादों, जहरीले कीटनाशकों के उपयोग के स्थान पर, जैविक खादों एवं दवाइयों का उपयोग कर, उत्पादन के साथ–साथ भूमि, जल एवं वातावरण की शुद्धता को कायम रख सकते हैं और इससे मनुष्य एवं अन्य जीवधारी स्वस्थ भी रहेंगे। इन सब बुरे प्रभावों को मद्देनजर रखते हुए भारत सरकार ने कुछ ज्यादा जहरीली कीटनाशक दवाइयों का उत्पादन तथा प्रयोग बन्द कर दिया है, या उनका प्रयोग कुछ एक फसलों पर ही करना सुनिश्चित किया है। इन सब बुरे प्रभावों को ध्यान में रखते हुए विश्व के कृषि वैज्ञानिकों ने यह सलाह दी है कि किसानों को ऐसे सभी तरीकों को क्रमानुसार प्रयोग में लाना चाहिए, जो उनकी फसलों को कीड़ों तथा बीमारियों से बचा सकें तथा साथ ही साथ पर्यावरण को भी प्रदूषण से बचाया जा सके।

रसायनिक उर्वरकों व कीटनाशकों का भूमि में प्रयोग, भूमि को मृत माध्यम मान कर किया जाता रहा। अतः भूमि के स्वास्थ्य की रक्षा करने के लिए कृषि की ऐसी प्रणाली जिसमें भूमि को एक जीवित सजीव माध्यम माना जाए यह अति आवश्यक है, क्योंकि मृदा में असंख्य जीव रहते हैं, जो कि एक दूसरे के पूरक तो होते ही हैं, साथ में पौधों की वृद्धि हेतु पोषक तत्व भी उपलब्ध करवाते हैं। अतः जैविक कृषि पद्धति में उपलब्ध अन्य कृषक हितैषी जीवों के मध्य सामंजस्य रख कर कृषि की जाती है।

मिट्टी, पौधों में वृद्धि एवं विकास का माध्यम है। पौधों के समुचित विकास एवं फसलोत्पादन के लिए उच्च गुणवत्ता वाले बीज, खाद एवं उर्वरा होना नितांत आवश्यक है।

जैविक कृषि की विधि रसायनिक कृषि की विधि की तुलना में ज्यादा या लगभग बराबर ही उत्पादन देती है। अर्थात जैविक कृषि कम लागत में ही मृदा की उर्वरता एवं कृषकों की उत्पादकता बढ़ाने में पूर्णतः सहायक है। वर्षा आधारित क्षेत्रों में जैविक कृषि की विधि और भी अधिक लाभदायक है। जैविक विधि द्वारा कृषि करने से उत्पादन की लागत तो कम होती ही है इसके साथ ही कृषकों को अधिक आय प्राप्त होती है तथा अंतर्राष्ट्रीय बाजार की स्पर्धा में जैविक उत्पाद अधिक खरे उतरते हैं। जिसके फलस्वरूप सामान्य उत्पादन की अपेक्षा कृषक अधिक लाभ प्राप्त कर सकते हैं। आधुनिक समय में निरन्तर बढ़ती हुई जनसंख्या, पर्यावरण प्रदूषण पर नियन्त्रण भूमि की उर्वरा शक्ति का संरक्षण एवं मानव स्वास्थ्य के लिए जैविक कृषि की राह अत्यन्त लाभदायक है। मानव जीवन के सर्वांगीण विकास के लिए यह नितान्त आवश्यक है कि प्राकृतिक संसाधन प्रदूशित न हों, शुद्ध वातावरण रहे एवं पौष्टिक आहार मिलता रहे, इसके लिये हमें जैविक कृषि की कृषि पद्धतियों को अपनाना होगा, जो कि हमारे नैसर्गिक संसाधनों एवं मानवीय पर्यावरण को प्रदूषित किये बगैर समस्त जनमानस को खाद्य सामग्री उपलब्ध करा सकेगी तथा हमें खुशहाल जीवन की राह दिखा सकेगी।

भारत में जैविक कृषि परिदृश्य

जनवरी 1994 की सेवाग्राम घोषणा के बाद से भारत में जैविक कृषि का तेजी से विस्तार हुआ है। सरकारी और गैर–सरकारी स्तर पर अनेक प्रयासों ने इसे एक नयी दिशा दी है। राष्ट्रीय जैविक उत्पादन कार्यक्रम के अंतर्गत मानक एवम् प्रमाणीकरण कार्यक्रम स्थापित किया गया है। राष्ट्रीय जैविक कृषि परियोजना के अंतर्गत जैविक प्रबंधन के प्रचार प्रसार तथा जैविक कृषि क्षेत्र के विस्तार हेतु अनेक योजनायें शुरू की गई हैं। बारह से अधिक राज्यों ने जैविक कृषि उन्नयन कार्यक्रम को अपनाया और वांछित नीतियों की घोषणा की है। देश के अंदर जैविक कृषि का माहौल पैदा करने के उद्देश्य से वर्ष 2005 में जैविक कृषि नीति तैयारी की गई। जैविक कृषि नीति 2005 भविष्य की अनेकानेक योजनाओं के लिए मील का पत्थर साबित हुई, क्योंकि जैविक कृषि को उचित बढ़ावा देने

हेतु किसानों को इसके लिए उत्प्रेरित करने के लिए योजनायें बनाई गईं, जिसमें प्रोत्साहन के साथ–साथ वित्तीय सहायता का भी प्रावधान रखा गया। इसके पूर्व वर्ष 2001 में ही जैविक उत्पादन के लिए राष्ट्रीय कार्यक्रम (एनपीओपी) लागू किया गया। जैविक उत्पादन पर राष्ट्रीय कार्यक्रम में एजेंसियों के प्रमाणीकरण तथा मान्यता हेतु कार्यक्रम, जैविक कृषि के लिए मानदंडों का निर्धारण, जैविक उत्पादन एवं जैविक कृषि का प्रोत्साहन इत्यादि कार्यक्रमों को शामिल किया गया है।

भारत सरकार विभिन्न योजनाओं/कार्यक्रमों के माध्यमों से जैविक कृषि को बढ़ावा दे रही है। स्थायी कृषि के लिए राष्ट्रीय मिशन (एनएमएसए), परम्परागत कृषि विकास योजना (पीकेवीवाई), राष्ट्रीय कृषि विकास योजना (आरकेवीवाई), बागवानी के समन्वित विकास के लिए मिशन (एमआईडीएच), तिलहन एवं पाम तेल पर राष्ट्रीय मिशन (एनएमओओपी) एवं भारतीय कृषि अनुसंधान परिषद द्वारा संचालित जैविक कृषि पर नेटवर्क कार्यक्रम आदि प्रमुख योजनाएँ, जैविक कृषि को बढ़ावा दे रही हैं। वर्तमान समय मे उत्तरांचल, कर्नाटक, मध्य प्रदेश, महाराष्ट्र, गुजरात, राजस्थान, तमिलनाडु, केरल, नागालैंड, मिजोरम तथा सिक्किम जैविक कृषि को ज़ोर–शोर से प्रोत्साहित कर रहे हैं। परिणामस्वरूप, विगत एक दशक में (2003–04 से 2013–14) प्रमाणित जैविक कृषि के क्षेत्रफल मे लगभग 17 गुना की वृद्धि हुई है एवं जैविक कृषि के तहत क्षेत्रफल वर्ष 2003–04 में 42,000 हेक्टेयर से बढ़ कर वर्ष 2013–14 मे 7.23 लाख हेक्टेयर हो गई है।

वर्ष 2013 मे अंतर्राष्ट्रीय जैविक कृषि आंदोलन संघ (आई.ओ.एफ.ओ. ए.एम.) द्वारा किए गए अध्ययन से पता चलता है कि विश्व स्तर पर सबसे ज्यादा जैविक कृषि भारतीय किसान ही करते हैं। भारत के करीब 6.5 लाख किसान जैविक कृषि अपनाते हैं जबकि पूरे विश्व भर में 20 लाख कृषक ही जैविक कृषि को अपनाये हुए हैं।

परम्परागत कृषि विकास योजना (पी के वी वाई)

भारत सरकार ने जैविक कृषि को बढ़ावा देने के लिए परम्परागत कृषि विकास योजना (पी के वी वाई), एक समूह आधारित कार्यक्रम लागू किया है, जिसमें किसानों के समूह को परम्परागत कृषि विकास योजना के तहत जैविक कृषि करने के लिए प्रेरित किया जाएगा। जिसका संचालन वर्ष 2015 से किया जा रहा है। इस योजना का लाभ लेने हेतु पचास या अधिक किसानों को मिला कर, एक समूह का निर्माण करके, 50 एकड़ जमीन में जैविक कृषि को अपनाना होता है। इस प्रकार तीन वर्षों के दौरान 10,000 समूहों को जैविक कृषि के तहत 5.0 लाख एकड़ का क्षेत्र बनाया जाएगा। जैविक कृषि प्रमाणीकरण पर व्यय के लिए किसान समूह पर कोई देयता नहीं होगी। इस योजना के तहत प्रत्येक किसान को बीज, फसल कटाई एवं बाजार तक परिवहन के लिए तीन साल में प्रति एकड़ 20,000 रुपये मुहैया कराया जाएगा। इस योजना के तहत पारंपरिक संसाधनों का उपयोग करके जैविक

कृषि को बढ़ावा दिया जाएगा और जैविक उत्पादों को बाजार से जोड़ा जाएगा। इससे घरेलू उत्पादन और जैविक उत्पादों के प्रमाणीकरण में वृद्धि होगी। वर्ष 2015–16 में परम्परागत कृषि विकास योजना लागू करने के लिए 300 करोड़ रुपये की राशि आबंटित की गई थी, वर्ष 2016–17 मे 297 करोड़ रुपये ही था, जिसे 2017–18 में बढ़ा कर 350 करोड़ रुपये कर दी गई।

जैविक उत्पादन का राष्ट्रीय कार्यक्रम

राष्ट्रीय जैविक उत्पादन कार्यक्रम के अधीन वाणिज्य मंत्रालय ने निर्यात के उदेश्य से जैविक कृषि उन्नयन हेतु कार्य शुरू किया तथा इसके नियामक तंत्र की स्थापना की। इसके अंतर्गत जैविक कृषि कार्य हेतु मानक प्रमाणीकरण की अधिकारिता तथा निरीक्षण संस्थानों के चयन व उनकी नियुक्ति हेतु दिशा निर्देश जारी किए गये। यह कार्यक्रम वाणिज्य मंत्रालय के अधीन एक राष्ट्रीय प्राधिकरण समिति के तहत चलाया जा रहा है। कृषि एवं प्रसंस्कृत खाद्य निर्यात विकास प्राधिकरण (एपेडा) इसका सचिवालय है।

राष्ट्रीय जैविक कृषि परियोजना

कृषि मंत्रालय के कृषि एवम् सहकारिता विभाग के अंतर्गत अक्टूबर 2004 से राष्ट्रीय परियोजना नियमों के अंतर्गत जैव उर्वरकों के प्रयोग तथा विकास हेतु अग्रगामी आधार पर 'जैविक कृषि की राष्ट्रीय परियोजना' केद्रीय वृत्त खंड योजना के रूप में निम्न उदेश्यों के साथ प्रारंभ की गई –

- सेवा प्रदत्व संस्थाओं की मदद से जैविक क्षमता का विकास
- जैव उर्वरक उत्पादन इकाइयों, फल सब्जी कचरा द्वारा कम्पोस्ट उत्पादन इकाइयों तथा केंचुआ कम्पोस्ट उत्पादन इकाइयों को वित्तीय सहायता उपलब्ध कराना
- प्रमाणीकरण, निरीक्षण, सेवा प्रदाता प्रशिक्षण, जैविक आदान उत्पादन व गुणवत्ता नियंत्रण, जैविक प्रबंधन तथा जैविक कृषि कार्यकर्ता प्रशिक्षणों द्वारा मानव संसाधन विकास
- जैविक आदानों एवं जैविक प्रबंधन पर प्रक्षेत्र प्रदर्शन
- जैविक उत्पादों हेतु बाजार का विकास
- आतंरिक मानकों का विकास तथा नियामक तंत्र रचना
- जैविक कृषि से सम्बंधित नवीन प्रयासों व अनुसन्धान को बढ़ावा
- आदर्श जैविक फार्मों का विकास
- जन जागृति तथा जागरूकता का विकास

राष्ट्रीय जैविक कृषि केंद्र तथा क्षेत्रीय जैविक कृषि केन्द्रों के अन्य विशिष्ट कार्य

देश तथा विदेश में जैविक कृषि से जुड़े सभी लोगों के साथ मिलकर कार्य करना तथा जैविक कृषि के विभिन्न पहलुओं पर मुख्य सूचना केंद्र के रूप में कार्य करना

- स्वदेशी ज्ञान एवम् प्रक्रियाओं का अभिलेखन, समन्वित प्रबंधन प्रणालियों का संकलन तथा तकनीकी साहित्य का समस्त भाषा में प्रकाशन करना
- प्रमाणिक प्रशिक्षण साहित्य तथा प्रशिक्षण विषयक सामग्री का प्रकाशन
- राष्ट्रीय एवम् अंतर्राष्ट्रीय स्तर के अद्यतन (update) समाचारों को त्रैमासिक जैविक कृषि सूचनापत्र तथा अर्धवार्षिक जैव उर्वरक सूचना पत्र प्रकाशित करना
- विभिन्न प्रकार के जैविक आदानों तथा जैव उर्वरक, कम्पोस्ट आदि का गुणवत्ता नियंत्रण तथा उत्पादन इकाइयों को आवश्यक तकनीकी ज्ञान सहायता एवम् सुविधा उपलब्ध कराना
- जैव उर्वरक तथा जैविक खाद उत्पादन इकाइयों, उनकी उत्पादन क्षमता तथा वार्षिक उत्पादन, प्रमाणीकरण के अधीन कुल क्षेत्र तथा जैविक प्रबंधन के अंतर्गत उगाई जा रही विभिन्न फसलों के आंकड़े इकट्ठा करना
- जैव उर्वरकों के सूक्ष्म संवर्धों का विकास, मूल्यांकन, संचयन तथा भण्डारण कर आवश्यकतानुसार उत्पादन इकाइयों को उपलब्ध कराना
- जैव उर्वरक तथा जैविक खाद के गुणवत्ता नियंत्रण हेतु अधिकृत प्रयोगशाला के रूप में कार्य करना
- परियोजना के लक्ष्यों को सफलतापूर्वक क्रियान्वित करने हेतु कार्यरत संस्थाओं को समस्त प्रकार की तकनीकी सेवा तथा सुविधा उपलब्ध कराना
- परियोजना प्रस्तावों की प्राप्ति, प्रसंस्करण, मूल्यांकन तथा स्वीकृत योजनाओं के क्रियान्वयन में कार्यरत संस्थाओं का निरीक्षण व निगरानी सुनिश्चित करना।

❑❑❑

अध्याय 4

भारत वर्ष तथा विश्व में जैविक कृषि का परिदृश्य

आज के खेत यंत्रीकृत तथा प्रौद्योगिकी संचालित हैं और रिकॉर्ड पैदावार कर रहे हैं। लेकिन उत्पादन में यह वृद्धि एक बड़ी कीमत पर हासिल हो रही है। हानिकारक रसायनों और कीटनाशकों ने हमारे भोजन को विषाक्त बनाने के साथ–साथ मिट्टी की उर्वरा शक्ति को भी कम किया है। पौधों के जरिये हानिकारक रसायन हमारे शरीर में पहुँच कर स्वास्थ्य समस्याएं जैसे– हार्ट–अटैक, त्वचा संबंधी रोग, रक्तचाप, डायबिटीज सहित अन्य घातक बीमारियों को बढ़ा रहे हैं। रसायनिक खाद और कीटनाशकों के चलते किसान ऋण के तले दबते जा रहे हैं और पानी के अधिक प्रयोग होने के कारण उसके स्तर में लगातार कमी हो रही है। ऐसे में यदि किसान पर्यावरण अनुकूल तरीके से जैविक कृषि करे तो कम खर्च में उनके द्वारा उगाए जाने वाले खाद्यान्न और सब्जियां हानिकारक भी नहीं होंगे तथा उनमें बेहतर स्वाद होगा। मिट्टी के प्राकृतिक पोषक तत्वों में उर्वरता भी बनी रहेगी और किसानों को जैविक उत्पाद से रसायनिक उत्पाद की अपेक्षा अधिक आय भी प्राप्त हो सकेगी।

जैविक कृषि को प्रोत्साहित एवं देखरेख करने वाली विश्व स्तरीय नेटवर्क इंटरनेशनल फेडरेशन ऑफ ऑर्गेनिक एग्रीकल्चर मूवमेंट (IFOAM) ने मृदा स्थिरीकरण, कीट एवं फसल विकास प्रबंधन के लिए कुछ विशेष उत्पादों के उपयोग की अनुमति दी है। जैविक कृषि उत्पादन का मूल सिद्धांत यह है कि प्राकृतिक आदान अनुमोदित हैं और कृत्रिम आदान (इनपुट) निषिद्ध हैं। इंटरनेशनल फेडरेशन ऑफ ऑर्गेनिक एग्रीकल्चर मूवमेंट (IFOAM) (1994) की हनोई घोषणा इस बात पर जोर देती है कि एशियाई कृषि का इतिहास न केवल हजारों वर्षो से फैला हुआ है अपितु सांस्कृतिक और पारिस्थितिक विविधता को बनाये रखने में भी महत्त्वपूर्ण योगदान दे रहा है। पूर्ववर्ती औपनिवेशिक शासन की गलत निर्देशित नीतियों ने भी इस संतुलन को कम करने में अपना योगदान दिया। कुछ देशों में खाद्यान्न उत्पादन में बढ़ोत्तरी ने फसलों और जानवरों की पारम्परिक विविधता को कम कर दिया है।

जैविक कृषि खाद्य सुरक्षा को लेकर अन्य अंतर्राष्ट्रीय आंदोलनों में प्रमुख रूप से समगतिशील विकास आयोग (सी एस डी), अंतर्राष्ट्रीय विकास समिति (एस आई डी), प्रकृति के संरक्षण के लिए अंतर्राष्ट्रीय संघ (आई यू सी एन) एवं विश्व के लिए रोटी इत्यादि विश्व स्वास्थ्य संगठन की संहिता समिति (Code Committee) को खाद्य पदार्थो एवं उत्पादों के लेबलिंग हेतु मार्गदर्शन एवं अनुमोदन प्रदान करता है।

जैविक कृषि की व्यापक परिभाषा, जो कि कोडेक्स एलमेंटरीसिस आयोग द्वारा अनुशंसित है, भारतीय परिस्थितियों में व्यवहारिक एवं अधिक उपयोगी भी है। जैविक कृषि एक समग्र उत्पादन प्रबंधन प्रणाली है, जो कि जैव–विविधता समेत स्वस्थ्य, कृषि–पारिस्थितिकि तंत्र, जैविक चक्र और मृदा जैविक गतिविधियों को भी बढ़ावा देती है। जैविक कृषि प्रबंधन मे क्षेत्रीय परिस्थितियों को ध्यान में रखते हुए उपलब्ध जैविक श्रोतों के संतुलित उपयोग पर बल दिया जाता है, इस हेतु जैविक और यांत्रिक तरीकों का भी उपयोग किया जाता है, क्योंकि कृत्रिम सामग्री का उपयोग प्रायः जैविक कृषि मे वर्जित है।

भारत वर्ष में जैविक कृषि पद्धति, कृषि के प्रारंभिक युग से जुड़ी है। अनेक प्राचीन ग्रंथों में भी जैविक कृषि प्रणाली का उल्लेख है। वैसे व्यवस्थित जैविक कृषि का प्रारंभ 1930 में इंदौर कम्पोस्ट बनाने की पद्धति के विकास के साथ हुआ। विभिन्न स्तरों पर इस प्रणाली का विकास किया गया। आज विश्व के साथ भारतवर्ष में भी जैविक कृषि पद्धति अपनाई जा रही है एवं जैविक उत्पाद की मांग लगातार बढ़ रही है। ताजे आंकलन के आधार पर अन्तर्राष्ट्रीय फेडरेशन फार आर्गेनिक एग्रीकल्चर मूवमेंट द्वारा बायो फ्रेंच में प्रस्तुत आंकड़ों से स्पष्ट है कि विश्व में लगभग 310 लाख हेक्टेयर भूमि पर जैविक कृषि हो रही है। जैविक कृषि में सबसे ज्यादा क्षेत्र आस्ट्रेलिया (118 लाख हेक्टेयर), अर्जेंटाइना (31 लाख हेक्टेयर) तथा अमरीका (16 लाख हेक्टेयर) में है। जैविक कृषि के अन्तर्गत सबसे अधिक क्षेत्र की वृद्धि उत्तरी अमरीका एवं यूरोप में हुई है।

वर्तमान में, भारत देश में कुल जैविक उत्पादन 12.4 लाख टन है, जबकि जैविक कृषि के अंतर्गत कुल 7.23 लाख हेक्टेयर क्षेत्र प्रमाणित है। वर्तमान में 12 राज्यों में जैविक कृषि हो रही है।

पूर्वोत्तर राज्य सिक्किम देश का प्रथम पूर्णतया जैविक राज्य बन चुका है, और मिजोरम भी इस ओर अग्रसर है, एवं कुछ वर्षों में पूरी तरह जैविक हो जाने की सम्भावना है। दूसरे राज्यों के किसान भी इससे सबक लेते दिखाई पड़ रहे हैं। उत्तर–पश्चिम में हिमाचल, पश्चिम में महाराष्ट्र, दक्षिण में आंध्र और तमिलनाडु के अनेक क्षेत्रों में जैविक कृषि की जोर शोर से पहल हो रही है। देश में जैविक कृषि का विषय, कृषि मंत्रालय के दायरे में आता है, जबकि जैविक कृषि के उत्पादों का निर्यात वाणिज्य मंत्रालय के अधीन है। राष्ट्रीय गोकुल मिशन के तहत जैविक कृषि को प्रोत्साहन देने के लिए किसानों की सहायता का प्रावधान है, हालांकि राज्यों को इस दिशा में पहल करनी होगी।

इसको देखते हुए आज भारत के गाँवों में जैविक कृषि के प्रति दिलचस्पी लगातार बढ़ती जा रही है। अगर ये बढ़ोतरी यों ही रही तो आने वाले दिनों में भारत विश्व स्तर पर जैविक कृषि में निश्चित तौर पर नए आयाम स्थापित करेगा और एक बार फिर से अपने खेतों में हरा सोना पैदा करेगा। इसके अलावा समय से पहले उत्पादन की वजह से किसानों को सिंचाई के लिए पानी की ज़रूरत काफ़ी कम हो जाएगी। रसायनिक खाद पर दी जाने

वाली 40 हजार करोड़ रुपये से अधिक की उर्वरकों का अनुदान भी बचाया जा सकेगा। स्वास्थ्य और उर्वरक अनुदान पर होने वाले खर्च से निजात मिलने का प्रभाव भारतीय अर्थव्यवस्था पर भी दिखाई देगा।

जैविक कृषि के लिए जन जागरूकता तथा अन्य प्रयास

सरकार को गाँवों में प्रदर्शनी आदि जैसे विभिन्न उपायों के माध्यम से जैविक कृषि के बारे में ब्लॉक स्तर पर जागरूकता बढ़ाने के लिए निरंतर प्रयास करने की आवश्यकता है। किसानों को प्रयोगशालाओं और जैविक कृषि के उत्पादों के विपणन के बारे में भी जागरूक बनाने की आवश्यकता है। जैविक कृषि के प्रमाणन की प्रक्रिया के सरलीकरण, कृषि विज्ञान केन्द्रों, कृषि विश्वविद्यालयों तथा आई.सी.ए.आर. में जैविक कृषि पर अनुसंधान तथा फसलों के अवशिष्ट के उचित इस्तेमाल को बढ़ावा देकर जैविक कृषि को किसानों के बीच लोकप्रिय बनाया जा सकता है।

जैविक खाद उत्पादन का कच्चा माल बायोमास यानी गोबर व अन्य अनुपयोगी वनस्पति की देश में कोई समस्या नहीं है। लेकिन, वर्तमान में देश में बहुत बड़ी मात्रा में गोबर का सीधे तौर पर इस्तेमाल उपले या कंडे बनाकर खाना पकाने के ईंधन के तौर पर होता है। यदि इसका इस्तेमाल गोबर गैस संयंत्र लगाने में हो तो खाना पकाने के लिए गैस के साथ, कृषि के लिए खाद भी मिल जाएगी।

इन सबका प्रचार–प्रसार बेहद आवश्यक है, लोगों को जानकारियां दी जानी आवश्यक हैं। लोगों की मनोदशा में बदलाव लाना होगा। आम जनता को रसायनिक खाद और कीटनाशकों का कृषि में उपयोग से पैदा होने वाली बीमारियों के बारे में जागरूक करना होगा। यदि प्राकृतिक रूप से तैयार खाद का इस्तेमाल हो तो मिट्टी की गुणवत्ता बेहतर ही रहेगी और यह लंबे समय तक बेहतर उत्पादकता के साथ उपज दे सकती है। वर्तमान सर्वेक्षण के अनुसार पूरे विश्व मे लगभग 23 लाख जैविक उत्पादक हैं, सबसे ज्यादा उत्पादकों वाला हमारा देश भारत है, जिसमें वर्ष 2013 मे 6,50,000 उत्पादक थे, उसके बाद युगांडा में 1,90,552 और मेक्सिको में 1,69,703 थे। जैविक उत्पादकों की संख्या 23 लाख से अधिक हो सकती है, क्योकि सभी की गणना संभव नहीं हो पायी है।

जैविक खेती के अंतर्गत भारतवर्ष के विभिन्न राज्यों में प्रमाणित जैविक क्षेत्रफल तालिका 4.1 में दर्शाया गया है।

तालिका 4.1: वर्ष 2013–14 मे राज्यवार प्रमाणित जैविक कृषि का क्षेत्रफल (हेक्टेयर)

क्रमांक	राज्य	प्रमाणित जैविक कृषि (हेक्टेयर)
1.	अंडमान और निकोबार द्वीप समूह	321.28
2.	आंध्र प्रदेश	12325.03
3.	अरुणाचल प्रदेश	71.49
4.	असम	2828.26
5.	बिहार	180.60
6.	छत्तीसगढ़	4113.25
7.	दिल्ली	0.83
8.	गोवा	12853.94
9.	गुजरात	46863.89
10.	हरयाणा	3835.78
11.	हिमाचल प्रदेश	4686.05
12.	जम्मू और कश्मीर	10035.38
13.	झारखंड	762.30
14.	कर्नाटक	30716.21
15.	केरल	15020.23
16.	लक्ष्यद्वीप	895.91
17.	मध्य प्रदेश	232887.36
18.	महाराष्ट्र	85536.66
19.	मणिपुर	0.0
20.	मेघालय	373.13
21.	मिजोरम	0.0
22.	नगालैंड	5168.16
23.	ओडिषा	49813.51
24..	पांडिचेरी	2.84
25.	पंजाब	1534.39
26.	राजस्थान	66020.35
27.	सिक्किम	60843.51
28.	तमिलनाडु	3640.07
29.	त्रिपुरा	203.56
30.	उत्तर प्रदेश	44670.10
31.	उत्तरांचल	24739.46
32.	पश्चिम बंगाल	2095.51
	कुल	723039.00

स्रोतः एपीडा (2013–14)

विश्व मे जैविक कृषि की वर्तमान स्थिति

वर्ष 2014 के आंकड़े के अनुसार यह पता चलता है कि विश्व के कुल 172 देशों द्वारा जैविक कृषि पर आंकड़े उपलब्ध कराये गए। इस दौरान जैविक कृषि एवं अन्य जैविक उपयोग में 310 लाख हेक्टेयर भूभाग का उपयोग हुआ, जो कि वर्ष 2013 को तुलना में 5 लाख हेक्टेयर अधिक था। 11 देशों में 10 प्रतिशत से अधिक जैविक कृषि भूमि है। विश्व के प्रमुख देशों में जैविक कृषि के अंतर्गत भूभाग तालिका 4.2 मे दर्शाया गया है।

तालिका 4.2: विश्व के प्रमुख देशो मे जैविक कृषि के अंतर्गत भूभाग (000 हेक्टेयर)

देश	वर्ष									
	2005	2006	2007	2008	2009	2010	2011	2012	2013	2014
आस्ट्रेलिया	11716	12294	11988	11988	12002	11641.7	11200	12002	9728	17150
अर्जेन्टीना	682	2358	2777	4006	4327	4144	3796	3585	3217	3016
यूएसए	1641	1188	1728	1736	1949	1949	1949	1949	2179	2179
चाइना	2301	2302	1605	1855	1856	1393	1905	1905	2100	1931
स्पेन	623	737	805	1130	1331	1434	1625	1757	1610	1663
इटली	1067	1148	1150	1002	1106	1114	10[illegible]7	1167.4	1317	1388
भारत	185.9	432.3	1030.3	1018	1180	780	1084.3	500	500	720
पाकिस्तान	20.3	20.3	22	22.4	22.4	23.8	24.5	24.9	25	25

स्रोतः खाद्य एवं कृषि संगठन, 23 जुलाई 2017 www-fao-org@statistics@en@

विश्व के प्रमुख देशों में अन्य जैविक उपयोग में भूमि का वर्णन तालिका 4.3 मे किया गया है।

तालिका 4.3: विश्व के प्रमुख देशो मे जैविक एवं अन्य जैविक उपयोग मे के अंतर्गत भूभाग (लाख हेक्टेयर)

महाद्वीप	जैविक कृषि उपयोग मे भूमि (लाख हेक्टेयर)	अन्य जैविक उपयोग मे भूमि (लाख हेक्टेयर)
उत्तरी अमेरिका	310	0.6
यूरोप	116	163
एशिया	36	63
लातिन अमेरिका	68	30
अफ्रीका	13	118
ओशिनिया	170	000

स्रोतः FiBL सर्वेक्षण 2016, सरकारों, निजी क्षेत्र और प्रमाणक से डेटा के आधार पर (www-fibl-org)

जैविक कृषि मे बढ़ोतरी जारी रहेगी, क्योकि इसकी माँग दिन दूनी और रात चौगुनी बढ़ रही है, जिसके फलस्वरूप जैविक पदार्थों की बाजार में वृद्धि अवश्यसंभावी है। हालांकि, जैविक कृषि का विकास, देशों और क्षेत्रों के आधार पर बहुत निर्भर करता है। वर्तमान मे जैविक बाजारों के लिए नजरिया अच्छा रहा है, इस लिए आगे विकास के लिए अपार अवसर है। यूरोप में जैविक कृषि और उसका उत्पादन वहाँ के बाजार एवं माँग के साथ तालमेल नहीं रखता है। जैविक कृषि पर आँकड़े उपलब्ध कराने वाले देशों की संख्या एवं क्षेत्रफल तालिका 4.4 में दर्शाया गया है।

तालिका 4.4: जैविक कृषि पर आँकड़े उपलब्ध कराने वाले देशों की संख्या एवं क्षेत्रफल (लाख हेक्टेयर)

वर्ष	जैविक कृषि मे संलग्न देशो की संख्या	क्षेत्रफल (लाख हेक्टेयर)
1999	77	110
2000	86	149
2001	97	173
2002	100	198
2003	110	257
2004	121	299
2005	122	292
2006	135	301
2007	140	315
2008	155	344
2009	161	363
2010	161	357
2011	162	375
2012	164	376
2013	170	432
2014	172	437

स्रोतः FiBL&IFOAM&SOEL– सर्वेक्षण 1999–2016

तालिका 4.5 में वर्ष 2014 में जैविक कृषि उपयोग में भूमि (लाख हेक्टेयर), तालिका 4.6 में जैविक कृषि उपयोग में भूमि (%), तालिका 4.7 में वर्ष 2014 मे विश्व के दस बड़े जैविक उत्पादक देश, तालिका 4.8 में वर्ष 2014 में जैविक भूमि उपयोग के प्रकार और फसल का वितरण और तालिका 4.9 में वर्ष 2014 में विश्व मे जैविक कृषि सूचकांक दर्शाया गया है।

तालिका 4.5: वर्ष 2014 मे जैविक कृषि उपयोग मे भूमि (लाख हेक्टेयर)

क्रमांक	राष्ट्र	जैविक कृषि उपयोग मे भूमि (लाख हेक्टेयर)
1.	आस्ट्रेलिया	172
2.	अर्जेंटीना	31
3.	यूएसए	29
4.	चीन	19
5.	स्पेन	17
6.	इटली	14
7.	उरग्वे	13
8.	फ्रांस	11
9.	जर्मनी	10
10.	कनाडा	9

तालिका 4.6: वर्ष 2014 मे जैविक कृषि उपयोग में भूमि (%)

क्रमांक	राष्ट्र	देश के कुल कृषि क्षेत्र का जैविक कृषि उपयोग (%)
1.	फ़ॉकलैंड आइलैंड्स (माल्विनास)	36.3
2.	लिकटेंस्टीन	30.9
3.	ऑस्ट्रिया	19.4
4.	स्वीडन	16.4
5.	एस्तोनिया	16.2
6.	समोआ	14.3
7.	स्विट्जरलैंड	12.7
8.	साओ टोमे और प्रिंसिपे	12.0
9.	लातविया	11.2
10.	चेक गणतंत्र	11.1
11.	इटली	10.8

तालिका 4.7: वर्ष 2014 मे विश्व के दस बड़े जैविक उत्पादक देश

क्रमांक	राष्ट्र	जैविक पदार्थ उत्पादक (संख्या)
1.	भारत (2013)	650000
2.	युगांडा	190552
3.	मेक्सिको (2013)	169703
4.	फिलीपींस	165974
5.	तंजानिया (2013)	148610
6.	इथियोपिया (2013)	135827
7.	तुर्की	71472
8.	पेरू	65126
9.	परागुआ	58258
10.	इटली	48662

तालिका 4.8: वर्ष 2014 मे जैविक भूमि उपयोग के प्रकार और फसल का वितरण

भूमि उपयोग प्रकार	कुल भूमि का उपयोग (%)	प्रमुख कृषि योग्य फसलें	भूमि (लाख हेक्टेयर)	महत्वपूर्ण स्थायी फसलें	भूमि (लाख हेक्टेयर)
स्थायी घास स्थल	63.0	अनाज	33.6	कॉफ़ी	7.4
कृषि फसल	19.0	हरा चारा	25.7	जैतून	6.3
कोई विवरण नहीं	9.0	तिलहन	9.8	अंगूर	3.2
स्थायी फसल	8.0	सूखे दलहन	3.7	नट	2.9
अन्य कृषि उपयोग	1.0	सब्जियां	2.9	कोको	2.5
कुल	100		75.7		22.3

तालिका 4.9: वर्ष 2014 मे विश्व मे जैविक कृषि सूचकांक

सूचकांक	विश्व	अग्रणी देशों
प्रमाणित जैविक कृषि पर सूचना देने वाले देश	2014: 172 देश	नए देशों: किरिबाती, प्यूर्टो रिको, सूरीनाम, संयुक्त राज्य अमेरिका वर्जिन द्वीप समूह
जैविक कृषि भूमि मिलियन हेक्टेयर	2013: 43.7 1999: 11.00	ऑस्ट्रेलिया (172 लाख हेक्टेयर, 2013) अर्जेन्टीना (31 लाख हेक्टेयर) यूएस (22 लाख हेक्टेयर, 2011)
जैविक कृषि का कुल कृषि भूमि मे हिस्सेदारी	2014 में 0.99%	फ़ॉकलैंड आइलैंड्स (माल्विनास) (36.3%) लिकटेंस्टीन (30.9%) ऑस्ट्रिया (19.4%)
गैर कृषि जैविक क्षेत्र (मुख्य रूप से जंगली क्षेत्र)	2014 मे 376 लाख हेक्टेयर	फिनलैंड (91 लाख हेक्टेयर) जाम्बिया (61.8 लाख हेक्टेयर) भारत (40 लाख हेक्टेयर)
जैव पदार्थ उत्पादक (संख्या)	23 लाख (2013) 20 लाख (2012) 19 लाख (2012)	भारत 65,0000 (2013) युगांडा 19,552 मैक्सिको 169703 (2013)
जैव बाजार का आकार स्रोत: कार्बनिक मॉनिटर	2014 मे 80 अरब अमरीकी डॉलर 1999 मे 1520 करोड़ अमरीकी डॉलर	यूएस (3590 करोड़ अमरीकी डालर; 2710 करोड़ यूरो) जर्मनी (1050 करोड़ अमरीकी डालर; 790 करोड़ यूरो) फ्रांस (680 करोड़ अमरीकी डालर; 480 करोड़ यूरो)
प्रति व्यक्ति खपत	2014 मे 11 यूएस डॉलर	स्विटज़रलैंड (210 यूरो) डेनमार्क (163 यूरो) लक्समबर्ग (157 यूरो)
कार्बनिक नियम 2015 को मानने वाले देशों की संख्या	87 देश	
IFOAM सहयोगियों की संख्या	2015: 117 देशों से 784 सदस्य	जर्मनी 91 सहयोगी, चीन 57 सहयोगी, भारत 44 सहयोगी, संयुक्त राज्य अमेरिका 40 सहयोगी

❑❑❑

अध्याय 5

खाद्यान्न एवं कृषि व्यवसाय पर जलवायु परिवर्तन का प्रभाव

परिचय

जलवायु परिवर्तन को समझने के लिए हमें सबसे पहले मौसम और जल्वायु के अंतर को समझना होगाद्य मौसम का निर्धारण उसके कुछ महत्वपूर्ण कारको, जैसे कि वर्शा, हवा का दबाव, तापमान, आद्रर्ता इत्यादि से होता है और यह दिन प्रतिदिन बदलता है। परंतु जलवायु विद्यमान मौसम विज्ञान संबधी परिस्थितियों को दर्षाता है जो कि उस दिये गए क्षेत्र के लिए विषिश्ट है। जलवायु किसी भी क्षेत्र के एक लंबी अवधि (आमतौर पर 30 वर्श) के लिए मौसम के कारकों के औसत आंकड़ों को दर्षाता है। औसत मौसमी दषाओं के स्वरूप में ऐतिहासिक रूप से बदलाव आने को जलवायु परिवर्तन कहते हैं।

जलवायु परिवर्तन क्या है?

अगर पहले की तुलना में इस साल आपको अधिक गर्मी लग रही है, या कम दिनों के भीतर ही अधिक वर्शा हो रही है, अथवा ठंड का अनुभव कम दिनों के लिए हो रहा है, ये सब जलवायु परिवर्तन के परिचायक हैं। जलवायु परिवर्तन क्षेत्रीय या व्यापक स्तर पर दीर्घकालीन एवं स्थाई मौसम संबंधी प्रतिमान को दर्षाता है। स्थाई जलवायु परिवर्तन लोगों के रहने, उनके भोजन, स्वास्थ्य, वन्यजीवन, जल की उपलब्धता, अन्य कई और अधिक मूलभूत आवष्यकताओं को प्रभावित कर मौजूदा पारिस्थितिकी तंत्र को असंतुलित कर देगा। यह परिवर्तन प्राकृतिक कारकों या मानव गतिविधियों के कारण हो सकता है (जैसे भूमि–उपयोग परिवर्तन, प्रदूशण आदि) जिससे वायुमंडलीय संरचना पर दुश्प्रभाव पड़ेगा।

जलवायु परिवर्तन के मुख्य कारण क्या हैं?

जलवायु परिवर्तन का मुख्य कारण वातावरण में ग्रीन हाउस गैसों की सघनता मैं वर्षद्धि है। हमैं ग्रीन हाउस गैस और हमारे ग्रह पर उनके प्रभाव के बारे मैं जानना चाहिए: जब आप दोपहर की गर्मी मैं अपनी कार मैं बैठे हैं, उस समय आप महसूस करेंगे कि कार के अंदर का तापमान बाहर के तापमान से कहीं अधिक है। इस क्रिया को हम ग्रीन हाउस इफेक्ट

कहते हैं। किसान भी इस क्रिया का उपयोग सर्दियों के मौसम में अपने बीज गर्म रखने के लिए करते हैं। इन उदाहरणों मैं हम पाते हैं कि काँच की खिड़की या नायलोन की चादर अंदर आने वाले सौर ऊश्म विकिरणों को बाहर नहीं जाने देती, जिससे अंदर का तापमान समय के साथ बढ़ता जाता है। मानव गतिविधियाँ जैसे कि मोटर गाड़ियाँ, कारखाने, खेती, पेड़ों का काटना, कोयला जलना (विद्युत या अन्य सयन्त्रों के उपयोग हेतु) इत्यादि धरती पर ग्रीन हाउस गैस दृ मुख्यता कार्बन डाइऑक्साइड, मीथेन और नाइट्रस ऑक्साइड की सघनता बढ़ा देती है। ये गैस वायुमंडल में इकट्ठा हो कर पूरी पष्थ्वी को अपने अंदर समेटते हुए सूरज की गर्मी को अवषोशित कर लेती है। जितने ही अधिक दर से पष्थ्वी पर ग्रीन हाउस गैसों का उत्सर्जन होगा, उतनी ही तेजी से पष्थ्वी का वायुमंडल गर्म होता जाएगा। इस प्रक्रिया को हम भूमंडलीय तापक्रम वषद्धि अथवा "ग्लोबल वार्मिंग" के नाम से जानते हैं। इसे जलवायु परिवर्तन कहना उचित होगा क्योंकि इससे सिर्फ तापमान में वषद्धि ही नहीं, बल्कि जल मौसम संबंधी आपदाओं जैसे कि बाढ़, तूफान, चक्रवात, सूखा इत्यादि के वषद्धि का कारक भी होगा।

जलवायु परिवर्तन पर वैज्ञानिको की आम सहमति है कि जलवायु परिवर्तनों में मानव गतिविधियों का सबसे बड़ा हाथ रहा हैं और यह व्यापक तौर पर अपरिवर्तनीय है। जलवायु की दषाओं में यह बदलाव प्राकृतिक भी हो सकता है और मानव के क्रियाकलापों का परिणाम भी। इन मानवीय कारकों में सबसे अधिक चिंता का विशय, औद्योगिकरण के लिए कोयले और पेट्रोलियम पदार्थों जैसे फासिल फ्यूएल्स का अंधाधुंध उपयोग के कारण कार्बन डाई ऑक्साइड का बेहिसाब उत्सर्जन होना हैं, इसके अलावा वायुमंडल का सुरक्षा कवच ओजोन परत, जो सूर्य के खतरनाक रेडिएषन को रोकता है का लगातार ह्रास होना। जनसंख्या वषद्धि, जल का बेहिसाब उपयोग, वनों की अंधाधुंध कटाई आदि भी मानवीय कारको में षामिल हैं। जलवायु परिवर्तन से होने वाले भयावक नुकसान को देखते हुए द्वितीय विश्व युद्ध के पष्चात जलवायु परिवर्तन को लेकर वैश्विक स्तर पर चर्चाएँ प्रारंभ हुईं। 1972 मे स्वीडन की राजधानी स्टॉकहोम में पहला सम्मेलन आयोजित किया गया तथा तय हुआ कि प्रत्येक देष जलवायु परिवर्तन से निपटने के लिए घरेलू नियम बनाएगा। इस आषय की पुश्टि हेतु 1972 में ही संयुक्त राश्ट्र पर्यावरण कार्यक्रम का गठन किया गया तथा नैरोबी को इसका मुख्यालय बनाया गया।

जलवायु परिवर्तन आज के दौर की सबसे बड़ी चुनौती है जिसके कारण हवा, पानी, खेती, भोजन, स्वास्थ्य, आजीविका एवं आवास आदि सभी पर प्रतिकूल असर पड़ रहा है। इस समस्या से देर–सबेर, कम–ज्यादा हम सभी का जीवन प्रभावित होता है, चाहे वह समुद्री जल–स्तर बढ़ने से प्रभावित होते तटीय या द्वीपीय क्षेत्रों के लोग हों या असामान्य मानसून अथवा जल संकट से त्रस्त किसान। विनाषकारी समुद्री तूफान का कहर झेलते तटवासी हों अथवा सूखे एवं बाढ़ की विकट स्थितियों से त्रस्त लोग। असामान्य मौसम जनित अजीबो–गरीब बीमारियों से जूझते लोग हों या विनाषकारी बाढ़ में अपना आवास एवं सब

कुछ गवां बैठे तथा दूसरे क्षेत्रों को पलायन करते लोग। दरअसल ये तमाम लोग जलवायु परिवर्तन की मार झेल रहे हैं।

विश्व बैंक की रिपोर्ट के मुताबिक 1996 से 2000 के बीच देष को सकल घरेलू उत्पाद का 2.25 और राजस्व का 12.5 फीसदी हिस्से का नुकसान उठाना पड़ा। रिपोर्ट में इसकी मूल वजह भौगोलिक परिस्थितियों, संसाधनों की कमी, आपदाओं से लड़ने की तैयारियों में अभाव और जलवायु परिवर्तन को बताया गया है। हिमालय के 8 हजार ग्लेषियर जिस तेजी से पिघल रहे हैं उससे कृशि योग्य भूमि के डूबने की आषंका है। समुद्र का जल स्तर बढ़ने से कई द्वीप और तटवर्ती इलाकों के जलमग्न होने और लोगों को अपनी जान बचाने का संकट भी है।

जलवायु परिवर्तन के बारे में नोबेल पुरस्कार से सम्मानित आई.पी.सी.सी. के अध्यक्ष डॉ. आर.के. पचौरी के मुताबिक भारत सहित कई देषों की कृशि पैदावार जलवायु परिवर्तन की वजह से बुरी तरह प्रभावित होगी। गेंहू, चावल तथा दाल की पैदावार पर इसका ज्यादा प्रभाव पड़ेगा। यह स्पश्ट है कि भारत की अधिकांष आबादी का मुख्य भोजन गेंहू, दाल और चावल ही है। इसलिए इस उत्पादन में होने वाली कमी से भारत में पड़ने वाले प्रभाव का अनुमान लगाना मुष्किल नहीं है। इससे निजात पाने के लिए किसानों को जल तथा प्राकृतिक संसाधनों के संयमित दोहन की जरूरत है।

जिस प्रकार अधिकाधिक उपज प्राप्त करने की लालसा में भू–जल का दोहन और रासायनिक उर्वरकों का इस्तेमाल किया जा रहा है वह इस समस्या को और अधिक गंभीर बना रहा है। इसलिए अब किसानों को कृशि के तौर–तरीकों और फसल चक्र में बदलाव लाने की जरूरत है। कृशि के लिए उन तरीकों को अपनाया जाए जिसमें कम पानी और सूखे की स्थिति में पर्याप्त उपज प्राप्त किया जा सके। डॉ. पचौरी ने 2007 में अपनी चौथी मूल्यांकन रिपोर्ट में वैश्विक तापमान में 4 डिग्री सेल्सियस बढ़ोतरी की संभावना व्यक्त की है। इससे बारिष के पैटर्न में भारी बदलाव होगा। इसमें कोई संदेह नही की इसका विद्युत, जल संसाधन और जैव विविधता पर प्रभाव पड़ेगा। इसलिए यह जरुरी है कि रासायनिक उर्वरकों के इस्तेमाल को कम करते हुए जैविक खेती पर ध्यान दिया जाए। जैविक खाद के उपयोग से न केवल भूमि की उर्वरता बढ़ेगी बल्कि उसमें नमी की वजह से काफी हद तक सूखे की समस्या से भी निजात मिलेगी। वर्तमान में 180 लाख हेक्टेयर बंजर भूमि का भविश्य में संवर्धन करने में जैव उर्वरक एक प्रमुख भूमिका निभा सकते हैं।

औद्योगिकीकरण के नाम पर जंगलों को अंधाधुंध कटाई, पहाड़ों का कटाव और उसकी वजह से वर्शा चक्र में उत्पन्न अनियमतता किसी से छुपी नहीं है। जिसका परिणाम भूमि के कटाव, भू–स्खलन के रूप में हमारे सामने है जो कृशि को प्रभावित करता है। वहीं दूसरी ओर ग्लोबल वार्मिंग के चलते जिस गति से वाश्पीकरण और अन्य माध्यमों से जल का हनन हो रहा है उसके सापेक्ष जल संवर्धन, वर्शा जल एकत्रीकरण के उपाय नहीं किए गए हैं।

जंगलों की कटाई और औद्योगिकीकरण के चलते वायुमंडल में कार्बन उत्सर्जन व अवषोशन का समीकरण गड़बड़ाया है जिसका एक मात्र उपाय ग्रीन हाउस गैसों के उत्सर्जन पर नियंत्रण है। इसके लिए ग्रीनर ट्रांसपोर्ट, ऊर्जा का कुषल उपयोग, वैकल्पिक ऊर्जा का उपयोग और परमाणु ऊर्जा का उत्पादन बढ़ाने जैसे उपाय सुझाए गए हैं। लेकिन इसके साथ हमें वक्षारोपण, परिस्थितिकी संतुलन और ऊर्जा संरक्षण पर भी जोर देना होगा। ईंधन के रूप में बायो फ्यूल का उपयोग कुछ हद तक प्रदूशण में कमी लाएगा। लेकिन इससे बड़ा सवाल यह है कि बायो फ्यूल फसलें उगाने से हमारी खाद्यान उपलब्धता कितनी प्रभावित होगी, खासकर वर्तमान परिप्रेक्ष्य में। इस संदर्भ में विचार करना बहुत ही आवष्यक है क्योंकि सरकार द्वारा एथनॉल तथा जेट्रोफा की खेती पर पहले से ही काम किया जा रहा है।

वर्तमान में जलवायु परिवर्तन का जो स्पश्ट प्रभाव देखा जा रहा है वह खाद्यान असुरक्षा के रूप में सामने आ रहा है। वहीं प्राकृतिक संसाधनों के अत्यधिक दोहन और रासायनिक उर्वरकों के उपयोग से खाद्यान की गुणवत्ता प्रभावित हुई है। साथ ही तमाम किस्म की बिमारियों का उद्‌भव भी हुआ है। जलवायु परिवर्तन मनुश्य के सर्वांगीण विकास के तत्वोंः आजीविका, भोजन, स्वास्थ्य, सांस्कृतिक और सामाजिक संबंधों को नकारात्मक रूप से प्रभावित कर रहा है। इसके यथेश्ट समाधान के लिए आवष्यक है कि हम अपने अतीत के अनुभवों और ज्ञान से सबक लें और ऐसे उपायों पर ध्यान केंद्रित करें जो कि खाद्य सुरक्षा को सुनिष्चित करते हुए जलवायु परिवर्तन के लिए कारगर साबित हों।

भारत सरकार पहले ही कह चुकी है कि वह कार्बन उत्सर्जन में 25 फीसदी तक की कमी लाने का प्रयास करेगी। यह एक बहुत बड़ा कदम होगा, जिसे हासिल करना काफी मुष्किल होगा। वैसे कुछ छोटे–छोटे उपाय भी वैश्विक उश्णता को बढ़ने से रोक सकते हैं। जरूरत केवल इंसानी जज्बे की है। एक ताजा रिपोर्ट के मुताबिक ग्लोबल वार्मिंग की वजह से होने वाले बदलाव भविश्य में और ज्यादा अकस्मात तथा अप्रत्याषित होंगे। रिपोर्ट में अगाह किया गया है कि भारत तथा नेपाल में मानसून के प्रभावित होने से करोड़ों डॉलर के नुकसान का अंदेषा है। डब्ल्यू.डब्ल्यू.एफ. के ग्लोबल क्लाइमेट इनीषियेटिव के प्रमुख किम कारस्टेनसेन के मुताबिक अगर हमने जलवायु परिवर्तन को लेकर त्वरित कदम नहीं उठाए तो हमें विध्वंसकारी परिणाम भुगतने होंगे।

जलवायु परिवर्तन का पृथ्वी पर प्रभाव

सतही हवा के तापमान परिवर्तन में 1.1–6.4 डिग्री सेल्सियस की वृद्धि होगी। समुद्र तल में 18–59 सेंटीमीटर के बीच बढ़ोतरी होगी, महासागर अधिक अम्लीय हो जाएंगे, अत्यंत ऊष्म वातावरण, ऊष्म लहर और भारी वर्षा की घटनाओं में लगातार भारी बढ़ोतरी होने की संभावना है, चक्रवात अत्यंत प्रचंड हो जाएंगे और साथ ही साथ हवा की उच्चतम गति, भारी वर्षा और समुद्र सतह के तापमान में वृद्धि होने की संभावना है।

जलवायु परिवर्तन के सम्भावित प्रभाव

प्रारम्भ मे कुछ मध्य अक्षांश और कुछ अक्षांश क्षेत्रों में कृषि उत्पादन से लाभ होगा, किन्तु कम अक्षांश वाले क्षेत्रों में तापमान में वृद्धि, बाढ़ और सूखे को प्रबलता से कृषि उत्पादन में कमी होने की संभावना है। इसके कारण भुखमरी, विस्थापन, पलायन के स्तर में वृद्धि हो सकती है। सन् 2100 तक फसलों की उत्पादकता में 10–40 प्रतिशत की कमी आएगी क्योंकि तापमान में लगभग 2 डिग्री की वृद्धि संभावित अनाज की पैदावार कम कर देती है। रबी की फसलों को ज्यादा नुकसान होगा। प्रत्येक 1 से.ग्रे. तापमान बढ़ने पर 4–5 करोड़ टन अनाज उत्पादन में कमी आएगी। पाले के कारण होने वाले नुकसान में कमी आएगी जिससे आलू, मटर और सरसों का कम नुकसान होगा। सूखा और बाढ़ में बढ़ोत्तरी होने की वजह से फसलों के उत्पादन में अनिश्चितता की स्थिति होगी। फसलों के बोये जाने का क्षेत्र भी बदलेगा, कुछ नये स्थानों पर उत्पादन किया जाएगा तथा पुराने उत्पादन क्षेत्र उस खास फसल के उत्पादन लायक नहीं रह जाएंगे। खाद्य व्यापार में पूरे विश्व में असन्तुलन बना रहेगा। पशुओं के लिए पानी, पशुशाला और ऊर्जा सम्बन्धो जरूरतें बढ़ेंगो विशेषकर दुग्ध उत्पादन हेतु। समुद्रों व नदियों के पानी का तापमान बढ़ने के कारण मछलियों व जलीय जन्तुओं की प्रजनन क्षमता व उपलब्धता में कमी आएगी। सूक्ष्म जीवाणुओं और कीटों पर प्रभाव पड़ेगा। कीटों की संख्या में वृद्धि होगी तो सूक्ष्म जीवाणु नष्ट होंगे। वर्षा आधारित क्षेत्रों की फसलों को अधिक नुकसान होगा क्योंकि सिंचाई हेतु पानी की उपलब्धता भी कम होती जाएगी। अंतः वर्षा निर्भर कृषि में जलवायु परिवर्तन के कारण पैदावार में कमी आती है। जलवायु परिवर्तन खाद्य सुरक्षा और आजीविका को प्रभावित करेगा और साथ ही साथ प्राकृतिक संसाधनों पर दबाव बढ़ेगा।

कृषि क्षेत्र में जलवायु परिवर्तन के जो सम्भावित प्रभाव दिखने वाले हैं वे मुख्य रूप से दो प्रकार के हो सकते हैं: पहला क्षेत्र आधारित तथा दूसरा फसल आधारित। अर्थात विभिन्न क्षेत्रों में विभिन्न फसलों पर अथवा एक ही क्षेत्र की प्रत्येक फसल पर अलग–अलग प्रभाव पड़ सकता है। यह तथ्य हम गेहूँ और धान कि फसलों पर अध्ययन कर जान सकते हैं।

गेहूँ उत्पादन

अध्ययनों में पाया गया है कि यदि तापमान 2 से.ग्रे. के करीब बढ़ता है तो अधिकांश स्थानों पर गेहूँ की उत्पादकता में कमी आ जाती है। जहाँ उत्पादकता ज्यादा है (उत्तरी भारत में) वहाँ कम प्रभाव दिखता है तथा जहाँ कम उत्पादकता है वहाँ ज्यादा प्रभाव दिखता है। एक पूर्वानुमान के अनुसार प्रत्येक 1 से.ग्रे. तापमान बढ़ने पर गेहूँ का उत्पादन 4–5 करोड़ टन कम होता जाएगा। अगर किसान इसके बुवाई का समय सही कर लें तो उत्पादन की गिरावट 1–2 टन कम हो सकती है।

धान का उत्पादन

हमारे देश के कुल फसल उत्पादन में 42.5 प्रतिशत हिस्सा धान की खेती का है। तापमान वृद्धि के साथ–साथ धान के उत्पादन में गिरावट आने लगेगी। अनुमान है कि 2 से.ग्रे. तापमान वृद्धि से धान का उत्पादन 0.75 टन प्रति हेक्टेयर कम हो जाएगा। देश का पूर्वी हिस्सा धान उत्पादन में ज्यादा प्रभावित होगा। अनाज की मात्रा में कमी आ जाएगी। धान वर्षा आधारित फसल है इसलिए जलवायु परिवर्तन के साथ बाढ़ और सूखे की स्थितियाँ बढ़ने पर इस फसल का उत्पादन गेहूँ की अपेक्षा ज्यादा प्रभावित होगा।

जलवायु परिवर्तन का जल संसाधन पर प्रभाव

पृथ्वी पर इस समय 140 करोड़ घन मीटर जल है। इसका 97 प्रतिशत भाग खारा पानी है जो समुद्र में है। मनुष्य के हिस्से में कुल 136 हजार घन मीटर जल ही बचता है। पानी तीन रूपों में पाया जाता है– तरल जो कि समुद्र, नदियों, तालाबों और भूमिगत जल में पाया जाता है, ठोस– जो कि बर्फ़ के रूप में पाया जाता है और गैस–वाष्पीकरण द्वारा जो पानी वातावरण में गैस के रूप में मौजूद होता है। पूरे विश्व में पानी की खपत प्रत्येक 20 साल में दुगुनी हो जाती है जबकि धरती पर उपलब्ध पानी की मात्रा सीमित है। शहरी क्षेत्रों में, कृषि क्षेत्रों में और उद्योगों में बहुत ज्यादा पानी बेकार जाता है। यह अनुमान लगाया जा रहा है कि यदि सही ढंग से इसे व्यवस्थित किया जाए तो 40 से 50 प्रतिशत तक पानी की बचत की जा सकती है। जलवायु परिवर्तन के कारण कृषकों के लिए जल आपूर्ति की भयंकर समस्या हो जाएगी तथा बाढ़ एवं सूखे की बारम्बारता में वृद्धि होगी। अर्द्धशुष्क क्षेत्रों में लम्बे शुष्क मौसम तथा फसल उत्पादन की असफलता बढ़ती जाएगी। यही नहीं बड़ी नदियों के मुहानों पर भी कम जल बहाव, लवणता, बाढ़ में वृद्धि तथा शहरी व औद्योगिक प्रदूषण की वजह से सिंचाई हेतु जल उपलब्धता पर भी खतरा महसूस किया जा सकता है। हमारे जीवन में भूमिगत जल की महत्ता सबसे अधिक है। पीने के साथ–साथ कृषि व उद्योगों के लिए भी इसी जल का उपयोग किया जाता है। जनसंख्या बढ़ने के साथ ही पानी की माँग में बढ़ोत्तरी होने लगी है यह स्वाभाविक है परन्तु बढ़ते जल प्रदूषण और उचित जल प्रबन्धन न होने के कारण पानी आज एक समस्या बनने लगी है। सारी दुनिया में पीने योग्य पानी का अभाव होने लगा है। सूखाग्रस्त क्षेत्रों में निरंतर बढ़ोतरी होने की सम्भावना है, अत्यधिक वर्षा से अधिक से अधिक क्षेत्र बाढ़ की चपेट में आएंगे। इस सदी के मध्य तक कोई भी क्षेत्र जो जलापूर्ति के लिए पर्वत श्रृंखला से निकले जल स्रोतों पर निर्भर रहते है, में जल की भारी कमी हो जाएगी। वर्तमान में दुनिया की कुल आबादी के 1/6 लोग पर्वत श्रृंखला से निकले पानी पर निर्भर हैं।

जलवायु परिवर्तन का मिट्टी पर प्रभाव

कृषि के अन्य घटकों की तरह मिट्टी भी जलवायु परिवर्तन से प्रभावित हो रही है। रासायनिक खादों के प्रयोग से मिट्टी पहले ही जैविक कार्बन रहित हो रही थी अब तापमान बढ़ने से मिट्टी की नमी और कार्यक्षमता प्रभावित होगी। मिट्टी में लवणता बढ़ेगी और जैव–विविधता घटती जाएगी। भूमिगत जल के स्तर का गिरते जाना भी इसकी उर्वरता को प्रभावित करेगा। बाढ़ जैसी आपदाओं के कारण मिट्टी का क्षरण अधिक होगा वहीं सूखे की वजह से इसमें बंजरता बढ़ती जाएगी। पेड़–पौधो के कम होते जाने तथा विविधता न अपनाए जाने के कारण उपजाऊ मिट्टी का क्षरण खेतों को बंजर बनाने में सहयोगी होगा।

रोग, कीट व जानवरों पर प्रभाव

जलवायु परिवर्तन से कीट व रोगों की बढ़त पर जबरदस्त प्रभाव पड़ता हैं। तापमान, नमी तथा वातावरण की गैसों से पौधो, फफून्द तथा अन्य रोगाणुओं के प्रजनन नें वृद्धि तथा कीटों और उनके प्राकृतिक शत्रुओं के अन्तर्सम्बन्धों में बदलाव आदि दुष्परिणाम देखने को मिलेंगे। गर्म जलवायु कीट–पंतगों की प्रजनन क्षमता में वृद्धि हेतु सहायक होता है। लम्बे समय तक चलने वाले वसन्त, गर्मी व पतझड़ के मौसम में अनेक कीटों की प्रजनन संख्या अपना जीवन चक्र पूरा करती है। जाड़ों में कहीं छुप कर ये लार्वा को बचाए रखते हैं। हवा के रुख में बदलाव से हवाजनित कीटों में वृद्धि के साथ–साथ बैक्टीरिया और फंगस में भी वृद्धि होती है। इनको नियन्त्रित करने के लिए अधिक से अधिक मात्रा में कीटनाशक प्रयोग किए जाते हैं जो अन्य बीमारियों को बढ़ावा देते हैं। जानवरों में बीमारियाँ भी समान रूप से बढ़ेगी।

फसलों और पेड़–पौंधो के साथ जानवरों पर भी जलवायु परिवर्तन का असर दिखेगा। तापमान बढ़ोत्तरी का जानवरों के दुग्ध उत्पादन व प्रजनन क्षमता पर सीधा असर पड़ेगा। अनुमान लगाया जाता है कि तापमान वृद्धि से दुग्ध उत्पादन में सन् 2020 तक 1.6 करोड़ टन तथा 2050 तक 15 करोड़ टन तक गिरावट आ सकती है। सबसे अधिक गिरावट संकर नस्ल की गायों में (0.63 प्रतिशत), भैसों में (0.50 प्रतिशत) और देसी नस्लों में (0.40 प्रतिशत) होगी। संकर नस्ल की प्रजातियाँ गर्मी के प्रति कम सहनशील होती हैं इसलिए उनकी प्रजनन क्षमता से लेकर दुग्ध क्षमता ज्यादा प्रभावित होगी। जबकि देसी नस्ल के पशुओं में जलवायु परिवर्तन का प्रभाव कुछ कम दिखेगा।

कृषि का वातावरण पर प्रभावः

केवल जलवायु ही कृषि को प्रभावित नहीं करती है, बल्कि कृषि भी जलवायु को प्रभावित करती है। कृषि के दौरान मीथेन, कार्बन डाईआक्साइड और नाइट्रस आक्साइड जैसी गैसे निकालती हैं, जो ग्रीन हाउस गैसे हैं। खेती के लिए जंगलों को कटाई की जाती

है जिससे कार्बनडाइआक्साइड गैसे अवशोषित नहीं हो पाती। धान की खेती के दौरान 54 फीसदी मीथेन गैस निकलती है। खेती में उर्वरकों के इस्तेमाल से 80 फीसदी नाइट्रस आक्साइड निकलती है। स्वामिनाथन और सिन्हा के रिपोर्ट के मुताबिक 2.0 डिग्री सेल्सियस तापमान बढ़ने से चावल का उत्पादन 0.75 टन प्रति हेक्टेयर घट जाता है। वहीं 0.5 डिग्री सेल्सियस तापमान बढ़ने से गेंहू की पैदावार 0.45 टन प्रति हेक्टेयर तक कम हो जाती है। शशीधरन की रिपोर्ट के मुताबिक प्रत्येक डिग्री तापमान में बढ़ोतरी से चावल के उत्पादन में 6 डिग्री तक कमी आ जाती है।

कृषि प्रणालियाँ जलवायु की अत्यधिक घटनाओं के कारण संवेदनशील हैं। अंतर सरकारी पैनल (IPCC) की जलवायु परिवर्तन पर ताजा रिपोर्ट से यह निष्कर्ष निकलता है कि गर्मी तनाव, सूखे और बाढ़ की बढ़ी हुई आवृत्ति का नकारात्मक प्रभाव फसलों की पैदावार और पशुओं पर पड़ता है। बदलती जलवायु के लक्षण जैसे सूखा, बाढ़, मानसून का देरी से आरम्भ, शुष्क दौर और गर्म तरंगों से कृषि गतिविधियों में व्यवधान पड़ता है जिससे काफी संकट पैदा हो जाता है। भारत में लगभग 85% छोटे किसान है और उनमें से 60% से अधिक वर्षा पर आधारित कृषि पर निर्भर हैं। जलवायु परिवर्तन से बदलने वाली स्थितियों से किसानों विशेषकर छोटे और निम्न मध्यमवर्गीय किसान की आजीविका पर गहरा असर पड़ता है। अपेक्षित उत्तमता को प्राप्त करने और जलवायु परिवर्तन के प्रभावशाली अनुकूलन के लिए अनिवार्य परामर्श को यथासमय अपनाने के लिए बदलती सामाजिक आर्थिक कृषि परिस्थितियों, आजीविका प्रणाली और उससे संबंधित संकटों को जानना अनिवार्य है। इसके लिए मौजूदा कृषि ज्ञान और सूचना नेटवर्क को सुधारना और इसे अधिक गतिशील बनाना एवम सभी हितधारकों (राष्ट्रीय और राज्य स्तर के नीति निर्माताओं, विस्तार एजेंटों, बिचौलियों और किसानों आदि) के योग्य बनाना अति महत्वपूर्ण है।

जलवायु परिवर्तन के कुप्रभाव से निपटने हेतु कारगर उपपाय

जलवायु परिवर्तन से संबधित दुष्प्रभावों से निबटने के लिए हम किसानों के लिए मौसम संबंधी गुणवत्तापूर्ण जानकारी उपलब्ध करवा सकते हैं। किसान लोग जलवायु परिवर्तन से कुछ हद तक निबटने के लिए बीज बोने की तिथियों में परिवर्तन, विभिन्न समयों में परिपक्व होने वाली प्रजातियों का चयन व फसल चक्र परिवर्तन कर सकते हैं।

- त्वरित चेतावनी पद्यति द्वारा कीटाणुओं व बीमारियों के फैलने में परिवर्तन का अध्ययन किया जा सकता है। समेकित कीट प्रबंधन के द्वारा समस्त कीटों का प्रबंधन किया जाना चाहिए।
- किसानों के साथ सहभागी बनकर जलवायु रोधक फसल प्रजातियों का विकास करना चाहिए ताकि ये प्रजातियाँ अधिक तापमान, सूखा व लवणता को सहन कर सकें।

- अल्प अवधि की फसल प्रजातियों का विकास जो तापमान के उच्चतम स्तर तक पहुँचने के पहले ही परिपक्व हो जाएँ।
- फसल में ऐसे ज़ीन का चयन जिसमें प्रतिदिन फसल उत्पादन की क्षमता अधिक हो, ताकि फसल की बढवार के दौरान तापक्रम के बढ़ने से होने वाली क्षति कम हो।
- सूखे से बचने के उपाय जिसमें मध्यम जमीन में तालाब का निर्माण, ऊपरी जमीन में धान के बजाय दलहन व तिलहन का बोना, कपास में रिज व फ़रो पद्धति अपनाना, ऊपरी ज़मीन में एक फसल की बजाय अंतर्वर्तीय फसल लगाना, भूमि समतलीकरण, पत्थर व घास द्वारा खेत के चारो तरफ मजबूत मेड़बंदी, अपवाह जल का भंडारण, भूमि संरक्षण करने वाली फ़रो, मलचिंग और अधिक फार्म यार्ड मेन्यौर लगाना आदि शामिल हैं।
- सक्षम जल प्रबंधन जैसे एक बार में कम पानी लगाना पर ज्यादा सिंचाई करना, फसल की क्रांतिक अवस्थाओं पर सिंचाई, ड्रिप व स्प्रिंकलर के उपयोग को बढ़ावा देना आदि शामिल हैं।
- खाद को उचित मात्रा में सही समय पर देना, नीचे देना, नीम व करंज के उत्पादों का उपयोग, अम्लीय मिट्टी में चूने का प्रयोग, ज़िंक व बोरॉन का प्रयोग, तिलहन में सल्फर का प्रयोग और समेकित पोशक तत्व प्रबंधन आदि।
- मौसम के पूर्वानुमान को बीज बोने व सिंचाई करने का समय निर्धारण करने में किया जा सकता है।
- मौसम आधारित कृषि बीमा का विस्तारीकरण किया जा सकता है।
- सक्षम जल प्रबंधन जैसे एक बार में कम पानी लगाना पर ज्यादा सिंचाई करना, फसल की क्रांतिक अवस्थाओं पर सिंचाई, ड्रिप व स्प्रिंकलर के उपयोग को बढ़ावा देना आदि शामिल हैं।
- खाद को उचित मात्रा में सही समय पर लगाना, नाइट्रोजन व पोटेषियम को थोड़ा थोड़ा कई बार देना, नीचे देना, नीम व करंज के उत्पादों का उपयोग, अम्लीय मिट्टी में चूने का प्रयोग, ज़िंक व बोरॉन का प्रयोग, तिलहन में सल्फर का प्रयोग और समेकित पोषक तत्व प्रबंधन आदि।
- मौसम के पूर्वानुमान को बीज बोने व सिंचाई करने का समय निर्धारण करने में किया जा सकता है।
- मौसम आधारित कृषि बीमा का विस्तारीकरण किया जा सकता है।
- तकनीकी में सुधार व आदान उपलब्ध करवाने में सुधार करके खाद्यान्न उत्पादन को वढ़ाया जा सकता है।

- संसाधन संरक्षण तकनीकों जैसे (शून्य कर्षण, लेसर भूमि समतलीकरण, धान की सीधी बुबाई, और फसल विविधता) द्वारा भूमंडलीय तापमान वृद्धि को कम किया जा सकता है। वर्षाश्रित ऊपरी ज़मीन में धान के अतिरिक्त अन्य फसलों को बोकर फसल विविधता की जा सकती है इससे खरीफ के दौरान लंबी अवधि तक मृदा में जल की कमी फसल सहन करने में सक्षम रहेगी।
- खाद्य सुरक्षा और जलवायु परिवर्तन से निबटने में सक्षम लम्बी अवधि के लिए भूमि उपयोग योजना का विकास करना होगा।
- स्थानीय व देश के स्तर पर खाद्य सुरक्षा बनाए रखने के लिए देश के स्तर पर, घर, सामुदायिक व जिला स्तर पर अन्न भंडारण की व्यवस्था करनी होगी ताकि खाद्यान्न मूल्य को नियंत्रित किया जा सके।
- किसानों को संसाधन संरक्षण व दक्षता संवर्धन के लिए उन्नत तकनीकों के उपयोग के लिए धन उपलब्ध करवा कर प्रेरित करना चाहिए।
- तकनीकी, संस्थानो व वित्तीय सहायता द्वारा सामुदायिक खाद्यान्न, चारा व बीज आदि के बैंक की स्थापना करवाना चाहिए।
- जलवायु परिवर्तन के निम्नीकरण और अनुकूलन के लिए विश्व के विभिन्न राष्ट्र व निजी एवं सार्वजनिक संगठन निरन्तर प्रयासरत हैं और आवश्यकता है कि हम भी व्यक्तिगत रूप से इसमें सक्रिय होकर योगदान दें।

2030 तक विश्व से भुखमरी समाप्त करने का उद्देश्य है। इसमें जलवायु परिवर्तन एक बहुत बड़ी चुनौती उभर कर आ रही है, भुखमरी बिल्कुल समाप्त करने का लक्ष्य प्राप्त करने के लिए हम सब को मिलकर जलवायु परिवर्तन जैसी चुनौती का मुक़ाबला करना होगा। विश्व की आबादी में वृद्धि और जलवायु परिवर्तन को देखते हुए दुनिया भर में खाद्य उत्पादकता बढ़ाने की जरूरत है। 2050 तक विश्व की आबादी लगभग 9.5 अरब हो जाएगी, जिसका स्पष्ट मतलब है कि हमें दो अरब अतिरिक्त लोगों के लिए 70 प्रतिशत ज्यादा खाना पैदा करना होगा। इसलिए खाद्य और कृषि प्रणाली को जलवायु परिवर्तन के अनुकूल और ज्यादा लचीला, उपजाऊ व टिकाऊ बनाने की जरूरत होगी। इसके लिए प्राकृतिक संसाधनों का उचित इस्तेमाल करना होगा और खेती के बाद होने वाले नुकसान में कमी के साथ ही फसल की कटाई, भंडारण, पैकेजिंग और ढुलाई व विपणन की प्रक्रियाओं के साथ ही जरूरी बुनियादी ढांचा सुविधाओं में सुधार करना होगा। जलवायु परिवर्तन के कृषि पर तात्कालिक एवं दूरगामी प्रभावों के अध्ययन की जरूरत है। कृषि वैज्ञानिकों की यहाँ कमी नहीं है। हमें इस क्षेत्र में तत्काल दो काम करने चाहिए। एक यह कि जलवायु–परिवर्तन से कृषि चक्र पर क्या फर्क पड़ रहा है यह जानना तथा दूसरे क्या इस परिवर्तन की भरपाई कुछ वैकल्पिक फसलें उगाकर पूरी की जा सकती है। साथ ही

हमें ऐसी किस्म की फसलें विकसित करनी चाहिए जो जल्वायु परिवर्तन के खतरों से निपटने में सक्षम हो, मसलन फसलों की ऐसी किस्मों का इजाद जो ज्यादा गरमी, कम या ज्यादा बारिश सहन करने में सक्षम हो।

अध्याय 6

जैविक कृषि हेतु सस्य जलवायु क्षेत्र परिकल्पना एवं दृष्टिकोण

हमारा देश भारत भौगोलिक एवं जलवायुविक विविधताओं से परिपूर्ण है। विविधता में चार चांद लगाने हेतु यहाँ पर मैदान, पहाड़, पर्वत, पठार, समुद्र, नदियां नाले, हरित प्रदेश से लेकर मरुभूमि तक प्रचुर मात्रा में संसाधन पाये जाते हैं, इसलिए क्षेत्रीय असमानता स्वभाविक है। भारत के विभिन्न जलवायु क्षेत्र चित्र 6.1 में तथा सस्य जलवायु क्षेत्र, संबन्धित राज्य एवं भौगोलिक क्षेत्रफल तालिका 6.1 में दर्शाये गए हैं। इन्ही विविधताओं को ध्यान मे रख कर संतुलित क्षेत्रीय विकास हेतु योजना आयोग ने सस्य जलवायुर्वीय क्षेत्रीय योजना बनाई है, जिसका प्रमुख उद्देश्य क्षेत्रीय प्राकृतिक संसाधनों के साथ–साथ मानव सृजित संसाधनों का वैज्ञानिक ढंग से प्रबंध करके बढ़ती हुई जनसंख्या की न केवल आवश्यकताओं की आपूर्ति करना है बल्कि कृषि विकास (उत्पादन एवं उत्पादकता) को गति प्रदान करना भी है। इस योजना का एक प्रमुख उद्देश्य यह भी है कि कृषि में जोखिम को कम किया जाये। इसलिए इस योजना में उपलब्ध प्राकृतिक संसाधनों के साथ–साथ मानव सृजित संसाधनों का बृहद एवं सूक्ष्म क्षेत्रों तक कुशल वैज्ञानिक ढंग से उपयोग किया जाय, इस बात पर भी विशेष बल दिया गया है। इस परिकल्पना को आकार देने हेतु पूरे देश को 15 सस्य जलवायु क्षेत्रों में वर्गीकृत किया गया है। इसको प्रभावी रूप से लागू करने के लिए पुनः 72 उपक्षेत्रों में वर्गीकृत किया गया है। इस वर्गीकरण का मूल आधार भौतिक दशाएँ, मृदा किस्म, भूगर्भ–निर्माण, फसल पद्धति, वर्षा, सिंचाई के विकास एवं खनिज संसाधनों की उपलब्धता है। चूँकि सस्य जलवायु क्षेत्र एवं उसकी विशेषता क्षेत्र विशेष को एक दूसरे से अलग करते हैं इसलिए सस्य जलवायु क्षेत्र विशेष में दक्षतापूर्वक पारम्परिक खेती करने के लिए उपयुक्त फसलों और उनकी किस्म का भी विवरण दिया जा रहा है जिससे कि उचित फसल एवं प्रजाति के चुनाव मे कोई दुविधा न रहे।

चित्र 5.1: भारत के सस्य जलवायु क्षेत्र

तालिका 6.1: सस्य जलवायु क्षेत्र, संबन्धित राज्य एवं भौगोलिक क्षेत्रफल (000 हेक्टेयर)

क्षेत्र संख्या	उप-क्षेत्र संख्या	सस्य जलवायु क्षेत्र	संबन्धित राज्य	भौगोलिक क्षेत्रफल ('000 हेक्टेयर)
1	3	पश्चिमी हिमालय क्षेत्र	जम्मू-कश्मीर, हिमाचल प्रदेश और उत्तरांचल	24574
2	5	पूर्वी हिमालय क्षेत्र	असम, सिक्किम, प. बंगाल, मणिपुर, मेघालय, नागालैंड, त्रिपुरा, मिजोरम, अरुणाचल प्रदेश	27533
3	4	निचला गंगा का मैदानी क्षेत्र	प. बंगाल	6940
4	6	मध्य गंगा का मैदानी क्षेत्र	उत्तर प्रदेश, बिहार	17033
5	3	ऊपरी का मैदानी क्षेत्र	उत्तर प्रदेश	14344
6	3	पार गंगा का मैदानी क्षेत्र	पंजाब, हरियाणा, दिल्ली, राजस्थान	12508
7	5	पूर्वी पठारी एवं पर्वतीय क्षेत्र	महाराष्ट्र, म. प्र, उड़ीसा, प. बंगाल,	39503
8	14	मध्य पठार और पर्वतीय क्षेत्र	म. प्र., राजस्थान, उ. प्र.	37592
9	4	पश्चिमी पठार और पर्वतीय क्षेत्र	महाराष्ट्र, म. प्र., राजस्थान	33222
10	6	दक्षिणी पठार और पर्वतीय क्षेत्र	आंध्र प्र., कर्नाटक, तमिलनाडु	39410
11	6	पूर्वी तटीय मैदान एवं पर्वतीय क्षेत्र	उड़ीसा, तमिलनाडु, पांडुचेरी	19285
12	4	पश्चिमी तटीय मैदान एवं घाट क्षेत्र	तमिलनाडु, केरला, गोवा, कर्नाटक, महाराष्ट्र	11419
13	7	गुजरात मैदानी एवं पहाड़ी क्षेत्र	गुजरात	19602
14	-	पश्चिमी सूखी क्षेत्र	राजस्थान	17580
15	2	द्वीपीय क्षेत्र	अंडमान और निकोबार द्वीप और लक्ष्यदीप	832

विभिन्न सस्य जलवायु क्षेत्रो की विशेषताए एवं पारम्परिक खेती के लिए उपयुक्त फसल एवं उसकी प्रजातियाँ

1. पश्चिमी हिमालय क्षेत्र

इस कृषि–जलवायु क्षेत्र में जम्मू–कश्मीर, हिमाचल प्रदेश और उत्तरांचल आते हैं, इसमें कुल तीन उप–क्षेत्र शामिल हैं। जलवायु ठंड शुष्क से लेकर नम तक है। यहाँ की मृदाएँ भूरी पहाड़ी एवं जलोढ़ हैं, जल समेट प्रबंधन, भूमि एवं जल संरक्षण की प्रक्रिया को सघन करने में सक्षम हैं। कृषि वानिकी, बागवानी द्वारा ईंधन एवं पशु चारे की व्यवस्था प्रमुख कृषि कार्य है। गेहूँ, चावल, मक्का एवं आलू प्रमुख फसलें हैं उच्चतम फसल सघनता हिमाचल प्रदेश में देखी गई है जबकि जम्मू और कश्मीर में सबसे कम पायी जाती है। सभी फसलों की औसत पैदावार राष्ट्रीय औसत उत्पादकता के मुकाबले कम है। परम्परागत कृषि इस क्षेत्र की पहचान है, इस कृषि–जलवायु क्षेत्र के लिए तालिका 6.2 में उल्लिखित फसलों एवं प्रजातियों का उपयोग परम्परागत कृषि के तहत किया जा सकता है।

तालिका 6.2: पश्चिमी हिमालय क्षेत्र के लिए उपयुक्त फसलें एवं उनकी प्रजातियॉ

फसल	प्रजातियाँ
जौ	रत्न, ज्योति, सोनू देशी, पी एल–56, पी–142 एवं पी–133 इत्यादि
मक्का	गंगा–2, गंगा–5 एवं विक्रम इत्यादि
सरसों	आर एल एम–514, आर एल एम–619 एवं पूसा बहार इत्यादि
अरहर	प्रभात, टी–21 एवं पंत ए–3 इत्यादि
धान	आर पी 79–5, डी आर–92 एवं सी आर–142–3–2 इत्यादि
सोयाबीन	ब्रैग, पी बी–आई एवं सेमीमी इत्यादि
गेहूँ	पी बी डब्लू–396, पी बी डब्ल्यू–175, राज 3077, एच डी–1981, एच डी 2009 एवं एच डी 2021 इत्यादि

2. पूर्वी हिमालय क्षेत्र

इस कृषि–जलवायु क्षेत्र मे असम, सिक्किम, प. बंगाल, मणिपुर, मेघालय, नागालैंड, त्रिपुरा, मिजोरम, अरुणाचल प्रदेश आदि को पाँच उप–क्षेत्रों में विभाजित किया गया है। जलवायु अर्धनम से नम है, यहाँ की मृदाएँ जलोढ़ लाल दोमट, लाल बलुआर एव भारी पहाड़ी प्रकार की है। चावल, मक्का, जूट एवं सरसों प्रमुख फसलें हैं। इस क्षेत्र में समन्वित कृषि प्रणाली को अपनाने की जरुरत है। झूम खेती को रोकना होगा। प्रमुख कृषि कार्य में खेती, बागवानी, वानिकी द्वारा ईंधन एवं पशु चारे की व्यवस्था की जाती है। परम्परागत कृषि इस क्षेत्र की भी पहचान है। सिक्किम राज्य ने अभी हाल में ही सम्पूर्ण जैविक प्रदेश बनने का

गौरव प्राप्त किया है। पूर्वी हिमालय कृषि–जलवायु क्षेत्र के लिए तालिका 6.3 में उल्लिखित फसलों एवं प्रजातियों का उपयोग परम्परागत कृषि के तहत किया जा सकता है।

तालिका 6.3: पूर्वी हिमालय क्षेत्र के लिए उपयुक्त फसलें एवं उनकी प्रजातियाँ

फसल	**प्रजातियाँ**
धान	सुभद्रा, परिजात, सी आर एम 13–3241, बाला, ब्राउन गोरा, 23–19, किरण, सावन, आर ए यू–2 एवं आर ए यू–3 इत्यादि
मक्का	ए–51–54, जवाहर, दीरा एवं गंगा सफ़ेद–2 इत्यादि
जूट	जे आर ओ–632 एवं जे आर सी–212 इत्यादि
मेस्टा	ए एस–7 एवं सी पी ई एल इत्यादि
जौ	बी आर–1, बी आर–23, रत्न एवं के–125 इत्यादि
उर्द	टी–9, यू पी यू 01, बी–12–1, मधु, बी आर–10, सी–170 एवं एफ एस–68 इत्यादि
मूंग	कोपरगांव, के 851, पी एस–16, सुनीता, पोल्वी–1, एन जी–308 एवं ए के 12–24 इत्यादि
कुलथी	डी एस–1–2, डी एस–7 एवं डी एस–2–2 इत्यादि
मसूर	पन्त मसूर 20 9, बी आर–25, पन्त मसूर 8 एवं पन्त मसूर 406 इत्यादि
अलसी	टी–397 एवं एल सी–267 इत्यादि
सरसों	बी आर–37 एवं असम चयन इत्यादि
नाइजर	फुलबानी स्थानीय, उटकमंड संख्या–5 एवं एन–5, इत्यादि
कुसुम	बी आर–183 इत्यादि
तिल	कांके सफेद इत्यादि
ज्वार	सी एस एच–5 एवं सी एस एच–6
गेहूँ	सी–306 एवं कल्याण सोना इत्यादि

3. निचला गंगा का मैदानी क्षेत्र

यह कृषि–जलवायु क्षेत्र पश्चिम बंगाल प्रदेश के पूरे भूभाग से मिल कर बना है, इस क्षेत्र को चार उप–क्षेत्रों अर्थात मैदानी, केंद्रीय जलोढ़ मैदान, जलोढ़ तटीय मैदान और रड़गांव मैदान में विभाजित किया गया है। यह क्षेत्र चावल की खेती के लिए प्रसिद्ध है और देश के कुल चावल के उत्पादन में प्रथम स्थान रखता है। बेसिन और मध्य मैदानी क्षेत्रों में बाढ़ फसलों को नष्ट कर देते हैं। सरसों, शीतकालीन मक्का और आलू इस क्षेत्र की अपेक्षाकृत नव शुरू की गई फसलें हैं। इस क्षेत्र मे परम्परागत जैविक खेती को बढ़ावा दिया जा रहा है। निचला गंगा का मैदानी क्षेत्र के लिए तालिका 6.4 में उल्लिखित फसलों एवं प्रजातियों का उपयोग परम्परागत कृषि के तहत किया जा सकता है।

तालिका 6.4: निचला गंगा का मैदानी क्षेत्र के लिए उपयुक्त फसलें एवं उनकी प्रजातियाँ

फसल	प्रजातियाँ
धान	सुभद्रा, परिजात, सी आर एम 13–3241, बाला, बगुन गोरा, 23–19, किरण, सावन, आर ए यू–2 एवं आर ए यू–3 इत्यादि
जौ	बी आर–1, बी आर–23, रत्न, एवं के–125 इत्यादि
उर्द	टाइप 9, उत्तर प्रदेश 01, बी–12–1 मधु एवं बी आर–10 इत्यादि
चना	पंत चना–114, बी जी–256, एच–208, सी–2, गोपा, सी–20, सी–170 एवं एफ एस–68 इत्यादि
मूँग	कोपरगांव, के–851, पीएस–16, ग्राउंड ग्राम, एम–13, पोल्वी–1 एवं एन जी–308 इत्यादि
जूट	जे आर ओ–632 एवं जे आर सी–212 इत्यादि
मसूर	बी आर–25, पंत मसूर 8, बीआर–25 एवं पंत मसूर–406, इत्यादि
मक्का	ए–51–54, जवाहर, दीरा एवं गंगा सफ़ेद 5 इत्यादि
मेस्टा	ए एस–7 एवं सी पी ई एल इत्यादि
सरसों	बी आर–23, बी आर–40 एवं पूसा बोल्ड इत्यादि
नाइजर	फुलबानी स्थानीय, ओटाकमुंड नो–5 इत्यादि
अरहर	आर–60, कंके–9 एवं टी–21 इत्यादि
ज्वार	सी एस एच 5 एवं सी एस एच 6 इत्यादि
रागी	पी आर 707, सोदंगी–6 एवं ए–2–3–4 इत्यादि
गेहूँ	सी–306, कल्याण सोना, के–8027, एच डी आर–77, के–8962, जी डब्ल्यू–13 एवं डी एल–788–2 इत्यादि

4. मध्य गंगा का मैदानी क्षेत्र

यह क्षेत्र पूर्वी उत्तर प्रदेश के 12 जिलों और बिहार के मैदान के 27 जिलों को मिला कर बना है। मिट्टी, भूमि उपयोग, स्थलाकृति और जलवायु कारकों में विविधता पर निर्भर करते हुए यह 6 उप क्षेत्रों में उप–विभाजित किया गया है। उच्च बारिश और अक्सर बाढ़ इस क्षेत्र की विशेषता है। यह भूभाग पूरे देश का लगभग 39 प्रतिशत क्षेत्र है, यहाँ पर 142 प्रतिशत की फसल की सघनता पायी जाती है, सिंचित सिंचाई की समुचित व्यवस्था है। बिहार के मैदानी इलाकों में 17 लाख हेक्टेयर में बाढ़ और 10 लाख हेक्टेयर चौर, ताल और दियारा शामिल हैं। इस क्षेत्र की मुख्य फसल चावल है, हालांकि औसत उत्पादकता कम है। उत्पादन रणनीतियों में उच्च उत्पादन वाली किस्मों के गुणवत्ता वाले बीज की आपूर्ति के साथ ही आधुनिक फसल उत्पादन तकनीकों को अपनाने के लिए प्रौद्योगिकी के कुशल हस्तांतरण की भी आवश्यकता है। यह क्षेत्र परम्परागत जैविक खेती के लिए आदर्श है अतः भारत सरकार प्रोत्साहन के माध्यम से इसे बढ़ावा दे रही है। परम्परागत कृषि के तहत मध्य

गंगा के मैदानी क्षेत्र के लिए तालिका 6.5 में उल्लिखित फसलों एवं प्राजितयों का उपयोग किया जा सकता है।

तालिका 6.5: मध्य गंगा का मैदानी क्षेत्र के लिए उपयुक्त फसलें एवं उनकी प्रजातियाँ

फसल	प्राजितयाँ
जौ	डी एल–3, के–125, रत्न एवं ज्योति इत्यादि
उर्द	टी–9, एच–10 एवं बी–76 इत्यादि
अरंडी	अरुणा इत्यादि
चना	पूसा–256, टी–1, टी–3, टी–6, बी जी–1, बी जी–2 एवं बी जी–200 इत्यादि
मूँग	वर्शा, के 8501, पी एस–16, मदीरा एवं टी–44 इत्यादि
मसूर	पंत मसूर 406, पंत मसूर–639, पंत मसूर–4076, के–75, टी 36, पंत मसूर–509, बी आर–25 इत्यादि
अलसी	टी–397, नीलम, मुक्ता एवं गरिमा इत्यादि
मक्का	गंगा सुरक्षित–2 एवं गंगा चयन–5 इत्यादि
सरसों	आर–59, टी 5909, वरूण, वर्धन, संयुक्त, क्रांति एवं मोती इत्यादि
बाजरा	बी जे–104, जौनपुरी, एन एच बी–3–4 एवं बी जे–104 इत्यादि
अरहर	टी 21, यू पी ए एस–120 एवं पी डी एम–01 इत्यादि
धान	आकाशी, कावेरी, रत्न, एन 62–2 एवं आई सी 11842 इत्यादि
तिल	टी–13, टी–4 एवं टी–12, इत्यादि
सेटेरिया	चयन 377 इत्यादि
ज्वार	सी एस एच 5 एवं एस पी वी–104 इत्यादि
गेहूँ	एच यू डब्ल्यू–533, के–8027, सी–306, के 65, मालवीय–12 इत्यादि

5. ऊपरी गंगा के मैदान का क्षेत्र

इस क्षेत्र की संरचना उत्तर प्रदेश के 32 जिलों को मिला कर होती है। पूरे क्षेत्र को तीन उप–क्षेत्रों में विभाजित किया गया है मध्य, दक्षिण–पश्चिमी और उत्तर–पश्चिमी उत्तर प्रदेश। सिंचाई नहर या ट्यूबवेल से होती है और इसकी लगभग 150 प्रतिशत फसल सघनता होती है। चावल और गेहूँ यहाँ की प्रमुख फसलें हैं। लगभग 9 लाख हेक्टेयर क्षेत्र उसरीली क्षारीय भूमि है। इस क्षेत्र को परम्परागत जैविक खेती के लिए आदर्श बनाने की जरूरत है, भारत सरकार प्रोत्साहन के माध्यम से इसे बढ़ावा दे रही है। परम्परागत कृषि के तहत ऊपरी गंगा के मैदानी क्षेत्र के लिए तालिका 6.6 में उल्लिखित फसलों एवं प्राजितयों का उपयोग किया जा सकता है।

तालिका 6.6: ऊपरी गंगा के मैदानी क्षेत्र के लिए उपयुक्त फसलें एवं उनकी प्रजातियाँ

फसल	प्रजातियाँ
जौ	आज़ाद, के–144, लखन, के–603 गीतांजलि, डी एल–3, के–125 एवं रत्न इत्यादि
उर्द	टी–9, एच–10 एवं बी–76 इत्यादि
अरंडी	अरुणा इत्यादि
ग्वार	डीपी, सफ़ेद एवं बी 1 9–1–55 इत्यादि
लोबिया	एफ एस 68 एवं एच एफ सी 421 इत्यादि
चना	टी–1, टी–3, टी–6, बी जी–1, बी जी–2, बी जी–200 एवं एच–208 इत्यादि
मूँग	कोपरगांव, वर्षा, के 8501, पी एस–16, मदीरा एवं टी–44 इत्यादि
मसूर	टाइप 36, पंत मसूर 509 एवं बी आर–25 इत्यादि
अलसी	टी–397, नीलम एवं मुक्ता इत्यादि
मक्का	सथिया, दीरा, गंगा सुरक्षित–2 एवं गंगा चयन–5 इत्यादि
सरसों	आर–59, टी 590, टाईप 9, क्रांति, वैभव, रोहिणी, वरूण, कृष्णा एवं वरदान इत्यादि
मटर	रचना, सपना, पंत–5, जय एवं मोती इत्यादि
बाजरा	जौनपुरी, एन एच बी–3–4 एवं बी जे–104 इत्यादि
अरहर	टी 21, यू पी ए एस–120, पी डी एम–01 एवं पूसा अगेती इत्यादि
धान	आकाशी, कावेरी एवं रत्न इत्यादि
कुसुम	एन 62–2, आई सी 11842, इत्यादि
तिल	टी–13, टी–4 एवं टी–12 इत्यादि
सेटेरिया	सलेक्सन 377 इत्यादि
ज्वार	सी एस एच 5 एवं एस पी वी–104
ज्वार	चारा हेतुः एम पी चरी एवं पूसा चरी इत्यादि
	अन्न हेतुः सी एस एच 5, सी एस एच 6, एस पी वी 224 एवं एस पी बी 370 इत्यादि
सोयाबीन	अंकुर, जे 231 एवं पी बी 1 इत्यादि
गेहूँ	सी 306, के 65 एवं मालवीय–12 इत्यादि

6. पार गंगा का मैदानी क्षेत्र

इस क्षेत्र में पंजाब, हरियाणा, दिल्ली और चंडीगढ़ के केंद्र शासित प्रदेश और राजस्थान के श्रीगंगानगर जिले शामिल हैं, जो तीन उप–क्षेत्रो में विभाजित हैं। तलहटी या शिवालिक और हिमालय; थार रेगिस्तान की सीमा के अर्ध–शुष्क और शुष्क मैदान आते है। इस क्षेत्र में सर्वाधिक शुद्ध बुआई, उच्चतम सिंचाई, कम गरीबी स्तर, उच्च फसल की सघनता और उच्च भूजल उपयोग पाया जाता है। इस क्षेत्र से देश में सर्वोच्च उत्पादकता मिली है और उन्नत देशों के तुलनीय उत्पादकता स्तर हासिल करने के लिए कार्यक्रमों और

नीतियां तैयार करने के प्रयास चल रहे हैं, जिसके लिए उच्च गुणवत्ता वाले अनुसंधान और प्रौद्योगिकी के त्वरित और प्रभावी हस्तांतरण के लिए सबसे प्रभावी तरीके प्रदान किए जा रहे हैं। पार गंगा का मैदानी क्षेत्र को भी परम्परागत जैविक खेती के लिए आदर्श बनाने की जरूरत है, भारत सरकार प्रोत्साहन के माध्यम से इसे बढ़ावा दे रही है। परम्परागत कृषि के तहत इस क्षेत्र के लिए तालिका 6.7 में उल्लिखित फसलों एवं प्रजातियों का उपयोग किया जा सकता है।

तालिका 6.7: पार गंगा का मैदानी क्षेत्र के लिए उपयुक्त फसलें एवं उनकी प्रजातियाँ

फसल	प्रजातियाँ
जौ	आर डी 297, डी आर डी 31, आर डी बी–1, आर डी–56 एवं सी–138 इत्यादि
मसूर	पंत मसूर–41, 9 इत्यादि
केस्टर	अरुणा, गोपा एफ एस–68, सी–152 एवं सी 235 इत्यादि
चना	सी–235, दोहाद, बी जी–203,एच–208, सी 214 एवं सी 235
उर्द	टाइप 9
मूँग	एस–9, पूसा बैसाखी एवं के 851 इत्यादि
अलसी	चंबल, टी–397 एवं आर–157 इत्यादि
मक्का	गंगा–5 और गंगा 2, रचित, सपना, पंत–5 एवं जय इत्यादि
मॉथ	टी–2 इत्यादि
सरसों	दुर्गामणि, टी–59, प्रकाश, वरूण, आर एच–30, आर एच–891 एवं आर एच–781 इत्यादि
बाजरा	बी जे–104 इत्यादि
अरहर	ग्वालियर–3, हैदराबाद–1 एवं हैदराबाद–1 इत्यादि
कुसुम	ई सी 35737, ई सी 27250, ई सी 38478, जे एस एफ–2 एवं जे एस एफ–5 इत्यादि
ज्वार	सी एस एच 1, सी एस एच 5, एवं एस पी वी 245 इत्यादि
गेहूँ	रोटी वाली गेहूँ: डब्ल्यू यच–157, डब्ल्यू यच–711, सी–306, पी बी डब्लू–396, पी बी डब्ल्यू–29 9, एवं पी बी डब्ल्यू–175 इत्यादि ड्यूरम गेहूँ: पी डी डब्ल्यू–274 एवं पी बी डब्ल्यू–233 इत्यादि

7. पूर्वी पठारी एवं पर्वतीय क्षेत्र

इस सस्य जलवायु क्षेत्र में निम्नलिखित उप–क्षेत्र हैं: (i) मध्य प्रदेश के उप–क्षेत्र पूर्वी पहाड़ियों और उड़ीसा अंतर्देशीय (ii) उड़ीसा उत्तरी और मध्य प्रदेश की पूर्वी पहाड़ियां और पठार (iii) छोटानागपुर उत्तर और पूर्वी पहाड़ियां और पठार (iv) छोटानागपुर दक्षिण और पश्चिम बंगाल पहाड़ियां और पठार एवं (v) छत्तीसगढ़ और दक्षिण–पश्चिमी उड़ीसा पहाड़ियां। मिट्टी में उथले से मध्यम गहराई तक ढलान हैं। उप–क्षेत्र (iv) और (v) में टैंक

सिंचाई बहुत आम है जबकि उप–क्षेत्र (i) और उप–क्षेत्र (ii) और (iii) के कुछ हिस्सों में ट्यूबवेल से सिंचाई की सुविधा है। खरीफ मौसम में 82% चावल, 6% तिलहन और 6% दालों का उत्पादन होता हैं जबकि रबी मौसम में 28% अनाज, 53% दालों और 12% तेलहन का उत्पादन होता हैं। पूर्वी पठारी एवं पर्वतीय क्षेत्र मे परम्परागत जैविक खेती की अपार संभावनाएँ है, इस क्षेत्र को परम्परागत जैविक खेती के लिए आदर्श बनाने की जरूरत है, भारत सरकार प्रोत्साहन के माध्यम से इसे बढ़ावा दे रही है। परन्परागत कृषि के तहत इस क्षेत्र के लिए तालिका 6.8 में उल्लिखित फसलों एवं किस्मों का उपयोग किया जा सकता है।

तालिका 6.8: पूर्वी पठारी एवं पर्वतीय क्षेत्र के लिए उपयुक्त फसलें एवं उनकी प्रजातियाँ

फसल	प्रजातियाँ
जौ	डी एल 3 एवं ज्योति इत्यादि
मसूर	पंत मसूर–406, पंत मसूर–639, पंत मसूर–639, पंत मसूर–4076 एवं के–75 इत्यादि
तिल	प्राची, निर्मला, कनक, कालिका, विनायक, उमा एवं बी आर–25 इत्यादि
अलसी	टी–397, आर–157, गरिमा एवं नीलम इत्यादि
अरहर	टी–21, बी एस–1, प्रभात एवं जे–17 इत्यादि
धान	रत्न, जया, डी आर–92, आई आर 28, जे आर–15–55–2 एवं कावेरी इत्यादि
गेहूँ	पी बी डब्ल्यू–396 एवं पी बी डब्लू–299 इत्यादि
कुलथी	यू आर आई, डी एस–1–2 एवं डी एस–2–2 इत्यादि
चना	के–125, पंत जी–144, बी जी–256, एच–208, सी–23 85 पूसा–256, अवरोधी, राधे एवं एम एल–5 इत्यादि
मूँगफली	जवाहर–45, जवाहर, ज्योति, विदेशी 1–1, जे–11, एम–13, ए के 12–24, स्मृति, एवं जे एल–24 इत्यादि
मक्का	बिरसा मकई एवं कंचन इत्यादि
सोयबीन	जे–23, जे एस–17, जे एस–4 एवं ब्लैक इत्यादि
सरसों	बी आर–23, बी आर–40 एवं पूसा बोल्ड इत्यादि
मटर	अर्कल, रचना एवं बी आर–12 इत्यादि
सूर्यमुखी	ई बी 7, जे येस यफ–1, एन–62–34 एवं के एन–96–1 इत्यादि
ज्वार	सी एस एच–1, सी एस एच 5 एवं स्वर्ण इत्यादि
गेहूँ	सी 306, नर्मदा–4, नर्मदा–112, स्वाती, लोक–1, सुजाता, के–8027, एच डी आर–77, के–8 9 62, जी वी–13 एवं डी एल–788–2 इत्यादि

8. मध्य पठार और पर्वतीय क्षेत्र

मध्य पठार और पर्वतीय सस्य जलवायु क्षेत्र में उत्तर प्रदेश, मध्य प्रदेश एवं राजस्थान के 46 जिले शामिल हैं, जिसमें घाटियों, पहाड़ियों तथा जंगली इलाकों की भरमार है। इस

क्षेत्र को पुनः 14 उप–क्षेत्रों में वर्गीकृत किया गया है। इस क्षेत्र मे कम सिंचाई व्यवस्था के कारण फसल सघनता भी बहुत कम है, यही कारण है कि यहाँ पर साक्षरता बहुत कम है और गरीबी अनुपात बहुत अधिक है। इस क्षेत्र में उन्नत तकनीकी का विस्तार और फसल विविधीकरण अर्थात उच्च मूल्य वाली फसलों द्वारा कम मूल्य वाली फसलों को प्रतिस्थापित किया जाना है। मध्य पठार और पर्वतीय क्षेत्र मे परम्परागत जैविक खेती की अपार संभानाए है, इस क्षेत्र को परम्परागत जैविक खेती के लिए आदर्श बनाने की जरूरत है, भारत सरकार प्रोत्साहन के माध्यम से इसे बढ़ावा दे रही है। परम्परागत कृषि के तहत इस क्षेत्र के लिए तालिका 6.9 में उल्लिखित फसलों एवं प्रजातियाँ का उपयोग किया जा सकता है।

तालिका 6.9: मध्य पठार और पर्वतीय क्षेत्र के लिए उपयुक्त फसलें एवं उनकी प्रजातियाँ

फसल	प्रजातियाँ
उर्द	टाइप 9 इत्यादि
राम दाना	अमृता, एच आई–1500, हर्षिता (एच आई–1531), सुजाता, जे डब्ल्यू एस–17 एवं सी–306 इत्यादि
चना	जे जी–412, जे जी–218, बीजी–200, एच–208, गुलाबी–2 एवं नरसिंह पुर बोल्ड इत्यादि
तिल	टी–13 इत्यादि
ग्वार	डी पी सफ़ेद एवं बी 1 9–1–55 इत्यादि
लोबिया	एफ एस 68 एवं एच एफ सी 421 इत्यादि
मूंग	कोपरगांव, एम एल–5 एवं जवाहर–45 इत्यादि
अलसी	टी–397 एवं आर–157 इत्यादि
मूँगफली	संकर 01, चन्द्र, जवाहर, ज्योति, विदेशी 1–1, जे–11 एवं एम–13 इत्यादि

9. पष्चिमी पठार और पर्वतीय क्षेत्र

पश्चिमी पठार और पर्वतीय क्षेत्र में महाराष्ट्र का प्रमुख हिस्सा है तथा यह मध्य प्रदेश के कुछ हिस्सों और राजस्थान के एक जिला से मिल कर बना है। यह क्षेत्र प्रायद्वीपीय भारत का एक प्रमुख हिस्सा है। यहाँ पर 904 मिमी वार्षिक वर्षा होती है। लगभग 65% क्षेत्रफल फसलों के अधीन है और 11% जंगलों के अंतर्गत है। लगभग 12.4% क्षेत्र नहरों द्वारा सिंचित है। इस क्षेत्र की प्रमुख फसलें कपास, जूट और चारा हैं, जिसकी खेती 50% से अधिक कृ षि क्षेत्र में होती है। देश के लगभग 50% जूट का उत्पादन और देश के कपास का 20% उत्पादन इस क्षेत्र से प्राप्त होता है। यह क्षेत्र सबसे अच्छी गुणवत्ता वाली नारंगी, अंगूर और केला के लिए प्रसिद्ध है, हालाँकि इन फसलों के क्षेत्रफल में एक लाख हेक्टेयर जमीन का उत्पादन करना मुश्किल है, जिसे बढ़ाया जाना चाहिए। पश्चिमी पठार और पर्वतीय क्षेत्र मे परम्परागत जैविक खेती की अपार संभानाए हैं, इस क्षेत्र को परम्परागत जैविक खेती के

लिए आदर्श बनाने की जरूरत है, भारत सरकार प्रोत्साहन के माध्यम से इसे बढ़ावा दे रही है। परम्परागत कृषि के तहत इस क्षेत्र के लिए तालिका 6.10 में उल्लिखित फसलों एवं किस्मों का उपयोग किया जा सकता है।

तालिका 6.10: पश्चिमी पठार और पर्वतीय क्षेत्र के लिए उपयुक्त फसलें एवं उनकी प्रजातियाँ

फसल	प्रजातियाँ
उर्द	जी 104 एवं टी 9 इत्यादि
अरंडी	एस ए–1 गिरिराज एवं अरुणा इत्यादि
चना	विकास, एन–59, चाफ़ा, विजय, विशाल (सभी उकठा प्रतिरोधी प्रजातियाँ हैं) फुले जी–12 चफा, एन 5 9, उज्जैन 21 एवं उज्जैन 24 इत्यादि
कपास	लक्ष्मी, आर्मडा, दिग्विजय एवं सुजाता इत्यादि
मूंग	एस 8 एवं जे 781 इत्यादि
मूँगफली	एम 13, टी एम वी 10, एस बी 11, ए के 12–24 एवं ज्योति इत्यादि
कुलथी	के 42 एवं डी 40–1
मक्का	गंगा–5 एवं साठीया इत्यादि
बाजरा	बी जे 104, बी के 560 राहतरी कंपोजिट एवं एम बी एच–118 इत्यादि
अरहर	न 148, टी 21, खरगोन 2 एवं एच आई–4 इत्यादि
कुसुम	तारा, एन 628, भीम (एस–4), एस एफ–1 इत्यादि
सेटरिया	अर्जुन एवं आई एस 279 इत्यादि
ज्वार	एम 35–1, एस पी वी 86, सी एस एच 8, आर सी एस एच 5 एवं सी एस एच 6 इत्यादि
सोयाबीन	ब्राग, पी बी–1 (एस), जे एस–72–44 एवं अंकुर इत्यादि
सूरजमुखी	मॉडर्न, एल एस–11, ई सी 69874, ई सी 68414 एवं जे एस एन–1 इत्यादि
गेहूँ	नर्मदा–4, नर्मदा–112 एवं स्वाति इत्यादि

10. दक्षिणी पठार और पर्वतीय क्षेत्र

इस क्षेत्र में आंध्र प्रदेश, कर्नाटक और तमिलनाडु के 35 जिले आते हैं। यहाँ की जलवायु की प्रकृति अर्ध–शुष्क है, वर्षा आधारित खेती होती है। सिंचाई की व्यवस्था न होने के कारण यहाँ पर मुख्य रूप से अनाज और बाजरा की खेती प्रमुख हैं। दक्षिणी पठार और पर्वतीय क्षेत्र की फसल सघनता 111% है। दक्षिणी पश्चिमी पठार और पर्वतीय क्षेत्र में परम्परागत जैविक खेती की अपार संभानाए है, भारत सरकार प्रोत्साहन के माध्यम से इसे बढ़ावा दे रही है। परम्परागत कृषि के तहत दक्षिणी पठार और पर्वतीय क्षेत्र के लिए तालिका 6.11 में उल्लिखित फसलों एवं प्रजातियों का उपयोग किया जा सकता है।

तालिका 6.11: दक्षिणी पठार और पर्वतीय क्षेत्र के लिए उपयुक्त फसलें एवं उनकी प्रजातियाँ

फसल	प्रजातियाँ
उर्द	के–3 इत्यादि
मिर्च	गुंटूर–3, कल्टर–13 एवं कल्टर–25 इत्यादि
कपास	सुयुद्ध (हर्बासेअम) इत्यादि
लोबिया	सी–152, टी वी • 994, एस 488 एवं कल्टर–1 इत्यादि
मूँग	पी एस–16 इत्यादि
मूँगफली	एच बी–8–18, आर एस–114 एवं डी एच–3–30 इत्यादि
कुलथी	आई सी 110 9 5, बैलहांगल, टी–3, पी एच जी–9 एवं वी जे डी एम–1 इत्यादि
मक्का	डेक्कन संकर 101 इत्यादि
अरहर	हा–36, टी टी बी–7, सी–11 सी–28 एवं पी ई–221 इत्यादि
रागी	पी आर–202, इंदफ–2, इंदफ–5 एवं इंदफ–8 इत्यादि
धान	स्वथी एवं सवर्णी इत्यादि
सूरजमुखी	बी एस एच–1 एवं ई सी 68415 इत्यादि
कुसुम	मंजीरा, डी एस एच–12 9, सागर मुथियालु एवं 5–4–1, ए–1 इत्यादि
ज्वार	एम–35–1 इत्यादि

11. पूर्वी तटीय मैदान एवं पर्वतीय क्षेत्र

इस सस्य जलवायु क्षेत्र को छह उप–क्षेत्रों मे बाँटा गया है (i) उड़ीसा तट, (ii) उत्तरी तट और गंजम, (iii) दक्षिण तटीय आंध्र, (iv) उत्तर तटीय तमिलनाडु (v) थंजावुर और (vi) दक्षिण तमिलनाडु। तमिलनाडु तटीय क्षेत्रों में ऊसर और क्षारीय भूमि पायी जाती है, जिसका क्षेत्रफल 4.9 लाख हेक्टेयर हैं। लगभग 70% क्षेत्रफल पर वर्षा आधारित खेती होती है। इस सस्य जलवायु क्षेत्र में जलस्तर प्रबंधन की जरूरत है। यहाँ पर मुख्य रूप से चावल और मूंगफली का उत्पादन होता है जो देश के चावल का 21% और देश की मूंगफली का 18% हिस्सा है। पूर्वी तटीय मैदान एवं पर्वतीय क्षेत्र मे परम्परागत जैविक खेती की अपार संभानाए है, भारत सरकार प्रोत्साहन के माध्यम से इसे बढ़ावा दे रही है। परम्परागत कृषि के पूर्वी तटीय मैदान एवं पर्वतीय क्षेत्र के लिए तालिका 6.12 में उल्लिखित फसलों एवं प्रजातियों का उपयोग किया जा सकता है।

तालिका 6.12: पूर्वी तटीय मैदान एवं पर्वतीय क्षेत्र के लिए उपयुक्त फसलें एवं उनकी प्रजातियाँ

फसल	प्रजातियाँ
उर्द	के–3 गोपा एवं सी–152 इत्यादि
मूँग	पी एस–16 इत्यादि
कुलथी	डी एस–1–2 एवं डी एस–2–2 इत्यादि
ल्यूसर्न	आनंद–2 एवं ए पी एल–3 इत्यादि
अरहर	सी–28 एवं पी ई–221 इत्यादि
धान	एर्रामेललु, आई आर–64, एम टी यू–1001 एवं अ र डी आर–763 इत्यादि
कुसुम	5–4–1, ए–1 इत्यादि
ज्वार	एम–35–1 इत्यादि
सूरजमुखी	एम एस एफ एच–8, एम एस एफ एच–17, ए पी एस एच–11, बो एस एच–1, ई सी–68414 मॉर्डन, सनराइज, सूर्य संकर जैसे के बी एस एच–1, के बी एस एच–3 एवं एम एस एफ एच इत्यादि
तिल	प्राची, निर्मला, कनक, कालिका, विनायक, उमा एत्रं ऊषा इत्यादि
गेहूँ	सोनालिका एवं यूपी–262 इत्यादि

12. पश्चिमी तटीय मैदान एवं घाट क्षेत्र

इसमें तमिलनाडु, केरल, कर्नाटक, महाराष्ट्र और गोवा के पश्चिमी तट भी शामिल हैं, जो बागवानी फसलों और मसाले के लिए प्रसिद्ध हैं। इस सस्य जलवायु क्षेत्र को चार उप–क्षेत्रों मे बाँटा गया है। रणनीतियों में शामिल हैं: वर्षा जल प्रबंधन, मामूली सिंचाई विकास, फसल विविधीकरण, मछली पालन विकास, विशेषकर झींगा संस्कृति, पोखली स्तरों के सुधार और मसालों के उत्पादन को बढ़ावा देना। पश्चिमी तटीय मैदान एवं घाट क्षेत्र में परम्परागत जैविक खेती की अपार संभानाए है, भारत सरकार प्रोत्साहन के माध्यम से इसे बढ़ावा दे रही है। परम्परागत कृषि के पश्चिमी तटीय मैदान एवं घाट क्षेत्र के लिए तालिका 6.13 में उल्लिखित फसलों एवं प्रजातियों का उपयोग किया जा सकता है।

तालिका 6.13: पश्चिमी तटीय मैदान एवं और घाट क्षेत्र के लिए उपयुक्त फसलें एवं उनकी प्रजातियाँ

फसल	प्रजातियाँ
उर्द	टी 9 इत्यादि
मूँग	गुजरात 2 इत्यादि
चना	विकास, एन–5 9, चफा, विजय, विषाल एवं फुले जी–1 इत्यादि
कपास	डी एच वाई 286, एस आर टी 1, एच 4, ए के एच 4 एवं ए के एच 5 इत्यादि
मूंगफली	जे एल 24, कोंकण टोपारा एवं टीपीजी–41 इत्यादि
अरहर	सी 1 एवं टी 21 इत्यादि
कुसुम	एन 7 इत्यादि
ज्वार	सी एस एच 1, सी एस एच 5, सी एस एच 9 एवं एस पी वी 102 इत्यादि
सूरजमुखी	ई सी 68414 एवं पी के वी एस यू एन 72–37 (लाटुर सलेक्सन) इत्यादि

13. गुजरात मैदानी एवं पर्वतीय क्षेत्र

इस सस्य जलवायु क्षेत्र में गुजरात के शुष्क जलवायु के 19 जिले आते हैं। इस सस्य जलवायु क्षेत्र के विविधिता को देखते हुए इसे पुनः सात उप–क्षेत्रों मे बाँटा गया है। इस सस्य जलवायु क्षेत्र का मात्र 32.5% क्षेत्र सिंचित है और 50% क्षेत्र का उपयोग फसलों के उत्पादन के लिए किया जाता है। फसलों की सघनता लगभग 114% और यहाँ की 60% फसल क्षेत्र वर्षा पर आधारित है। गुजरात मैदानी एवं पर्वतीय क्षेत्र मे परम्परागत जैविक खेती की अपार संभानाए है, भारत सरकार प्रोत्साहन के माध्यम से इसे बढ़ावा दे रही है। परम्परागत कृषि हेतु गुजरात मैदानी एवं पर्वतीय क्षेत्र के लिए तालिका 6.14 में उल्लिखित फसलों एवं प्रजातियों का उपयोग किया जा सकता है।

तालिका 6.14: गुजरात मैदानी एवं पर्वतीय क्षेत्र के लिए उपयुक्त फसलें एवं उनकी प्रजातियाँ

फसल	प्रजातियाँ
उर्द	टी 9 इत्यादि
अरंड	गौच–1 गौच–3 एवं सी जी 3 इत्यादि
सेम	मेलोसन, कच्छ–8 कॉटन एच–4, एवं जी एयू कोट–10 इत्यादि
मूँग	गुजरात–1, गुजरात–2 मूंगफली कोंकण टोपारा एवं टी पी जी–41 इत्यादि
बाजरा	सी जे–104, बी जे–104 एवं जे 1 9 9 इत्यादि
तिल	पुरा एवं प्रावा 1 इत्यादि
ज्वार	सी एस एच 5 एवं सी एस एच 6 इत्यादि
सूरजमुखी	ई सी 68414 इत्यादि
तंबाकू	गुजरात–4 एवं आनंद–2 इत्यादि

14. पश्चिमी सूखा क्षेत्र

इसमें राजस्थान के नौ जिले आते हैं, गर्म रेतीले रेगिस्तान, अनियमित वर्षा, उच्च वाष्पीकरण, दुर्लभ वनस्पतियाँ यहाँ की विशेषता है। भूजल बहुत गहरा एवं खारा है। पानी की बहुत कमी है, अक्सर अकाल और सूखा पड़ता है। भूमि/पुरुष अनुपात उच्च है। यहाँ की औसत वार्षिक वर्षा 395 मिमी है, जिसमें साल–दर–साल उच्च उतार–चढ़ाव होता है। खेती योग्य भूमि भौगोलिक क्षेत्र का करीब 42% है और शुद्ध सिंचित क्षेत्र केवल शुद्ध बोया क्षेत्र का 44.4% है। फसल सघनता 105% है। खरीफ मे बाजरा, ग्वार गेहूँ और चना रबी ऋतु की प्रमुख फसलें हैं। पश्चिमी सूखा क्षेत्र मे परम्परागत जैविक खेती की अपार संभानाए है, भारत सरकार प्रोत्साहन के माध्यम से इसे बढ़ावा दे रही है। परम्परागत कृषि के लिए पश्चिमी सूखा क्षेत्र में तालिका 6.15 में उल्लिखित फसलों एवं प्रजातियों का उपयोग किया जा सकता है।

तालिका 6.15: पश्चिमी सूखा क्षेत्र के लिए उपयुक्त फसलें एवं उनकी प्रजातियॉ

फसल	प्रजातियाँ
जौ	आर डी–2 9 7, डी आर डी 31 एवं आर डी बी–1 इत्यादि
उर्द	टी 9 इत्यादि
अरंडी	भाग्य, अरुणा एवं गौच–1 इत्यादि
चना	विकास, एन–59, चफ़ा, विजय, विशाल, सी–23, दोहाद एवं बी जी–203 इत्यादि
ग्वार	2470/12, एफ एस–277 एवं एच एफ जी–75 इत्यादि
लोबिया	एफ एस–68, के–11 एवं एच एफ सी–42–1 इत्यादि
मूँग	एस–9, पूसा वैशाखी एवं के 851 इत्यादि
अलसी	चंबल, टी–397 एवं आर–157 इत्यादि
मक्का	गंगा–5 एवं गंगा 2 इत्यादि
सरसों	दुर्गा मणि, टी–59 एवं प्रकाश इत्यादि
बाजरा	सी जे–104, बी जे–104 एवं जे 1 9 9 इत्यादि
अरहर	ग्वालियर–3, हैदराबाद–1 एवं हैदराबाद–1 इत्यादि
कुसुम	एन–62–8, जे एस एफ–2 एवं जे एस एफ–5 इत्यादि
तिल	टी–13 एवं वार–4–2 इत्यादि
ज्वार	सी एस एच 1, सी एस एच 5 एवं एस पी वी 245 इत्यादि
सूरजमुखी	ई सी 68414 एवं ई सी 69874 इत्यादि
गेहूँ	सी–306, पी बी डब्ल्यू–396, पी बी डब्ल्यू–29 9 लोक–1, राज–3077, राज–4037, राज–3765 एवं पी बी डब्ल्यू–273 इत्यादि

15. द्वीपीय क्षेत्र

यह अंडमान और निकोबार द्वीप और लक्ष्यदीप के द्वीपों से मिलकर द्वीपीय क्षेत्र बना है, जिसमें सालाना 9 महीनों में 3000 मिमी की वर्षा होती है। यह सबसे छोटा क्षेत्र है और मोटे तौर पर सबसे अधिक साक्षरता और कम से कम गरीबी वाला जंगल क्षेत्र है। द्वीपीय क्षेत्र मे परंपरागत जैविक खेती की अपार संभानाए है, भारत सरकार प्रोत्साहन के माध्यम से इसे बढ़ावा दे रही है। परम्परागत कृषि के लिए द्वीपीय क्षेत्र में तालिका 6.16 में उल्लिखित फसलों एवं प्रजातियों का उपयोग किया जा सकता है।

तालिका 6.16: द्वीप क्षेत्र के लिए उपयुक्त फसलें एवं उनकी प्रजातियाँ

फसल	प्रजातियाँ
उर्द	सी ओ–1, सी ओ–4 एवं के एच–2 इत्यादि
लोबिया	सी ओ–1, सी ओ–3 सी ओ 7 एवं सी ओ 8 इत्यादि
मँडुआ	इंडाफ–5, पी आर–202 एवं जी पी यू–28 इत्यादि
चना	ए–1 एवं एन–52 इत्यादि
मूँग	सी ओ–1 एवं सी ओ–3 इत्यादि
अरहर	सी पी–1 एवं एस ए–1 इत्यादि
कुसुम	एस–144, ए 3 एवं 007–13–0 इत्यादि
ज्वार	एस वी पी–86 एवं एम–35–1 इत्यादि
धान	जॉयथी, रोहिणी एवं त्रिवेणी इत्यादि

भारतीय कृषि प्राणाली मे खरीफ मौसम के अनाज में मुख्य रूप से धान/चावल, मक्का, ज्वार, बाजरा अन्य मोटे अनाज और दलहनी फसल (उर्द, मूँग, मूँगफली) की खेती की जाती है। रबी ऋतु मे गेहूँ, चने, एवं अन्य दलहनी फसलें उगाई जाती हैं। रबी के दौरान तिलहनी फसलें भी पैदा की जाती हैं। परम्परागत कृषि एवं जैविक कृषि को बढ़ावा देने के लिए भारत सरकार पूरे देश मे युद्ध–स्तर पर परियोजना चला रही है।

भारतीय फसल उत्पादन प्रणालियों मे परम्परागत जैविक खेती की अपार संभानाए हैं, विशेष कर उन क्षेत्रों में जहाँ पर परिस्थितियाँ प्रतिकूल हों, सिंचाई/जल प्रबंधन की समुचित व्यवस्था न हो तथा प्राकृतिक प्रकोप यथा सूखा/बाढ़ की बहुलता हो। विपरीत परिस्थितियों में परंपरागत जैविक कृषि टिकाऊ खेती का सुगम तरीका है। इसमें लागत भी कम लगती है, जोखिम भी कम होता है तथा साथ ही साथ फसलोत्पादन की भी निश्चितता अक्षुण्य बनी रहती है। परम्परागत कृषि को बढ़ावा देने के लिए परम्परागत कृषि विकास योजना (पी. के. वी. वाई.) भारत सरकार द्वारा 2015 में ही शुरू कर दी गई थी।

उत्तरपूर्वी राज्यों को जैविक / परम्परागत कृषि के लिए प्रोत्साहित करने हेतु वित्तीय वर्ष 2015–16 से भारत सरकार ने एक विशेष योजना "उत्तरपूर्वी क्षेत्र के लिए जैविक वैल्यू चेन विकास मिशन" (एम. ओ. वी. सी. डी. एन. ई. आर.) का शुभारंभ जैविक / परम्परागत कृषि को गति प्रदान करने के लिए ही किया है। इसलिए परम्परागत कृषि का भविष्य बहुत ही उज्ज्वल है, इसमें कोई दो मत नहीं हो सकते है। परम्परागत जैविक कृषि के सुखद परिणाम भी आने लगे है। उदाहरण के तौर पर अभी हाल में ही सम्पूर्ण जैविक प्रदेश बनने का दर्जा सिक्किम प्रदेश को प्राप्त हुआ है। यही कारण है कि जैविक / परम्परागत कृषि पूर्वी हिमालय कृषि–जलवायु क्षेत्र की पहचान बन गई है।

□□□

अध्याय 7

जैविक कृषि विधियाँ

जैविक कृषि प्रबंधन एक ऐसा समन्वित मार्ग है, जहाँ कृषि के समस्त अवयवों की प्रणाली परस्पर एक–दूसरे से सम्बद्ध होती है तथा एक–दूसरे के लिए कार्य करती है। जैविक कृषि प्रजातियाँ, कर्षण एवं जैविक नाशीजीव प्रबंधन सहित पारिस्थितिक दृष्टि से आधारित कृषि क्रियाओं पर निर्भर होती है। वस्तुतः इसके फसल उत्पादन में संशलिष्ट रसायनों के प्रयोग को बाहर रखा गया है और पशुधन उत्पादन में प्रतिजैविकों एवं हार्मोनों के प्रयोग को प्रतिबंधित किया गया है। जैविक रूप से स्वस्थ एवम् सक्रिय भूमि, फसल पोषण का स्त्रोत है तथा खेत में जैव विविधता द्वारा नाशीजीव नियंत्रण होता है। फसल चक्र तथा बहु फसलीय कृषि प्रणाली मृदा स्वास्थ्य के स्त्रोतों को बनाये रखते हैं। पशुधन समन्वय, उत्पादकता तथा स्थायित्व सुनिश्चित करता है।

जैविक कृषि एक समग्र उत्पादन प्रबंधन तंत्र है, जो जैव विविधता, पोषक जैव वैज्ञानिक चक्र, मृदा माइक्रोबॉयलोजी और जैव रसायन क्रियाकलाप से संबंधित कृषि स्थिति की प्रणाली के स्वास्थ्य का संवर्धन करता है। जैविक कृषि का एक सिद्धांत है जिसमें रसायनिक उर्वरक के स्थान पर पोषक दाता जैसे शैवाल, फफूंद, बैक्टीरिया, माइकोरिजा और एक्टिनोमाइसीन का उपयोग होता है। जैव वैज्ञानिक कीट प्रबंधन, पक्षी और परजीवी जैसे कीटों का प्राकृतिक परभक्षी का उपयोगी रसायन कीटनाशक के बदले करने की प्रक्रिया है। कम्पोस्टिंग, हरा खाद बनाना, फसल चक्र, मिश्रित फसल, पक्षी दूर भगाना और फंसाना और ट्रेप फसल जैविक कृषि के अन्य सिद्धांत हैं। भारतीय कृषि अनुसंधान परिषद और कृषि एवं सहकारिता विभाग, भारत में जैविक कृषि का संवर्धन करने में लीन हैं।

जैविक प्रबंधन स्थानीय स्त्रोतों के अधिकतम उपयोग तथा उत्पादकता पर बल देता है। जैविक प्रबंधन के कुछ महत्वपूर्ण बिंदु इस प्रकार हैं–

- मृदा की समृद्धशीलता
- तापक्रम प्रबंधन
- वर्षा जल का संधारण
- सूर्य ऊर्जा का अधिकतम उपयोग

- आदानों (इनपुट्स) में आत्मनिर्भरता
- प्राकृतिक चक्र एवम् जीव स्वरूपों की सुरक्षा
- पशुओं का समन्वय तथा पशु शक्ति व स्थानीय स्त्रोतों पर अधिकाधिक निर्भरता

प्रमुख जैविक खाद

1. हरी खाद
2. बायोगैस स्लरी
3. वर्मी कम्पोस्ट
4. नाडेप
5. जैव उर्वरक (कल्चर)
6. नील हरित काई
7. नाडेप फास्फो कम्पोस्ट
8. पिट कम्पोस्ट या गोबर की खाद (इंदौर विधि)
9. सींग खाद

जैविक पद्धति द्वारा बनाये गये कृषि रोग नियंत्रक

1. गौ–मूत्र
2. नीम पत्ती का घोल/निबोली/खली
3. मट्ठा
4. मिर्च/लहसुन
5. लकड़ी की राख
6. करंज खली
7. ट्राईकोडर्मा

जैविक खाद तैयार करने की विधियाँ

1. हरी खाद

वर्तमान समय में कृषि में रसायनिक उर्वरकों के असंतुलित प्रयोग एवं सीमित उपलब्धता को देखते हुये अन्य पर्याय भी उपयोग में लाना आवश्यक हो गया है तभी हम कृषि की लागत को कम कर फसलों की प्रति एकड़ उपज को भी बढ़ा सकते हैं, साथ ही मिट्टी की उर्वरा शक्ति को भी अगली पीढ़ी के लिये बरकरार रख सकेंगे। रसायनिक उर्वरकों के पर्याय के रूप में हम जैविक खादों जैसे गोबर की खाद, कम्पोस्ट, हरी खाद आदि को उपयोग कर सकते हैं। इनमें हरी खाद सबसे सरल व अच्छा प्रयोग है। इसमें पशु धन में आई कमी के कारण गोबर की उपलब्धता पर भी हमें निर्भर रहने की आवश्यकता नहीं है। अतः हमें हरी खाद के यथासंभव उपयोग पर गंभीरता से विचार कर क्रियान्वयन करना चाहिये। हरी खाद, मिट्टी की उर्वरा शक्ति बढ़ाने के लिये एवं फसल उत्पादन हेतु जैविक माध्यम से तत्वों की पूर्ति का वह साधन है, जिसमें हरी वानस्पतिक सामग्री को उसी खेत में उगाकर या कहीं से लाकर खेत में मिला दिया जाता है। इस प्रक्रिया को ही हरी खाद देना कहते हैं। भारत वर्ष में हरी खाद देने की प्रक्रिया पर लम्बे समय से चल रहे प्रयोगों व शोध कार्यों से सिद्ध हो चुका है कि हरी खाद का प्रयोग अच्छी फसल उत्पादन के लिये बहुत लाभकारी है।

मिट्टी की उर्वरा शक्ति, जीवाणुओं की मात्रा एवं क्रियाशीलता पर निर्भर करती है, क्योंकि बहुत सी रसायनिक क्रियाओं के लिए सूक्ष्म जीवाणुओं की आवश्यकता होती है। जीवित व सक्रिय मिट्टी वही कहलाती है जिसमें अधिक से अधिक जीवांश हो। जीवाणुओं का भोजन प्रायः कार्बनिक पदार्थ ही होते हैं और इनकी अधिकता से मिट्टी की उर्वरा शक्ति को बढ़ाया जा सकता है। मिट्टी की उर्वरा शक्ति को बढ़ाने की क्रियाओं में हरी खाद का प्रयोग एक प्रमुख एवम् सस्ता विकल्प है।

सही समय पर फलीदार पौधे की खड़ी फसल को मिट्टी में ट्रेक्टर से हल चला कर दबा देने से जो खाद बनती है उसको हरी खाद कहते हैं। इस क्रिया में वानस्पतिक सामग्री, अधिकांशतः हरे दलहनी पौधों को उसी खेत में उगाकर जुताई कर मिट्टी में मिला देते हैं। हरी खाद हेतु मुख्य रूप से सन, ढेंचा, लोबिया, उड़द, मूँग, ग्वार, बरसीम इत्यादि फसलों का प्रयोग करते हैं। ढेंचा इनमें से अधिक आकांक्षित है।

हरी खाद का वर्गीकरण

हरी खाद को प्रयोग करने के आधार पर दो वर्गों में बांटा जा सकता है–

1. उसी स्थान पर उगाई जाने वाली हरी खाद– देश के अधिकतर क्षेत्र में यह विधि अधिक लोकप्रिय है। इसमें जिस खेत में हरी खाद का उपयोग करना है उसी खेत

में फसल को उगाकर एक निश्चित समय पश्चात पाटा चलाकर मिट्टी पलटने वाले हल से जोतकर मिट्टी में सड़ने को छोड़ दिया जाता है। वर्तमान समय में पाटा चलाने व हल से पलटाई करने के बजाय रोटावेटर का उपयोग कर खड़ी फसल को मिट्टी में मिला देने से हरे पदार्थ का विघटन शीघ्र व आसानी से हो जाता है।

2. अपने स्थान से दूर उगाई जाने वाली हरी खाद की फसलें– यह विधि भारत में अधिक प्रचलित नहीं है, परन्तु दक्षिण भारत के कुछ हिस्सों में हरी खाद की फसल अन्य खेत में उगाई जाती है, और उसे उचित समय पर काटकर जिस खेत में हरी खाद देना रहता है उसमें जोत कर मिला दिया जाता है। इस विधि में जंगलों या अन्य स्थानों पर पेड़–पौधों, झाड़ियों आदि की पत्तियों, टहनियों आदि को इकट्ठा करके खेत में मिला दिया जाता है।

हमारे देश में आमतौर पर हरी खाद के उपयोग के लिये दलहनी फसलें उगाई जाती है। दलहनी फसलों की जड़ों में गांठें पाई जाती हैं। इन ग्रन्थियों में विशेष प्रकार के सहजीवी जीवाणु रहते हैं, जो कि वायुमंडल में पाई जाने वाली नत्रजन का स्थिरीकरण कर मिट्टी में नत्रजन की पूर्ति का कार्य भी करते हैं। अतः यह स्पष्ट है कि दलहनी फसलें मिट्टी की भौतिक दशा सुधारने के साथ–साथ जीवांश पदार्थ एवं नत्रजन की पूर्ति भी करती हैं। जबकि बिना फली–वाली फसलों में वायुमंडल की नत्रजन का यौगिकीकरण करने की क्षमता नहीं होती है। तालिका 7.1 में हरी खाद के लिए प्रयोग होने वाली फसलें एवं उनकी सूखे एवं जलाक्रांति के प्रति सहनशीलता एवं संवेदनशीलता का विवरण दिया गया है।

तालिका 7.1: हरी खाद के लिए प्रयोग होने वाली फसलें एवं उनकी सूखे एवं जलाक्रांति के प्रति सहनशीलता एवं संवेदनशीलता

हरी खाद के लिये प्रयुक्त होने वाली मुख्य फ़सलों का विवरण					
क्र	**साधारण नाम**	**वान्स्पतिक नाम**	**आकार व वृद्धि**	**सूखा के प्रति**	**जलाक्रान्ति में**
1	सनई	क्रोटोलेरिया जुन्शिया	सीधा व तीव्र वृद्धि	सहनशील	सवेदनशील
2	ढेंचा	सेस्बेनिया एक्यूलिएटा	सीधा व लम्बा	सहनशील	सहनशील
3	ग्वार	साइमोप्सिस सोरेलाइडीज	सीधा	अत्यधिक	संवेदनशील
4	लोबिया	विग्ना कैटजंग	सीधा, तीव्र वृद्धि	संवेदनशील	संवेदनशील
5	मूंग	फैजिओलस रेडियएटस	सीधा, तीव्र वृद्धि	सहनशील	अत्यधिक संवेदन
6	उडद	फैजियोलस मूंगो	सीधा, तीव्र वृद्धि	सहनशील	संवेदनशील
7	जंगली नील	टेफ्रोसिया परप्यूरिया	सीधा	सहनशील	साधारण

इन फसलों के अतिरिक्त भी भारत में कई फसलों का प्रयोग हरी खाद के लिये किया जाता है (तालिका 7.2), जिनमें दलहनी व बिना दलहनी फसलें शामिल हैं। जब हरी खाद के लिये फसल किसी विशेष कारण की वजह से उस खेत में उगाना संभव न हो तो वृक्षों और झाड़ियों की पत्तियों और टहनियों को हरी खाद के लिये उपयोग किया जा सकता है। परन्तु उपरोक्त सभी फसलों में दलहनी फसलें और दलहनी फसलों में भी सनई, ढेंचा व लोबिया (चित्र 7.1) फसलें ही विषेश रूप से हरी खाद के लिये प्रयोग की जाती हैं।

ढेंचा	सनई	लोबिया

चित्र 7.1: भारत में हरी खाद के लिए प्रयोग होने वाली फसलें

भारत के विभिन्न राज्यों में हरी खाद के लिए उपयोग की जाने वाली फसलों का विवरण तालिका 7.2 मेँ वर्णित है।

तालिका 7.2: भारत के विभिन्न राज्यों में हरी खाद के लिए उपयोग की जाने वाली फसलें

भारत के विभिन्न राज्यो में हरी खाद के लिये उपयोग की जाने वाली फ़सलें		
क्रमांक	**राज्य**	**उपयोग की जाने वाली फ़सलें**
1	केरल	सनई एवं ढेंचा
2	मध्यप्रदेश	सनई, ढेंचा, कोदोगिरि
3	महाराष्ट्र	कुल्थी, नाइजर, ढेंचा, जंगली नील, सनई
4	उत्तर प्रदेश	सनई, ढेंचा, लोबिया, मूंग
5	पंजाब	ग्वार, क्लस्टरबीन, ढेंचा, बरसीम, सनई, सैंजी, मटर
6	राजस्थान	ग्वार, ढेंचा
7	बिहार	सनई, ढेंचा
8	पश्चिम बंगाल	ढेंचा, सनई, उर्द, लोबिया
9	कश्मीर	मटर, मसूर, सरसों
10	कर्नाटक	बैलबेट बीन, सनई

आदर्श हरी खाद के गुण

- उगाने का न्यूनतम खर्च
- न्यूनतम सिंचाई आवश्यकता
- कम से कम पादप संरक्षण
- कीट और रोगों के प्रति सहनशील
- तुरन्त स्थापना और अधिक बीज क्षमता दर्शाना
- कम समय में अधिक मात्रा में हरी खाद प्रदान कर सके
- विपरीत परिस्थितियों में भी उगने की क्षमता हो
- जो खरपतवारों को दबाते हुए जल्दी बढ़त प्राप्त करे
- जो उपलब्ध वातावरण का प्रयोग करते हुए अधिकतम उपज दे
- सूखा, छाया, बाढ़ और प्रतिकूल तापमान के प्रति सहनशीलता
- जल्द से जल्द नत्रजन स्थिरीकरण शुरू करने और इसे बरकरार रखने की क्षमता
- अधिक मात्रा मे जैव पदार्थ को संचित करने की क्षमता
- इसे शामिल करना सरल हो तथा वह तुरन्त सड़ने योग्य हो

ढेंचा की मुख्य किस्में सस्बेनीया ऐजिप्टिका, एस. रोस्ट्रेटा तथा एस. एक्वेलेटा अपने त्वरित खनिजकरण पैर्टन, उच्च नत्रजन मात्रा अनुपात के कारण बाद में बोई गई मुख्य फसल की उत्पादकता पर उल्लेखनीय प्रभाव डालने में सक्षम है।

हरी खाद के पौधों को मिट्टी में मिलाने की अवस्था

हरी खाद के लिये बोई गई फसल 55 से 60 दिन बाद जोत कर मिट्टी में मिलाने के लिये तैयार हो जाती है। इस अवस्था पर पौधे की लम्बाई व हरी शुष्क सामग्री अधिकतम होती है। 55 से 60 दिन की फसल की अवस्था पर तना नरम व नाजुक होता है जो आसानी से मिट्टी में कट कर मिल जाता है। इस अवस्था में कार्बनः नत्रजन अनुपात कम होता है, पौधे रसीले व जैविक पदार्थ से भरे होते है तथा इस अवस्था पर नत्रजन की मात्रा की उपलब्धता बहुत अधिक होती है। जैसे–जैसे हरी खाद के लिये लगाई गई फसल की अवस्था बढ़ती है, कार्बनः नत्रजन अनुपात बढ़ जाता है। जीवाणु हरी खाद के पौधो को सड़ाने–गलाने के लिये मिट्टी की नत्रजन इस्तेमाल करते हैं, जिससे मिट्टी में अस्थाई रूप से नत्रजन की कमी हो जाती है।

हरी खाद प्राप्त करने की विधि

अप्रैल–मई माह में गेहूँ की कटाई के बाद जमीन की सिंचाई कर लें। खेत में खड़े पानी में 50 कि.ग्रा. प्रति हेक्टेयर की दर से ढेंचा का बीज फैला लें। जरूरत पड़ने पर 10 से 15 दिन में ढेंचा फसल की हल्की सिंचाई कर लें। 20 दिन की अवस्था पर 25 कि.ग्रा. प्रति हेक्टेयर की दर से यूरिया को खेत में डालने से नोडयूल बनने में सहायता मिलती है। 55 से 60 दिन की अवस्था में हल चला कर हरी खाद को पूर्णरूपेण खेत में मिला दिया जाता है। इस तरह लगभग 10–15 टन प्रति हेक्टेयर की दर से हरी खाद उपलब्ध हो जाती है तथा इससे लगभग 60–70 कि.ग्रा. नत्रजन प्रति हेक्टेयर प्राप्त होता है। मिट्टी में ढेंचे के पौधों के सड़ने–गलने से बैक्टीरिया द्वारा नियत सभी नत्रजन जैविक रूप में लम्बे समय के लिए कार्बन के साथ मिट्टी को वापस मिल जाते हैं।

हरी खाद के लाभ

- हरी खाद को मिट्टी में मिलाने से मिट्टी की भौतिक एवम् रसायनिक स्थिति में सुधार होता है।
- हरी खाद से मृदा उर्वरता की भरपाई होती है।
- पोषक तत्व की उपलब्धता को बढ़ाता है। हरी खाद केवल नत्रजन व कार्बनिक पदार्थो का ही साधन नहीं है, बल्कि इससे मिट्टी में कई पोषक तत्व भी उपलब्ध होते हैं। एक अध्ययन के अनुसार एक टन ढेंचा के शुष्क पदार्थ द्वारा मृदा में जुटाये जाने वाले पोषक तत्व तालिका 7.3 में वर्णित हैं।

तालिका 7.3: एक टन ढेंचा के शुष्क पदार्थ द्वारा मृदा में जुटाये जाने वाले पोषक तत्व

पोषक तत्व	मात्रा कि.ग्रा./हे
नत्रजन	26.2
स्फुर	7.3
पोटाश	17.8
गंधक	1.9
कैल्शियम	1.4
मैग्नीशियम	1.6
जस्ता	25 पी पी एम
लोहा	105 पी पी एम
तांबा	7 पी पी एम

- सूक्ष्म जीवाणुओं की गतिविधियों को बढ़ाता है।
- मिट्टी की संरचना में सुधार होने के कारण फसल की जड़ों का फैलाव अच्छा होता है।
- हरी खाद के लिए उपयोग किये गये फलीदार पौधे वातावरण से नत्रजन व्यवस्थित करके नोडयूल्स में जमा करते हैं जिससे भूमि की नत्रजन शक्ति बढ़ती है।
- हरी खाद के लिये उपयोग किये गये पौधों को जब जमीन में हल चला कर दबाया जाता है तो उनके सड़ने–गलने से गाँठों में जमा की गई नत्रजन जैविक रूप में मिट्टी में वापस आ कर उसकी उर्वरा शक्ति को बढ़ाती है।
- पौधों के मिट्टी में गलने सड़ने से मिट्टी की नमी धारण क्षमता में बढ़ोतरी होती है। हरी खाद के सड़ने–गलने से कार्बन–डाइआक्साइड गैस निकलती है जो कि मिट्टी से आवश्यक तत्व को मुक्त करवा कर मुख्य फसल के पौधों को आसानी से उपलब्ध करवाती है।
- हरी खाद दबाने के बाद बोई गई धान की फसल में ऐकिनोक्लोआ जातियों के खरपतवार न के बराबर होते है जो कि हरी खाद के ऐलेलोकेमिकल प्रभाव को दर्शाते है।

हरी खाद की फसल से अधिकतम कार्बनिक पदार्थ एवं नत्रजन प्राप्त करने हेतु एक विशेष अवस्था पर ही पलटाई करनी चाहिए। अतः इन फसलों को 30–45 दिन अवधि में पलटना चाहिए। इस बात का विशेष ध्यान रखना चाहिए कि पलटने के समय पौधे नरम हों और फूल आने से पहले ही फसल पलट दी जाये।

हरी खाद के बनाने की विधियाँ

1. हरी खाद की स्थानिक विधि– इस विधि में हरी खाद की फसल को उसी खेत में उगाया जाता है, जिसमें हरी खाद का उपयोग करना होता है। यह विधि समुचित वर्षा अथवा सुनिश्चित सिंचाई वाले क्षेत्रों में अपनाई जाती है। इस विधि में फूल आने से पूर्व वानस्पतिक वृद्धिकाल (45–60 दिन) में हरी खाद की फसल को मिट्टी में पलट दिया जाता है। मिश्रित रूप से बोई गई हरी खाद की फसल को उपयुक्त समय पर जुताई द्वारा खेत में दबा दिया जाता है।
2. हरी पत्तियों की हरी खाद– इस विधि में हरी खाद की फसलों की पत्तियों एवं कोमल शाखाओं को तोड़कर, खेत में फैलाकर जुताई द्वारा मृदा में दबा दिया जाता है, जो मिट्टी में थोड़ी नमी होने पर भी सड़ जाती हैं। यह विधि कम वर्षा वाले क्षेत्रों में उपयोगी होती है।

हरी खाद की गुणवत्ता बढ़ाने के उपाय

1. उपयुक्त फसल का चुनाव– जलवायु एवं मृदा की दशाओं के आधार पर उपयुक्त फसल का चुनाव करना आवश्यक होता है। जलमग्न तथा क्षारीय एवं लवणीय मृदा में ढेंचा तथा सामान्य मृदाओं में सनई एवं ढेंचा दोनों फसलों से अच्छी गुणवत्ता वाली हरी खाद प्राप्त होती है।
2. हरी खाद की खेत में पलटाई का समय– अधिकतम हरा पदार्थ प्राप्त करने के लिए फसलों की पलटाई या जुताई, बुवाई के 6–8 सप्ताह बाद करनी चाहिए आयु बढ़ने से पौधों की शाखाओं में रेशों की मात्रा बढ़ जाती है, जिससे जैव पदार्थ के अपघटन में अधिक समय लगता है।
3. हरी खाद के प्रयोग के बाद अगली फसल की बुवाई या रोपाई का समय– जिन क्षेत्रों में धान की कृषि होती है, वहाँ जलवायु नम तथा तापमान अधिक होने से अपघटन क्रिया तेज होती है। अतः खेत में हरी खाद की फसल की आयु 40–45 दिन से अधिक नहीं होनी चाहिए।
4. समुचित उर्वरक प्रबन्ध– कम उर्वरकता वाली मृदाओं में नत्रजनधारी उर्वरकों का 15–20 कि.ग्रा./हे. का प्रयोग उपयोगी होता है, राइजोबियम कल्चर का प्रयोग करने से नत्रजन स्थिरीकारक सहजीवी जीवाणुओं की क्रियाशीलता बढ जाती है।

2. बायोगैस स्लरी

भारत में मवेशियों की संख्या विश्व में सर्वाधिक है, इसलिए बायोगैस के विकास की प्रचुर संभावना है। बायोगैस (मीथेन या गोबर गैस) मवेशियों के उत्सर्जन पदार्थों को कम ताप पर डाइजेस्टर में चलाकर माइक्रोब उत्पन्न करके प्राप्त की जाती है। जैव गैस में 75 प्रतिशत मीथेन गैस होती है जो बिना धुँआ उत्पन्न किए जलती है। लकड़ी, चारकोल तथा कोयले के विपरीत यह जलने के पश्चात राख जैसा कोई अपशिष्ट भी नहीं छोड़ती है। ग्रामीण इलाकों में भोजन पकाने तथा ईंधन के रूप में प्रकाश की व्यवस्था करने में इसका उपयोग हो रहा है।

राष्ट्रीय बायोगैस विकास कार्यक्रम (1981–82) के अंतर्गत पारिवारिक या घरेलू तथा सामुदायिक दो प्रकार के संयंत्रों की स्थापना की जाती है। इससे स्वच्छ व सस्ती ऊर्जा आपूर्ति तथा ग्रामीण पर्यावरण की सफाई के साथ ही उच्च कोटि की कार्बनिक खाद की भी प्राप्ति होती है, क्योंकि जैव गैस के लिए प्रयुक्त गोबर तथा जल में नत्रजन व स्फुर प्रचुर मात्रा में होते हैं। सावधानी केवल यह बरतनी चाहिए कि बायोगैस संयंत्र की 15 मीटर की परिधि में कोई पेयजल स्रोत न हो।

बायो खाद एक उत्तम किस्म की खाद होती है। इसमें फसलों के लिये मुख्य आवश्यक पोषक तत्व नत्रजन, स्फुर एंव पोटाश, देशी खाद की तुलना मे अधिक मात्रा में पाये जाते है। बायोगैस मृत ऑर्गेनिज्म से बनता है, इसलिए यह वातावरण में कार्बन स्तर को नहीं बिगाड़ती।

बायो गैस संयंत्र से जो गोबर का घोल सड़कर बाहर निकलता है, उसे बायो गैस पाचित स्लरी कहते हैं। बायोगैस संयंत्र में गोबर की पाचन क्रिया के बाद 25% ठोस पदार्थ का रूपान्तर गैस के रूप में होता है और 75% ठोस पदार्थ का रूपान्तर खाद के रूप में होता है, जिसे बायोगैस स्लरी कहा जाता है। 2 घन मीटर के गैस संयंत्र में जिसमें करीब 50 किलो गोबर रोज या 18–25 टन गोबर एक वर्ष में डाला जाता है, उस गोबर से 80% नमीयुक्त करीब 10 टन बायो गैस स्लरी का खाद प्राप्त होता है।

यह कृषि के लिये अति उत्तम खाद होता है। इसमें नत्रजन 1.5–2%, स्फुर 1.0% एवं पोटाश 1.0% तक होता है। बायोगैस संयन्त्र से जब स्लरी के रूप में खाद बाहर आता है तब जितना नत्रजन गोबर में होता है उतना ही नत्रजन स्लरी में भी होता है, परन्तु संयन्त्र में पाचन क्रिया के दौरान कार्बन का रूपान्तर गैस में होने से कार्बन की मात्रा कम होने से कार्बन नत्रजन अनुपात कम हो जाता है व इससे नत्रजन का प्रमाण बढ़ा हुआ प्रतीत होता है।

बायोगैस संयन्त्र से निकली पतली स्लरी में 20% नत्रजन अमोनियाकल नत्रजन के रूप में होता है। अतः यदि इसका तुरन्त उपयोग खेत में नालियाँ बनाकर अथवा सिंचाई के पानी में मिलाकर खेत में छोड़ दिया जाए तो इसका लाभ रसायनिक खाद की तरह से फसल पर तुरन्त होता है और उत्पादन में 10–20% तक बढ़त हो सकती है। स्लरी खाद को सुखाने के बाद उसमें नत्रजन का कुछ भाग हवा में उड़ जाता है। यह खाद असिंचित कृषि में एक हेक्टेयर में करीब 5 टन व सिंचाई वाली कृषि में 10 टन प्रति हेक्टेयर के परिमाण में डाला जाता है। बायोगैस स्लरी के खाद में मुख्य तत्वों के अतिरिक्त सूक्ष्म पोषक तत्व एवं ह्यूमस भी होता है जिससे मिट्टी की संरचना में सुधार होता है, जलधारण क्षमता बढ़ती है और सूक्ष्म जीवाणु बढ़ते हैं। इस खाद के उपयोग से अन्य जैविक खाद की तरह 3 वर्षों तक पोषक तत्व फसलों को धीरे–धीरे उपलब्ध होते रहते हैं। ताजी गोबर गैस स्लरी का प्रयोग सिंचित कृषि में 3–4 टन प्रति हेक्टेयर के दर से करना चाहिए। सूखी खाद का उपयोग अन्तिम जुताई के समय एवं ताजी स्लरी का उपयोग सिंचाई के दौरान करें। स्लरी के उपयोग से फसलों को तीन वर्ष तक पोषक तत्व धीरे–धीरे उपलब्ध होते रहते हैं।

बायोगैस स्लरी को सुखाकर उसका संग्रहण करना

यदि गोबर गैस संयंत्र घर के पास व खेत से दूर है तब पतली स्लरी को संग्रहण करने के लिये बहुत जगह लगती है व पतली स्लरी का स्थानान्तरण भी कठिन होता है ऐसी

अवस्था में स्लरी को सुखाना आवश्यक है। इसके लिये ग्रामोपयोगी फिल्ट्रेशन टैंक की पद्धति विकसित की गई है। इसमें बायोगैस के निकास कक्ष से जोड़कर 2 घनमीटर के संयन्त्र के लिये 1.65 मीटर × 0.6 मीटर × 0.5 मीटर के दो सीमेन्ट के टैंक बनाये जाते हैं। इसकी दूसरी तरफ छना हुआ पानी एकत्र करने हेतु एक पक्का गड्ढा बनाया जाता है। फिल्ट्रेशन टैंक में नीचे 15 से.मी. मोटाई का गीला कचरा, सूखा कचरा, हरा कचरा इत्यादि डाला जाता है। इस पर निकास कक्ष से जब द्रव रूप की स्लरी गिरती है तब स्लरी का पानी कचरे के स्तर से छन कर नीचे गड्ढे में एकत्र हो जाता है। इस तरह जितना पानी बायोगैस संयंत्र में गोबर की भराई के समय डाला जाता है उसका 2/3 हिस्सा गड्ढे में पुनः एकत्र हो जाता है, इसे गोबर के साथ मिलाकर पुनः संयत्र में डालने से गैस उत्पादन बढ़ जाता है। इसके अलावा इसमें सभी पोषक तत्व घुलनशील अवस्था में होते हैं, अतः पौधों पर छिड़काव करने से पौधों का विकास अच्छा होता है, एवं फल में वृद्धि होती है। करीब 15–20 दिनों में पहला टैंक भर जाता है तब इस टैंक को ढक कर स्लरी का निकास दूसरे टैंक में खोल दिया जाता है। इसका भंडारण अलग से गड्ढे में किया जा सकता है अथवा इसको बैलगाड़ी में भरकर खेत तक पहुँचाना आसान होता है।

फिल्ट्रेशन टैंक की मदद से कम जगह में अधिक बायोगैस की स्लरी का संग्रहण किया जा सकता है व फिल्टर्ड पानी के बाहर निकलने व उसका संयन्त्र मे पुनः उपयोग करने से पानी की भी बचत होती है।

इस प्रकार बायोगैस संयन्त्र से बायोगैस द्वारा ईंधन की समस्या का समाधान तो होता ही है साथ में स्लरी के रूप में उत्तम खाद भी कृषि के लिये प्राप्त होता है।

उपयोग पूर्व उपचार

मानव मल मूत्र आधारित बायोगैस संयंत्र से प्राप्त जैव खाद में रोगकारक आदि रह जाते हैं। इसलिये खाद को उपयोग में लेने से पूर्व उपचार करना जरूरी है। इससे प्राप्त जैव खाद को पहले एक गड्ढे में इकट्ठा किया जाता है तधा उसमें कुछ मात्रा मे गौमूत्र डाली जाती है। गौमूत्र द्वारा उत्पन्न अमोनिया रोगकारक को नष्ट कर देतो है।

बायोगैस तथा स्लरी उत्पादन के लिए आवश्यक कच्चा पदार्थ

हालांकि जानवरों के गोबर को बायो गैस प्लांट के लिए मुख्य कच्चा पदार्थ माना जाता है, लेकिन इसके अलावा मनुष्य के मल, मुर्गियों की बीट और कृषि जन्य तथा घरेलू कचरे का भी इस्तेमाल किया जाता है।

बायोगैस तथा स्लरी उत्पादन संयंत्र के मुख्य घटक

बायोगैस के दो मुख्य मॉडल हैं: फिक्स्ड डोम (स्थायी गुंबद) टाइप और फ्लोटिंग ड्रम (तैरता हुआ ड्रम) टाइप। उपर्युक्त दोनों मॉडल के निम्नलिखित भाग होते हैं–

1. डाइजेस्टरः यह एक प्रकार का टैंक है, जहां विभिन्न तरह की रसायनिक प्रतिक्रियायें होती हैं। यह अंशतः या पूर्णतः भूमिगत होता है। यह सामान्यतः सिलेंडर के आकार का होता है और ईंट–गारे का बना होता है।
2. गैस होल्डरः डाइजेस्टर में निर्मित गैस निकल कर यहीं जमा होती है। इसके ऊपर से पाइपलाइन के माध्यम से गैस, चूल्हे के बर्नर तक ले जायी जाती है।
3. स्लरी मिक्सिग टैंकः इसी टैंक में गोबर को पानी के साथ मिला कर पाइप के जरिये डाइजेस्टर में भेजा जाता है।
4. आउटलेट टैंक और स्लरी पिटः सामान्यतः फिक्स्ड डोम टाइप में ही इसकी व्यवस्था रहती है, जहां से स्लरी को सीधे स्लरी पिट में ले जाया जाता है। फ्लोटिंग ड्रम प्लांट में इसमें कचरों को सुखा कर सीधे इस्तेमाल के लिए खेतों में ले जाया जाता है।

बायोगैस स्लरी निर्माण में ध्यान रखने योग्य बातें

जगह का चुनाव– जगह का चुनाव करते समय निम्न बातों का ध्यान रखना चाहिए:

- जमीन समतल और अगल–बगल से थोड़ी ऊंची होनी चाहिए, जिससे वहां जल जमाव न हो सके।
- जमीन की मिट्टी ज्यादा ढीली न हो।
- संयंत्र का स्थान गैस के इस्तेमाल की जाने वाली जगह के नजदीक हो (घर या खेत)।
- यह जानवरों के रखे जाने वाले स्थान से भी नजदीक होनी चाहिए, जिससे गोबर इत्यादि के लाने तथा ले जाने में दिक्कत न हो।
- पानी का स्तर ज्यादा ऊँचा नहीं होना चाहिए।
- संयंत्र वाली जगह पर पानी की पर्याप्त सुविधा होनी चाहिए।
- संयंत्र को दिन भर पर्याप्त धूप मिलनी चाहिए।
- संयंत्र स्थल में हवा आने–जाने की पर्याप्त व्यवस्था होनी चाहिए।
- संयंत्र और किसी अन्य दीवार के बीच कम से कम 1.5 मीटर का फासला हो।

- संयंत्र को वृक्ष से भी दूर रखना चाहिए, ताकि उसकी जड़ें इसमें न घुस सकें।
- संयंत्र को कुएं से कम से कम 15 मीटर की दूरी पर होना चाहिए।

कच्चे पदार्थों की उपलब्धताः कच्चे पदार्थों की उपलब्धता पर ही बायो गैस संयंत्र का आकार निर्भर करता है। यह माना जाता है कि एक जानवर से प्रतिदिन 10 किलो गोबर मिलता है। गोबर से औसतन 40 लीटर प्रति किलो गैस का उत्पादन होता है 3 घन मीटर बायोगैस उत्पादन के लिए 75 किग्रा गोबर की आवश्यकता पड़ती है।

बायोगैस संयंत्र से लाभ

भारत के तराई एवं मैदानी क्षेत्रों में गोबर को उपलों (कण्डों / गोइंठा) के रूप में सुखा कर ईंधन के रूप में प्रयोग किया जाता है। इससे गोबर में मौजूद पौधों के लिये पोषणकारी अधिकांश तत्व नष्ट हो जाते हैं। उपला बनाने में प्रतिदिन करीब 1–2 घंटे समय भी लगता है। अतः खाना पकाने हेतु गोबर के उपलों के स्थान पर गोबर से बायो गैस बना कर बायो गैस को ईंधन के रूप में प्रयोग करने से पोषक तत्वों की हानि नहीं होती है, क्योंकि बायो गैस से प्राप्त बायो गैस स्लरी में पौधों के लिये उपयोगी सभी पोषक तत्त्व उपलब्ध रहते हैं (नष्ट नहीं होते), साथ ही खाना बनाने में धुँआ नहीं होता है जिससे गृहणी की आँखों पर कोई प्रतिकूल असर भी नहीं पड़ता है। बायो गैस स्लरी को सीधे या छाया में सुखाकर या वर्मी कम्पोस्ट बनाकर खाद के रूप में खेतों में प्रयोग करना चाहिए। बायो गैस से आजकल डीजल पम्प सेट भी चला सकते है जिससे डीजल एवं अन्य ऊर्जा की बचत होती है।

- बायो गैस (गोबर गैस) पर्यावरण के अनुकूल है एवं ग्रामीण क्षेत्रो के लिए बहुत उपयोगी है।
- बायोगैस उपलब्ध होने पर खाना पकाने में लगने वाली लकड़ी के उपयोग को कम कर सकते है, फलस्वरूप पेड़ों को भी बचाया जा सकता है।
- बायो गैस के उत्पादन के लिए आवश्यक कच्चे माल (गोबर आदि) की आपूर्ति गाँवो से ही पूरी हो जाती है। कहीं और से कच्चे माल को आयात करने की आवश्यकता नहीं है।
- लकड़ी और गोबर के चूल्हे में बहुत धुआँ निकलता है जो गृहणियों के स्वास्थ्य के लिए बहुत हानिकारक होता है। परन्तु बायोगैस के प्रयोग से धुआं नहीं निकलता है जिससे स्वास्थ्य संबंधी बीमारियों के रोकथाम में सहायता मिलती है।
- यह सयंत्र बायोगैस के साथ–साथ फसल उत्पादन के लिए उच्च गुणवता वाला खाद भी हमें देता है। जिसे नीचे दी गयी तालिका 7.4 में दर्शाया गया है।

तालिका 7.4: बायोगैस खाद मे पाये जाने आले पोषक तत्व

खाद का प्रकार	**नत्रजन (%)**	**पोटाश (%)**	**स्फुर (%)**
फार्म की खाद (घूरे की खाद)	0.5—1	0.5—0.8	0.5—1
डाइजेस्टर स्लरी (तरल)	1.5—2	1	1
डाइजेस्टर स्लरी (सूखी)	1.3—1.7	0.85	0.85

सम्पूर्ण खाद

बायोगैस स्लरी खाद में सूखे पत्ते, डंठल आदि मिलाकर अच्छा कम्पोस्ट भी बना सकते है। बायोखाद में खरपतवार के बीज भी नहीं होते हैं, जिससे भूमि में उपलब्ध पोषक तत्व फसल को ही मिलते हैं।

बायोखाद के उपयोग करने की विधि

इसका उपयोग किसी भी फसल एवं भूमि में लाभप्रद्र होता है। सिंचित भूमि में इसका प्रयोग 10 टन प्रति हेक्टेयर व असिंचित भूमि में 5 टन प्रति हेक्टेयर प्रतिवर्ष की दर से किया जाता है। तरल रूप में बायोखाद को काम में लेने से अधिक लाभ होता है। इसके लिये बाल्टी या ड्रम में नीचे एक 10 मि.मी. छेद कर नली लगा देते हैं। नली पर वाल्व लगा दिया जाता है, जिससे आवश्यकतानुसार स्लरी को सिंचाई के बहते हुये पानी मे मिलाया जा सके।

3. वर्मी कम्पोस्ट

हम सभी अच्छी तरह जानते हैं कि भूमि में पाये जाने वाले केंचुए मनुष्य के लिए बहुपयोगी होते हैं। मनुष्य के लिए इनका महत्व सर्वप्रथम सन् 1881 में विश्व विख्यात जीव वैज्ञानिक चार्ल्स डार्विन ने अपने 40 वर्षों के अध्ययन के बाद बताया। इसके बाद हुए अध्ययनों से केंचुओं की उपयोगिता उससे भी अधिक साबित हो चुकी है जितनी कि डार्विन ने कभी कल्पना की थी। भूमि में पाये जाने वाले केंचुए खेत में पड़े हुए पेड़—पौधों के अवशेष एवं कार्बनिक पदार्थों को खा कर छोटी—छोटी गोलियों के रूप में परिवर्तित कर देते हैं जो पौधों के लिए देशी खाद का काम करती है। इसके अलावा केंचुए खेत में ट्रैक्टर से भी अच्छी जुताई कर देते हैं, जो पौधों को बिना नुकसान पहुँचाए अन्य विधियों से सम्भव नहीं हो पाती। केंचुओं द्वारा भूमि की उर्वरता उत्पादकता और भूमि के भौतिक, रसायनिक व जैविक गुणों को लम्बे समय तक अनुकूल बनाये रखने में मदद मिलती है।

केंचुओं की कुछ प्रजातियां भोजन के रूप में प्रायः अपघटनशील व्यर्ध कार्बनिक पदार्थों (Bio-degradable organic wastes) का ही उपयोग करती हैं। भोजन के रूप में ग्रहण की गई इन कार्बनिक पदार्थों की कुल मात्रा का 5 से 10 प्रतिशत भाग शरीर की कोशिकाओं द्वारा अवशोषित कर लिया जाता है और शेष मल के रूप में विसर्जित हो जाता है जिसे वर्मीकास्ट (Vermi-cast) कहते हैं। नियंत्रित परिस्थिति में केंचुओं को व्यर्थ कार्बनिक पदार्थ खिलाकर पैदा किए गये वर्मीकास्ट और केचुओं के मृत अवशेष, अण्डे, कोकून, सूक्ष्मजीव (Micro-organisms) आदि के मिश्रण को केंचुआ खाद (Vermi-compost) कहते हैं। नियंत्रित दशा में केंचुओं द्वारा केंचुआ खाद उत्पादन की विधि को वर्मीकम्पोस्टिंग (Vermi-composting) और केंचुआ पालन की विधि को वर्मीकल्चर (Vermi-culture) कहते हैं।

केंचुए को कृषकों का मित्र एवं भूमि की आंत कहा जाता है। ये ह्यूमस व मिट्टी को एकसार करके जमीन के अंदर अन्य परतों में फैलाते हैं। इससे जमीन पोली हो जाती है व हवा का आवागमन बढ़ जाता है तथा जलधारण क्षमता में बढ़ोतरी होती है। केंचुओं के पेट में जो रसायनिक क्रिया व सूक्ष्म जीवाणुओं की क्रिया होती है, उससे भूमि में पाये जाने वाले नत्रजन, स्फुर, पोटाश एवं अन्य सूक्ष्म तत्वों की उपलब्धता बढ़ती है। वर्मी कम्पोस्ट में बदबू नहीं होती है और मक्खी एवं मच्छर नहीं बढ़ते हैं तथा वातावरण प्रदूषित नहीं होता है। तापमान नियंत्रित रहने से जीवाणु क्रियाशील तथा सक्रिय रहते हैं। वर्मी कम्पोस्ट डेढ़ से दो माह के अंदर तैयार हो जाता है। इसमें 2.5 से 3% नत्रजन, 1.5 से 2% स्फुर तथा 1.5 से 2% पोटाश पाया जाता है।

तैयार करने की विधि

जिस कचरे से खाद तैयार किया जाना है उसमें से कांच–पत्थर, धातु के टुकड़े अच्छी तरह अलग करने के पश्चात वर्मी कम्पोस्ट तैयार करने के लिये 10 x 4 फीट का प्लेटफार्म जमीन से 6 से 12 इंच तक ऊंचा तैयार किया जाता है। इस प्लेटफार्म के ऊपर 2 रद्दे ईंट के जोड़े जाते हैं तथा प्लेटफार्म के ऊपर छाया हेतु झोपड़ी बनाई जाती है। प्लेटफार्म के ऊपर सूखा चारा, 3–4 क्विंटल गोबर की खाद तथा 7–8 क्विंटल कूड़ा–करकट (गार्वेज) बिछाकर झोपड़ीनुमा आकार देकर अधपका खाद तैयार हो जाता है जिसकी 10–15 दिन तक झारे से सिंचाई करते हैं, जिससे कि अधपके खाद का तापमान कम हो जाए। इसके पश्चात 100 वर्ग फीट में 10 हजार केंचुए के हिसाब से छोड़े जाते है। केंचुए छोड़ने के पश्चात टंकी को जूट के बोरे से ढक दिया जाता है, और 4 दिन तक झारे से सिंचाई करते रहते हैं ताकि 45–50 प्रतिशत नमी बनी रहे। ध्यान रखे कि अधिक गीलापन रहने से हवा अवरुद्ध हो जाएगी और सूक्ष्म जीवाणु तथा केंचुए मर जायेंगे या कार्य नही कर पायेंगे। 45 दिनों के पश्चात पानी डालना बंद कर दिया जाता है और जूट के बोरों को हटा दिया जाता है। बोरों को हटाने के बाद ऊपर का खाद सूख जाता है तथा केंचुए नीचे नमी में

चले जाते है। तब ऊपर की सूखी हुई वर्मी कम्पोस्ट को अलग कर लेते हैं। इसके 4–5 दिन पश्चात पुनः टंकी की ऊपरी खाद सूख जाती है और सूखी हुई खाद को ऊपर से अलग कर लेते हैं। इस तरह 3–4 बार में पूरी खाद टंकी से अलग हो जाती है और आखिरी में केंचुए बच जाते हैं जिनकी संख्या 2 माह में टंकी में डाले गये केंचुओं की संख्या से, दोगुनी हो जाती हैं। ध्यान रखें कि खाद हाथ से निकालें, कुदाल या खुरपी का प्रयोग न करें। टंकी से निकाले गये खाद को छाया में सुखा कर तथा छानकर छायादार स्थान में भण्डारित किया जाता है। वर्मी कम्पोस्ट की मात्रा गमलों में 100 ग्राम, एक वर्ष के पौधों में एक किलोग्राम तथा फसल में 6–8 क्विंटल प्रति एकड़ की आवश्यकता होती है। वर्मी वॉश का उपयोग करते हुए प्लेटफार्म पर दो निकास नालियां बना देना अच्छा होगा ताकि वर्मी वॉश को एकत्रित किया जा सके।

केंचुआ खाद के गुण

इसमें नत्रजन, स्फुर, पोटाश के साथ–साथ अति आवश्यक सूक्ष्म पोषक तत्व जैसे कैल्शियम, मैग्नीशियम, तांबा, लोहा, जस्ता और मोलिवडेनम तथा बहुत अधिक मात्रा में जैविक कार्बन पाया जाता है। केंचुएँ के खाद का उपयोग भूमि, पर्यावरण एवं अधिक उत्पादन की दृष्टि से लाभदायी है।

वर्मीकम्पोस्ट का रसायनिक संगठन मुख्य रूप से उपयोग में लाये गये अपशिष्ट पदार्थों के प्रकार, उनके स्रोत व निर्माण के तरीकों पर निर्भर करता है। सामान्य तौर पर इसमें पौधों के लिए आवश्यक लगभग सभी पोषक तत्व सन्तुलित मात्रा तथा सुलभ अवस्था में मौजूद होते हैं। वर्मीकम्पोस्ट में गोबर के खाद (FYM) की अपेक्षा 5 गुना नत्रजन, 8 गुना स्फुर, 11 गुना पोटाश और 3 गुना मैग्निशियम तथा अनेक सूक्ष्म तत्व (Micro-nutrients) सन्तुलित मात्रा मे पाये जाते हैं। वर्मीकम्पोस्ट का रसायनिक संगठन तालिका 7.5 में दिया गया है।

तालिका 7.5: वर्मीकम्पोस्ट का रसायनिक संगठन

मानक	मात्रा
पी एच	6.8
ईसी (mmhos@cm)	11.70
कुल नत्रजन	0.50–10 प्रतिशत
स्फुर	0.15–0.56 प्रतिशत
पोटेशियम	0.06–0.30 प्रतिशत
कैल्शियम	2.0–4.0 प्रतिशत
सोडियम	0.02 प्रतिशत

मैग्नीशियम	0.46 प्रतिशत
आयरन	7563 पीपीएम
जिंक	278 पीपीएम
मैगनीज	475 पीपीएम
कॉपर	27 पीपीएम
बोरोन	34 पीपीएम
एल्युमिनियम	7012 पीपीएम

केंचुआ खाद बनाने की चरणबद्ध प्रक्रिया

चरण 1 प्रसंस्करण : प्रसंस्करण में कचरे का संग्रह तथा उन्हें फैलाना, धातु, कांच और चीनी मिट्टी की चीजों को यांत्रिक रूप से अलग करना और जैविक कचरे का भंडारण शामिल है।

चरण 2 पाचन : गोबर घोल के साथ–साथ कार्बनिक अपशिष्ट सामग्री का ढ़ेर लगाकर बीस दिन तक पूर्व पाचन करवाना चाहिए। इस प्रक्रिया में सामग्रियों को आंशिक रूप से सड़ाकर केंचुओ के प्रयोग के लिए अनुकूल बना देते हैं। मवेशी के गोबर और बायोगैस घोल को सुखाने के बाद इस्तेमाल किय जा सकता है गीले गोबर को वर्मीकम्पोस्ट उत्पादन के लिए प्रयोग नहीं किया जाना चाहिए।

चरण 3 केंचुआ बिस्तर की तैयारी करना : वर्मीकम्पोस्ट तैयार करने के लिए कचरे को डालने के लिए एक कंक्रीट (ठोस) आधार की आवश्यकता होती है। ढ़ीली मिट्टी कीड़े को और सभी घुलने योग्य पोषक तत्वों को पनी के साथ मिट्टी में प्रवेश करा कर बर्बाद करा देती है।

चरण 4 वर्मीकम्पोस्ट संग्रह के बाद केंचुआ का संग्रह : आंशिक रूप से कम्पोस्टेड सामग्री को पूरी तरह से कम्पोस्टेड सामग्री से अलग कर लेना चाहिए। फिर से आंशिक रूप से कम्पोस्टेड सामग्री को वर्मीकम्पोस्ट बेड में डाल देना चाहिए।

चरण 5 वर्मीकम्पोस्ट भंडारण : उचित जगह में वर्मीकम्पोस्ट भंडारण नमी बनाए रखने के लिए और लाभकारी सूक्ष्मजीवों को विकसित करने के लिए जरुरी है।

4. नाडेप

यह विधि ग्राम पूसर जिला यवतमाल महाराष्ट्र के नारायम देवराव पण्डरी पाण्डे द्वारा विकसित की गई थी, इसलिये इसे नाडेप कहते हैं।

इस विधि के द्वारा कम से कम गोबर का उपयोग करके अधिक मात्रा में अच्छी खाद तैयार की जा सकती है। टंकी भरने के लिये गोबर, कचरा (बायोमास) और बारीक छनी हुई

मिट्टी की आवश्यकता होती है। जीवांश को 90 से 120 दिन तक पचाने में वायु संचार प्रक्रिया का उपयोग किया जाता है। इसके द्वारा उत्पादित की गई खाद में प्रमुख रूप से 0.5 से 1.5% नत्रजन, 0.5 से 0.9% स्फुर एवं 1.2 से 1.4% पोटाश के अलावा अन्य सूक्ष्म पोषक तत्व भी पाये जाते हैं।

निम्नानुसार विभिन्न प्रकार के नाडेप टंकियों से नाडेप कम्पोस्ट तैयार किया जा सकता है–

क) पक्का नाडेप

ख) कच्चा नाडेप (भू नाडेप)

ग) टटिया नाडेप

क) पक्का नाडेप – पक्का नाडेप ईटों के द्वारा बनाया जाता है। नाडेप टंकी का आकार 10 फीट लंबा, 6 फीट चौड़ा और 3 फीट ऊंचा या 12x5x3 घन फीट का बनाया जाता है। ईटों को जोड़ते समय तीसरे, छठवें एवं नवें ईटों में मधुमक्खी के छत्ते के समान 6–7'' के ब्लाक/छेद छोड़ दिए जाते हैं, जिससे टंकी के अन्दर रखे पदार्थ को बाह्रय वायु मिलती रहे। इससे एक वर्ष में एक ही टंकी से तीन बार खाद तैयार किया जा सकता है।

ख) भू–नाडेप/कच्चा नाडेप–भू–नाडेप/कच्चा नाडेप में परम्परागत तरीके के विपरीत बिना गड्ढा खोदे जमीन पर एक निश्चित आकार (12 फीट x 5 फीट x 3 फीट अथवा 10 फीट x 6 फीट x 3 फीट) का खाका देकर व्यवस्थित ढ़ेर बनाया जाता है। इसकी भराई नाडेप टंकी के अनुसार ही की जाती है। इस प्रकार लगभग 5 से 6 फीट तक सामग्री जम जाने के बाद एक आयताकार व व्यवस्थित ढ़ेर को चारों ओर से गीली मिट्टी व गोबर से लीप कर बंद कर दिया जाता है। बंद करने के दूसरे अथवा तीसरे दिन जब गीली मिट्टी कुछ कड़ी हो जाये तब गोलाकार अथवा आयताकार टीन के डिब्बे से ढ़ेर की लंबाई व चौड़ाई में 9–9 इंच के अंतर पर 7–8 इंच के गहरे छिद्र बनाये जाते हैं। छिद्रों से हवा का आवागमन होता है और आवश्यकता पड़ने पर पानी भी डाला जा सकता है, ताकि बायोमास में पर्याप्त नमी रहे और विघटन क्रिया अच्छी तरह से हो सके। इस तरह से भरा बायोमास 3 से 4 माह के भीतर भली–भांति विघटित हो जाता है तथा अच्छी तरीके से पची हुई, भुरभुरी दुर्गन्ध रहित भूरे रंग की उत्तम गुणवत्ता की जैविक खाद तैयार हो जाती है।

ग) टटिया नाडेप– टटिया नाडेप भी भू–नाडेप की तरह ही होते हैं, किन्तु इसमें आयताकार व व्यस्थित ढ़ेर को चारों ओर से लेप देने की जगह इसे बांस एवं बेशरम बेहया की लकड़ी एवं तुअर के डंठल आदि से टटिया बनाकर चारों ओर से बंद कर दिया जाता हैं। इसमें हवा का आवागमन स्वभाविक रूप से छेद होने के कारण अपने आप ही होता रहता है।

नाडेप टंकी के तहत कम्पोस्ट खाद तैयार करने की विधि

1. वानस्पतिक बेकार पदार्थ जैसे सूखे पत्तों, छिल्के, डंठल, टहनियां, जड़ें आदि 1400 से 1600 किलो (इसमें प्लास्टिक कांच एवं पत्थर नहीं रहे),
2. गोबर 100 से 120 किलो (8 से 10 टोकरी), गोबर गैस से निकली स्लरी भी ली जा सकती है,
3. सूखी छनी हुई खेत या नाले की मिट्टी 600 से 800 किलो (120 टोकरी), गो–मूत्र से सनी मिट्टी विशेष लाभदायी होती है,
4. साधारणतया 1500 से 2000 लीटर पानी, मौसम के अनुसार पानी की मात्रा कम या ज्यादा लग सकती है।

नाडेप बनाने की विधि

टंकी भरने की विधि : खाद सामग्री पूरी तरह एकत्रित करने के बाद नीचे बताए क्रमानुसार ही टंकी भरें। नाडेप पद्धति में खाद सामग्री को एक ही दिन में या ज्यादा से ज्यादा 48 घंटे में पूरी तरह से टंकी में भरकर सील कर दें।

प्रथम भराई : टंकी भरने से पहले उसके अंदर की दीवार एवं फर्श गोबर व पानी के घोल से अच्छी तरह गीला कर दें।

पहली परत : वानस्पतिक पदार्थ–कचरा, डंठल, टहनियां, पत्तियाँ आदि पूरे टंकी में छः इंच की ऊँचाई तक भर दें। इस प्रकार 30 घनफीट में 100 से 110 किलो वानस्पतिक सामग्री आएगी। इन परतों में 3 से 4 प्रतिशत नीम या पलाश की हरी पत्तियाँ मिलाना लाभप्रद होगा, जिससे दीमक पर नियंत्रण होगा।

दूसरी परत : गोबर का घोल– 125 से 150 लीटर पानी में 4 किलो गोबर मिलाकर पहली परत के ऊपर इस तरह छिड़कें कि पूरी वानस्पतिक सामग्री अच्छी तरह भीग जाए। गर्मी में पानी की मात्रा अधिक रखें। यदि बायोगैस की स्लरी उपयोग करें तो 10 लीटर स्लरी को 125 से 150 लीटर पानी में घोल कर छिड़कें।

तीसरी परत : भीगी हुई दूसरी परत के ऊपर, साफ छनी हुई मिट्टी 50 से 60 किलो के लगभग समान रूप से बिछा दें। परतों के इसी क्रम में टंकी को उसके मुँह से 1.5 फीट ऊपर तक झोपड़ीनुमा आकार में भरें। सामान्यतः 11–12 परतों में टंकी भर जाएगी। टंकी भरने के बाद टंकी सील करने के लिए 3 इंच मिट्टी (400 से 500 किलो) की परत जमा कर गोबर से लीप दें। इस पर दरारें पड़े तो उन्हे पुनः गोबर से लीप दें।

द्वितीय भराई : 15–20 दिन बाद टंकी में भरी सामग्री सिकुड़ कर 8–9 इंच नीचे चली जाएगी तब पहली भराई की तरह ही वानस्पतिक पदार्थ, गोबर का घोल एवं छनी मिट्टी की परतों से टंकी को उनके मुँह से 1.5 फीट ऊपर तक भरकर पहले भराव के समान ही सील कर लीप दें।

सावधानियां : नाडेप कम्पोस्ट को पूर्णतः पचने के लिये 90 से 120 दिन लगते है। इस दौरान नमी बनाए रखने के लिए एवं दरारे बंद करने के लिए गोबर पानी का घोल छिड़कते रहें व दरारें न पड़ने दें। घास आदि उगे तो उसे उखाड़ दें व नमी कायम रखें। कड़ी धूप हो तो घास–फूस से छाया कर दें।

खाद की परिपक्वता : 3–4 महीने में खाद गहरे भूरे रंग की बन जाती है और दुर्गंध समाप्त होकर अच्छी खुशबू आती है। खाद सूखना नहीं चाहिये। इस खाद को एक फीट में 35 तार वाली चलनी से छान लेना चाहिये और फिर उपयोग में लाना चाहिये। छलनी के उपर से निकला अधपका या कच्चा खाद को फिर से खाद बनाने के काम में लेना चाहिये। एक टंकी से निकला खाद 6–7 एकड़ भूमि के लिए प्रयोग किया जा सकता है। एक टंकी से 160 से 175 घन फीट छना खाद व 40 से 50 घन फीट कच्चा माल मिलेगा। मतलब एक टंकी से 3 टन (लगभग 6 बैलगाड़ी) अच्छा पका खाद मिलता है।

नाडेप टंकी विधि से कम से कम गोबर में अधिकाधिक मात्रा में अच्छी गुणवत्ता का खाद तैयार होता है। मात्र एक गाय के साल भर के गोबर से 10 टन खाद मिलने की संभावना है। जिसमें नत्रजन 0.5 से 1.5 प्रतिशत स्फुर 0.5 से 0.9 प्रतिशत तथा पोटाश 1.2 से 1.4 प्रतिशत होता है। चित्र 7.2 में नाड़ेप व केंचुआ खाद बनाते हुए दिखाया गया है

चित्र 7.2 (i) नाडेप खाद बनाने की विधि

चित्र 7.2 (ii) केंचुआ खाद बनाने की विधि

5. जैव उर्वरक (कल्चर)

पोषण भोजन सजीवों की प्राथमिक आवश्यकता है, जो पौधों की वृद्धि एवं विकास में सहायक है, जिसमें सभी तत्वों का आवश्यक एवं संतुलित मात्रा में होना अति आवश्यक है। पौधों को पोषण मुख्यतः हवा, पानी, भूमि तथा उर्वरकों से प्राप्त होता है। पोषक तत्वों को पौधों की प्राप्य अवस्था में बदलने का कार्य सूक्ष्म जीवों द्वारा किया जाता है। ये सूक्ष्म जीव ही जैव उर्वरकों के नाम से जाने जाते है, जो भोजन की पूर्ति के साथ–साथ फसल को कई प्रकार से लाभान्वित करते हैं। जैसे पादप क्रियाओं में वृद्धि, पौधों के लिए विटामिन तथा हारमोंस का निर्माण तथा उनका क्रियान्वयन, एंटीबायोटिक व रोग निरोधक क्षमता का निर्माण तथा पौधों के जड़ भाग में नमी का संरक्षण कर अन्य कई प्रकार से पौधों को सुरक्षा प्रदान करते हुए मृदा की उर्वरता को लम्बे समय तक उपजाऊ बनाने में सहायक हैं। अतः जैव उर्वरक भूमि की लम्बी आयु के द्योतक है।

मुख्य जैव उर्वरक

राइजोबियम– यह सिर्फ दलहनों में नत्रजन का स्थिरीकरण करता है।

एजोटोबैक्टर– यह नत्रजन स्थिरीकरण व पादप क्रियाओं को तेज करता है।

एजोंस्पिरिलियम– सभी गैर दलहन एवं दलहनों में भी उपयोगी है।

एसीटोबैक्टर– गन्ने की फसल में नत्रजन की पूर्ति करता है।

पी.एस.बी. कल्चर– यह फसलों में स्फुर की उपलब्धता को बढ़ाता है

वैम माइकोराइजा– यह सभी पोषक तत्वों की उपलब्धता को बढ़ाते हैं।

एजोला– यह धान में नत्रजन की पूर्ति तथा मृदा उर्वरता को बढाता है।

बी.जी.ए.– यह धान में नत्रजन की पूर्ति करता है।

कम्पोस्ट डिकम्पोजर– इस कल्चर से कम्पोस्ट खाद कम समय में तैयार हो जाती है।

रोग बायोकंट्रोलर– ये रोग व कीट लार्वो से पादक सुरक्षा प्रदान करते हैं।

पादप राइजोबैक्टीरिया – ये लाभदायक सूक्ष्म जीव है जो फसल वृद्धि एवं विकास में कई प्रकार से लाभदायक है।

इन जैव उर्वरकों को राष्ट्रीय उर्वरक संस्थान, गाजियाबाद एवं कृषि विभाग की जैव उर्वरक प्रयोगशालाओं से प्राप्त किया जा सकता है। इनका उपयोग बीज उपचार एवं मृदा उपचार के लिए किया जा सकता है।

क) राइजोबियम कल्चर – जैव उर्वरक के वाणिज्य इतिहास की शुरूआत सन् 1895 से हुई जब दो वैज्ञानिकों 'श्री नोब और श्री हिल्टनर' के सहयोग से नत्रजन उत्पाद राइजोबियम कल्चर के रूप में शुरू हुआ। इस सूक्ष्म जीवाणु कल्चर को मुख्यतः इसकी जैविक नत्रजन स्थिरीकरण की गुणवत्ता के कारण जाना जाता है। यह सूक्ष्म जीवाणु दलहनी कुल के पौधों में उनकी जड़ों (मूल) के साथ सहजीवन व्यतीत करता है। राइजोबियम सूक्ष्म जीवाणुओं की दलहनी कुल के पौधों के साथ विशिष्टता तथा सहजीविता के कारण इनका उपयोग दलहनी कुल तथा उसमें आने वाली दलहनी फसलों जैसे चना, मटर, मूँग, उड़द, मसूर, फलीदार सब्जियां जैसे सेम इत्यादि तथा तिलहनी फसलें जैसे मूँगफली तथा सोयाबीन में ही सीमित है। दलहनी फसलों में राइजोबियम–दलहन सहजीवन दलहन फसल की 80 प्रतिशत नत्रजन आवश्यकता पूरी कर सकता है। राइजोबियम कल्चर से दलहनी फसलों को उपचारित करने से बैक्टीरिया 50–100 किलोग्राम नत्रजन प्रति हेक्टेयर प्रति वर्ष स्थिरीकरण करते हैं तथा उत्पादन में 10–40 वृद्धि संभव है। राइजोबियम कल्चर का उपयोग दलहनी फसलों में 50–100 ग्राम प्रति 10 किलो बीज के हिसाब से किया जाता है।

दलहन एवं कुछ तिलहन फसलों में राइजोबियम के प्रयोग से पैदावार में 10–25 प्रतिशत की वृद्धि हो सकती है। राइजोबियम की अनुक्रिया को मृदा दशा, मृदा उर्वरकता, टीके की गुणवत्ता आदि कारक प्रभावित करते हैं। साधारणतः एक एकड़ क्षेत्रफल के लिए एक पैकेट राइजोबियम कल्चर की आवश्यकता होती है। चित्र 7.3 में बायो प्रमोटर राइज़ोबियम व इसका पौधे की जड़ पर असर दिखाया गया है एवं चित्र 7.4 में वायुमंडलीय नत्रजन स्थिरीकरण प्रक्रिया को दर्शाया गया है।

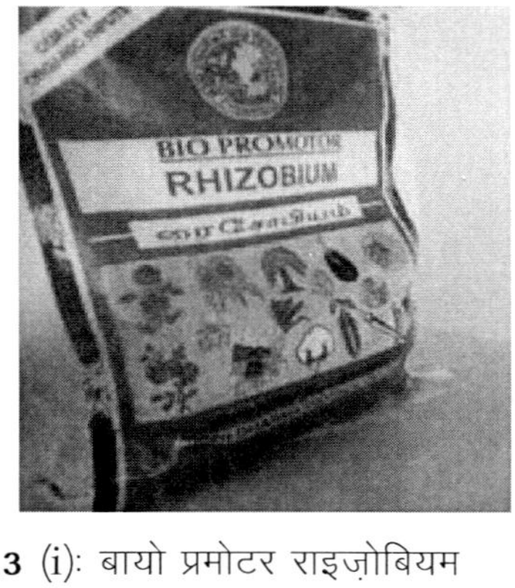

चित्र 7.3 (i): बायो प्रमोटर राइज़ोबियम

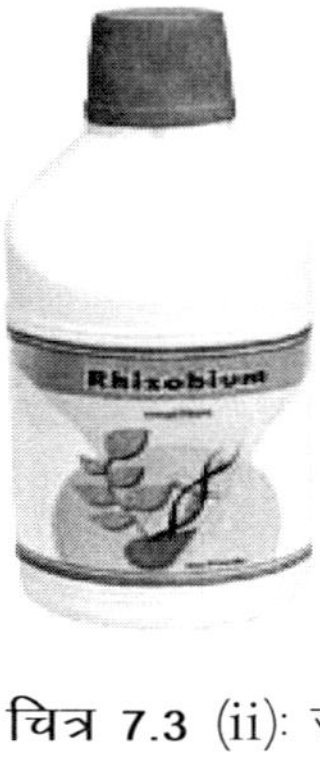

चित्र 7.3 (ii): राइज़ोबियम

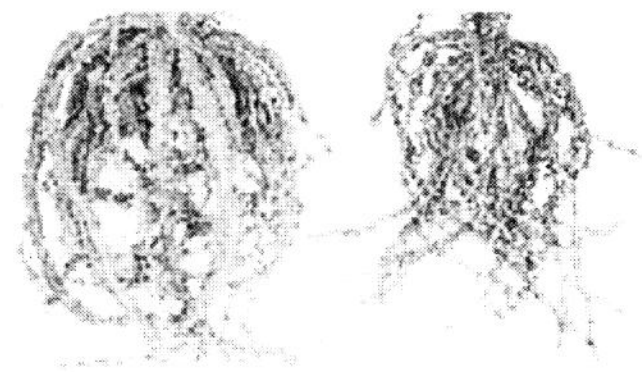

चित्र 7.3 (iii): जड़ों में नोड्यूल बनना

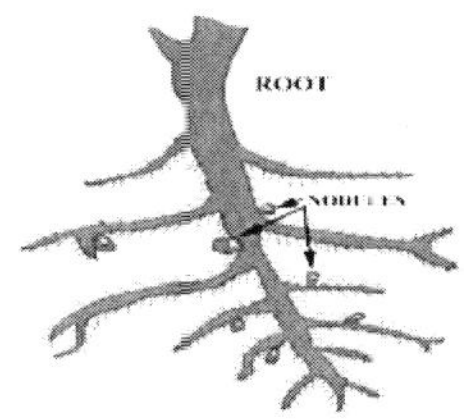

चित्र 7.3 (iv): जड़ों में नोड्यूल बनना

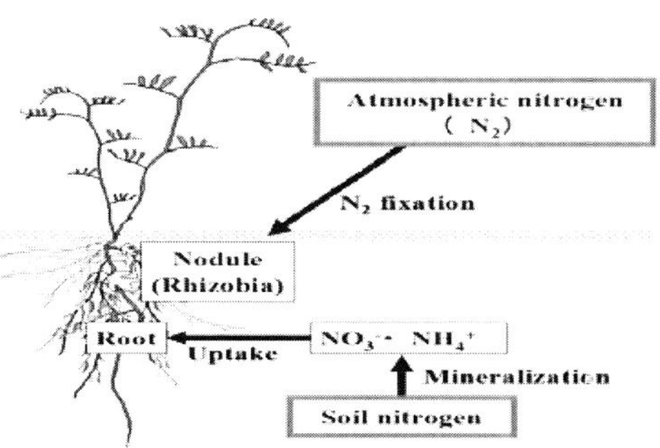

चित्र 7.4: वायुमंडलीय नत्रजन की स्थिरीकरण प्रक्रिया

ख) एजोटोबैक्टर– एजोटोबैक्टर का उपयोग अदलहनी (अनाज) फसलों, विशेषकर धान, ज्वार, गेहूँ, गन्ना इत्यादि फसलों में किया जाता है। पर इस सूक्ष्म जीवाणु कल्चर के लाभ का दायरा काफी व्यापक है जिसमें तरह–तरह की फसलें जैसे अन्न वाली फसलें, सब्जियाँ, कपास तथा गन्ना मुख्य रूप से हैं। यह एक स्वतंत्र रूप से रहने वाला सूक्ष्म जीवाणु है जो बिना किसी सहजीवन के नत्रजन का मुक्त रूप से जैविक स्थिरीकरण करता है। यह नत्रजन स्थिरीकरण के साथ–साथ पौधों के विकास में काम आने वाले पादप वृद्धिकारक हारमोन (इन्डोल एसिटिक एसिड, जिब्रेलिक एसिड) और कुछ एंटीबायोटिक्स तथा विटामिन का भी स्त्राव करता है जिससे जड़ों में होने वाली बहुत सारी बीमारियों की रोकथाम होती है।

इसके प्रयोग से 20–40 किलोग्राम नत्रजन प्रति हेक्टेयर प्रति वर्ष के हिसाब से स्थिरीकरण होता है। एक पैकेट (150 ग्राम) एजोटोबैक्टर से धान के 10 किलोग्राम बीजों को उपचारित किया जा सकता है। धान के रोपा लगाने वाले खेतों में 2 किलोग्राम एजोटोबैक्टर को 50 किलोग्राम अच्छी सड़ी हुई गोबर की खाद में मिलाकर खेत की मचाई के समय उपयोग करते हैं। इसके साथ ही 15–20 लीटर पानी में 3 पैकेट एजोटोबैक्टर का घोल बनाकर रोपा लगाने से पूर्व, रोपे को 15–20 मिनट तक उपचारित करने से धान के उत्पादन में 15–20% तक की वृद्धि संभव है। इसी प्रकार ज्वार, तथा गेहूँ में 5–10 ग्राम प्रति किलो बीज के हिसाब से उपचारित कर बोना चाहिए। चित्र 7.5 में एजोटोबैक्टर के कई उत्पाद दर्शाये गए हैं।

चित्र 7.5: एजोटोबैक्टर के विभिन्न उत्पाद

ग) एजोंस्पिरिलियम– यह भी नत्रजन स्थिरीकरण करने वाला एक सूक्ष्म जीवाणु है जो गैर दलहनी पौधों के लिए लाभकारी है। यह जीवाणु एजोटोबैक्टर जैसा ही जैव उर्वरक है तथा इसे बीजोपचार, पौध जड़ोपचार तथा मृदा उपचार द्वारा सभी फसलों में प्रयोग किया जा सकता है तथा इसमें नत्रजन की स्थिरीकरण क्षमता 20–25 किलो प्रति फसल है। यह सूक्ष्म जीवाणु भी जैविक नत्रजन स्थिरीकरण के साथ–साथ पादप वृद्धिकारक हारमोंस का स्त्राव करते हैं जो अंकुरण से लेकर पौधे की वृद्धि तक में लाभकारी होते हैं। मुख्यतः धान, गन्ना, मोटे अनाज, कपास, कद्दूवर्गीय एवं उद्यानिकी फसलों में इसका प्रयोग किया जाता है। एजोंस्पिरिलियम पादप जड़ों के साथ मुक्त संबंध में नत्रजन स्थिरीकरण करता है। इसके प्रयोग से फसलों में 10–15 प्रतिशत तक की उपज में वृद्धि होती है। एजोंस्पिरिलियम का उपयोग 200 ग्राम प्रति 10–15 किग्रा बीज या 5 किग्रा प्रति हैक्टेयर के हिसाब से किया जाता है। राइजोबियम की अपेक्षा एजोंस्पिरिलियम के प्रति फसल अनुक्रियाओं में समरूपता नहीं पाई गई तथा एजोंस्पिरिलियम के प्रति फसलों और उनकी किस्मों, स्थान, मौसम, फसल प्रबंधन पद्धतियों, जीवाणु विभेदों और मृदा उर्वरकता का प्रभाव देखा गया है।

घ) एसीटोबैक्टर– यह एक अनिवार्य वायुवीय (एरोबिक), जैविक रूप से नत्रजन स्थिरीकरण करने वाला सूक्ष्म जीवाणु है जो अपने चयापचय (मेटाबोलिक) गतिविधियों के द्वारा अम्ल का स्त्राव करता है। सभी जैविक रूप से नत्रजन स्थिरीकरण करने वाले सूक्ष्म जीवाणु नाइट्रोजिनेज नामक एन्जाइम की मदत से हवा में उपस्थित 78 प्रतिशत नत्रजन स्थिरीकरण सामान्य ताप एवं दाब पर मेटाबोलिक प्रक्रिया के माध्यम से करते हैं। विभिन्न तरह के जैविक नत्रजन स्थिरीकरण करने वाले सूक्ष्म जीवाणुओं में आक्सीजन के प्रति संवेदनशीलता अलग–अलग होती है। यह जैव उर्वरक मुख्यतः गन्ने के लिए विशेष उपयोगी है। पर गन्ने के साथ–साथ यह सभी शर्करा वाली फसलों के सम्पूर्ण भाग में पनपकर 65 से 150 किलो प्रति हेक्टेयर तक नत्रजन की पूर्ति करता है।

च) एजोला– एजोला एक जलीय खरपतवार है। इसे तालाब व झील आदि से एकत्रित कर धान के खेत में डाल सकते हैं। ये 30–40 किलो प्रते हैक्टर नत्रजन की पूर्ति करते हैं। एजोला धान के लिए बहु उपयोगी है।

छ) फास्फेट घुलनशील सूक्ष्म जीवाणु (पी.एस.एम.)– यह उन सूक्ष्म जीवाणुओं का समूह है जो कि मृदा में उपस्थित अघुलनशील फास्फेट को घुलनशील फास्फेट में परिवर्तित कर उर्वरक की कार्य क्षमता को बढ़ाता है। क्षारीय मृदा में फास्फेट की उपलब्धता कम होती है। यह सूक्ष्म जीवाणु पूरी प्रक्रिया को उल्टा करने में काफी लाभकारी है। जब पी.एस.एम. को रॉक फास्फेट के साथ उपयोग किया जाता है तो सिंगल सुपर फास्फेट की तरह फास्फेटिक उर्वरक की लगभग 50 प्रतिशत तक आवश्यकता को कम किया जा सकता है। इनमें जीवाणु पी. एस. बी. तथा वैम माइकोराइजा मुख्य हैं।

पी. एस. बी.– यह एक फास्फेटिक जीवाणु खाद है जो कि भूमि में पड़े अघुलनशील फास्फेट को घुलनशील अवस्था में परिवर्तित कर पौधों को उपलब्ध करता है, क्योंकि फास्फेटिक रसायनिक उर्वरकों का उपयोग करने से इसका 70–80% भाग भूमि में स्थिर हो जाता है एवं पौधों को उपलब्ध नहीं हो पाता है। ये सूक्ष्म जीवाणु निम्न पी.एच. मान के कार्बनिक अम्ल छोड़ते हैं, जिससे मृदा में उपस्थित अघुलनशील स्फुर घुलनशील स्फुर में परिवर्तित हो जाता है और फसल के लिए उपलब्ध होता है। इसके प्रयोग से फसल को 10–40 किलो स्फुर उपलब्ध होकर फसल में 7–21 प्रतिशत तक की वृद्धि होती है तथा ये सभी फसलों के लिए लाभदायक होता है। पी. एस. बी. कल्चर से बीजों को उपचारित भी किया जा सकता है। साथ ही 3–4 किलोग्राम पी. एस. बी. कल्चर को 50 किलोग्राम अच्छी सड़ी हुई खाद में मिलाकर अंतिम जुताई के समय एक हेक्टेयर भूमि में प्रयोग कर सकते हैं। इसके उपयोग से स्फुर की उपलब्धता में 10–30 प्रतिशत की वृद्धि होती है। पीएसबी कल्चर का प्रयोग धान, गेहूँ, चना, मटर, आलू, गन्ना आदि फसलों में बहुत उपयोगी पाया गया है।

वैम माइकोराइजा– वेसीकुलर आरबस्कुलर माइकोराइजा (वैम) पादप जड़ों और विशेष कवकों के सहजीवन का प्रकार है जो फसलों मे स्फुर की उपलब्धता और अधिग्रहण को बढ़ाता है। यह जीवित लाभदायक फफूंदी जो फसलों के सम्पूर्ण जड़ भाग में पनपकर पौधों में स्फुर के साथ–साथ अनेक सभी आवश्यक पोषक तत्वों की उपलब्धता को बढ़ाते है तथा नमी संरक्षण व कई रोगों से सुरक्षा प्रदान करते हैं। उसका प्रयोग बीजोपचार व पौध जड़ोपचार द्वारा किया जा सकता हैं।

ज) कम्पोस्ट डिकम्पोजर– यह कल्चर गोबर की खाद व कम्पोस्ट की विच्छेदन क्रिया को तेज कर कम समय में खाद तैयार करने में सहायक है तथा इस कल्चर को 1–3

प्रतिशत कच्चे खाद की मात्रा के अनुसार गड्ढा भरते समय अथवा इसे एक सप्ताह बाद गड्ढों में मिला देते हैं।

झ) रोग बायोकन्ट्रोलर– ऐसे बहुत से कल्चर अब बाजार में उपलब्ध होने लगे हैं, जो कि जैविक क्रिया के उत्पादों द्वारा कई बीमारियों एवं कीट–लार्वो आदि से फसल सुरक्षा करते हैं तथा फसलों में कल्चर की तरह से प्रयोग किये जाते हैं।

ट) पादप राइजोबैक्टीरिया– इसमें प्रायः वे सभी लाभदायक जीवाणु आते हैं जो पौधों के जड़ क्षेत्र में पनपते हुए फसलों को विभिन्न प्रकार से लाभान्वित करते हैं, जिससे मृदा तथा पौधों दोनों का स्वास्थ्य अच्छा रहता है।

जैव उर्वरकों के लाभ

1. जैव उर्वरक पौधों के लिए आवश्यक सभी प्रमुख एवं सूक्ष्म पोषक तत्व प्रदान करते हैं।
2. इनके प्रयोग से मृदा में लाभकारी जीवाणुओं व केंचुओं की संख्या में वृद्धि होती है।
3. भूमि में स्थिर अघुलनशील स्फुर जीवाणुओं की सक्रियता से घुलनशील रूप में परिवर्तित होकर पौधों के लिए प्रचुर मात्रा में उपलब्ध होता है।
4. इनके उपयोग से पौधों के लिए आवश्यक अनेक पादप वृद्धि नियामक भी मिलते हैं।
5. जैव उर्वरक रसायनिक उर्वरकों की तुलना में कम समय और कम खर्च में तैयार हो जाते हैं।
6. जैव उर्वरकों का प्रभाव धीरे–धीरे होता है परंतु मृदा उर्वरकता लम्बे समय तक बनी रहती है जिससे रसायनिक उर्वरकों की तरह इन्हें बार–बार खेत में नहीं डालना चाहिए।
7. जैव उर्वरकों के प्रयोग से न सिर्फ रसायनिक उर्वरकों की खपत में कमी होती है बल्कि रसायनिक उर्वरकों की उपयोग क्षमता भी बढ़ती है।
8. जैव उर्वरकों का प्रयोग मानव स्वास्थ्य और पर्यावरण संरक्षण की दृष्टि से सर्वोत्तम है जो टिकाऊ कृषि के महत्वपूर्ण कारक हैं।

जैव उर्वरकों के प्रयोग में सावधानियाँ

1. जैव उर्वरक के पैकेट पर लिखे दिशा–निर्देश का पालन अवश्य करें।
2. पैकेट पर लिखी अंतिम तिथि से पहले प्रयोग करें।

3. जैव उर्वरक को ठंडे व सूखे स्थान पर रखें।
4. प्रत्येक दलहनी फसल के लिए राइजोबियम की प्रजाति भिन्न–भिन्न होती है। अतः इनका प्रयोग फसलवार करना चाहिए।
5. जीवाणु कल्चर से शोधित बीज को कभी भी धूप में नहीं सुखाना चाहिए, अन्यथा जीवाणु मर जाते हैं।
6. जीवाणु कल्चर के बीजशोधन के समय या उसके बाद किसी भी प्रकार के रसायन से बीज उपचार नहीं करना चाहिए। रसायन के जहरीले प्रभाव से जीवाणु मर सकते हैं। अतः यदि रसायन से बीज उपचारित करना हो तो इसे कल्चर शोधन से पहले करना चाहिए।

6. नील हरित काई (बी.जी.ए.)

नील हरित काई प्रमुख रूप से कुछ ऐसे विशेष सूक्ष्म जीवाणुओं का समूह है, जो वायु मण्डल में उपस्थित गैसीय नत्रजन तत्व को स्थिर व स्थापित करने की क्षमता रखते हैं। यह एक विशेष प्रकार की काई (एलगी) होती है। इसकी विभिन्न प्रजातियां पायी जाती हैं, जिनमें नॉस्टाक, एनाबिना, आइलोसिस, साइट्रोनिया आदि प्रमुख हैं। नत्रजन स्थिरीकरण केवल उन्हीं शैवालों द्वारा किया जाता है जिनमें एक विशेष प्रकार की कोशिका (हेट्रोसिस्ट) होती है। इस प्रकार के शैवाल वायुमंडलीय नत्रजन का स्थिरीकरण तो करते ही हैं, साथ–साथ अनेक प्रकार के लाभकारी एवं आवश्यक रसायनिक पदार्थ जैसे वेटामिन, वृद्धि नियामक, अमीनो अम्ल इत्यादि भी अवमुक्त करते हैं।

नील हरित काई का प्रयोग प्रमुख रूप से धान की फसल में किया जाता है, जिससे लगभग 20–25 किलोग्राम नत्रजन प्रति हेक्टेयर की दर से पूर्ति होती है। धान की फसल की रोपाई के एक से दो सप्ताह (7–10 दिन) के अंदर नील हरित शैवाल को पूरे खेत में बराबर मात्रा में बिखेर देना चाहिए। ध्यान रखने की बात यह है कि नोल हरित शैवाल के प्रयोग के बाद कम से कम 15–20 दिन तक फसल में पानी भरा रहना चाहिए, जिससे शैवाल पूरे खेत में फैल सके। नील हरित शैवाल के प्रयोग से धान नें 25–30 किलोग्राम उर्वरक नत्रजन के बराबर नत्रजन मिलती है और उपज में 10–15 प्रतिशत की वृद्धि होती है। इसके प्रयोग से मृदा में स्फुर की उपलब्धता बढ़ती है तथा अम्लीय भूमि में आयरन की विषाक्तता कम होती है।

इसे तैयार करने के लिए कच्चा अथवा पक्का जमीन पर 12X4X1 घन फोट आकार की टंकी का प्रयोग किया जाता है। कच्ची टंकी में पानी के रिसाव को रोकने के लिए पालीथीन बिछाई जाती है। टंकी तैयार होने के पश्चात् 2–3 दिन में जब पानी साफ हो जाए तब उसमें 3 किलोग्राम सुपर फास्फेट, 1/2 किलोग्राम चूना तथा 1 पैकेट (250 किलोग्राम) नील हरित

काई का मदर कल्चर डालते हैं। जब तापमान 30–45 सेन्टीग्रेड के बीच हो तभी नील हरित काई का उत्पादन करना चाहिए। यह तापमान फरवरी–मार्च से जून–जुलाई माह में प्राप्त हो जाता है। सामग्री डालने के 4–5 दिन बाद थोड़ा–थोड़ा काई बनना प्रारंभ हो जाता है। 10–15 दिनों के पश्चात् पानी के ऊपर नील हरित काई की एक तह निर्मित होती है, जिसे अलग कर छाया में सुखाते हैं। यही सूखी हुई काई नील हरित काई का मदर कल्चर कहलाता है जिसे पुनः नील हरित काई तैयार करने के लिय प्रयोग किया जा सकता है। इस तरह ऊपर तैरती हुई काई को अलग करते जाते हैं एवम् छाया में सुखाकर एकत्रित करते रहते हैं। सूखी हुई 8–10 किलोग्राम नील हरित काई को 50 किलोग्राम गोबर की खाद में प्रति हेक्टेयर के हिसाब से धान की खेत में रोपाई के समय छिडक देते हैं। चित्र 7.6 में नील हरित काई दिखाई गई है।

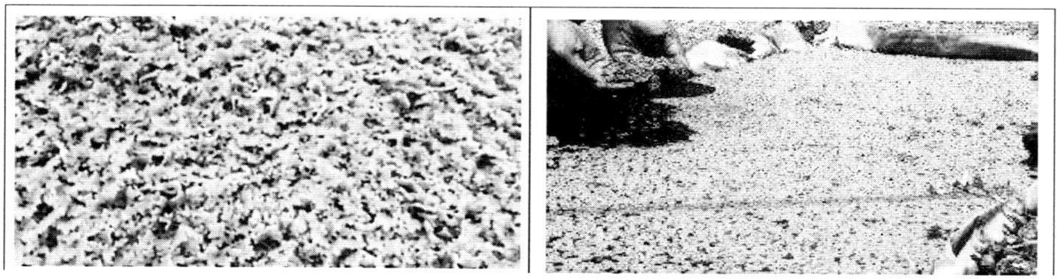

चित्र 7.6 नील हरित काई

7. नाडेप फास्फो कम्पोस्ट

यह नाडेप के समान ही कम्पोस्ट खाद तैयार करने की विधि है। अंतर केवल इतना है कि इसमें अन्य सामग्रियों के साथ रॉक फास्फेट का उपयोग किया जाता है जिसके फलस्वरूप कम्पोस्ट में फास्फेट की मात्रा बढ़ जाती है। प्रत्येक परत के ऊपर 12 से 15 किलो रॉक फास्फेट की परत बिछाई जाती है, शेष परत दर परत पक्के नाडेप टंकी अनुसार ही टंकी की भराई की जाती है और गोबर मिट्टी से लीप कर सील कर दिया जाता है। एक टंकी में करीब 150 किलो रॉक फास्फेट की आवश्यकता होती है।

8. पिट कम्पोस्ट या गोबर की खाद

इस विधि को सर्वप्रथम 1931 में अल्बर्ट हावर्ड और यशवंत बाड़ ने इन्दौर में विकसित किया था । अतः इसे इंदौर विधि के नाम से भी जाना जाता है। इस पद्धति में कम से कम 10x5x3 घन फीट व अधिक से अधिक 20x5x3 घन फीट आकार के गड्ढ़े बनाए जाते हैं। इन गड्ढ़ों को 3 से 6 भागों में बांट दिया जाता है इस प्रकार प्रत्येक हिस्से का आकार 3x5x3 घन फीट से कम नहीं होना चाहिये। प्रत्येक हिस्से को अलग अलग भरा जाना चाहिए एवं अंतिम हिस्सा खाद पलटने के लिए खाली छोड़ा जाना चाहिए।

भराई : गड्ढ़े के प्रत्येक भाग में कचरा अलग–अलग परतों में भरा जाता है। पहली परत में 2–4 इंच मोटाई वाला कचरा और डंठल भरते हैं। इसके बाद 4 इंच सूखा कचरा तथा 3 इंच हरा कचरा भरते हैं। दूसरी परत 2 इंच गोबर की बनाते हैं। तीसरी परत में 2 इंच मिट्टी रख कर पुरानी खाद का मिश्रण भरा जाता है। इस प्रकार एक पूर्ण लेयर/बेड बनता है। इस प्रकार 5–6 लेयर भरे जाते हैं। दो लेयर/बेड भरने के बाद गड्ढ़े में 8 फीट लम्बे व 2 इंच मोटाई वाले 2 बांस 1.5 से 2 फीट की दूरी पर अलग–अलग लगाये जाते हैं ताकि हवा का आवागमन ठीक प्रकार से हो सके। शेष लेयर/बेड इसके बाद बांस के चारो तरफ से भरे जाते हैं। गड्ढ़े के ऊपर करीब 1 फीट भराई हो जाने के बाद पूर्ण कचरा 3 इंच मिट्टी से भरकर गोबर व मिट्टी के मिश्रण से लीपकर सील कर दिया जाता है। इस प्रकार सभी हिस्से भरे जाते हैं। अंतिम एक हिस्सा खाद पलटने के लिए खाली छोड़ा जाता है।

कम्पोस्ट को पलटना : 15 दिन बाद अंतिम भाग में उसके पूर्व भरे गए हिस्से का कचरा पूर्णतया पलट लिया जाता है। पलटने के इस प्रक्रिया में ऊपर का कचरा नीचे तथा नीचे का कचरा ऊपर, मध्य का कचरा किनारे एवम् किनारे का कचरा मध्य में करके अच्छी तरह पानी डाला जाता है। कचरे को पलटने के बाद उसे पुनः गोबर और मिट्टी की लेयर देकर सील कर देते हैं। इसी प्रकार प्रत्येक भाग का कचरा पलटा जाता है। इस प्रकार 3–4 बार 15 दिन के अन्तराल पर पलटने की क्रिया करने पर बहुत अच्छा कम्पोस्ट बनता है। इंदौर पद्धति से 90 या 120 दिन में 3–5 टन खाद तैयार किया जा सकता है। 6–8 टन प्रति हेक्टेयर की दर से अंतिम जुताई करते समय खेत में इस कम्पोस्ट को मिलाकर अच्छा परिणाम प्राप्त किया जा सकता है।

9. सींग खाद

क) गाय का सींग खाद : गाय के सींग के खोल में दूध देने वाली गाय का ताजा गोबर दबा–दबा कर पूरा भरें। इसे भूमि में 6 माह तक सूर्य के दक्षिणायन के दिनों में शुक्ल पक्ष में शरद ऋतु (सितम्बर–अक्टूबर) में 60 सेमी गहरा गाडें। फिर अवशेषों एवम् मृदा तत्व (ह्यूमस) बनाने वाले सूक्ष्म जीवों के एकत्रित होने हेतु छोड़ दें। इस गोबर की विशेषताएँ केंचुए खाद के समान होती है। खुदाई (मार्च–अप्रैल) चैत्र नवरात्रि के कृष्ण पक्ष में सूर्य जब उत्तरायण हो तब कर ले। 30–35 ग्राम सींग खाद को 3 लीटर पानी में, घड़ी की दिशा एवम् विपरीत दिशा में घुमाकर मिला लें। बुआई से पूर्व अंतिम जुताई के समय, जमीन पर छिडकाव करें। इसके प्रयोग से भूमि में नाइट्रेट नत्रजन की मात्रा में अभिवृद्धि 0.06–1.7% होती है। ह्यूमस बनाने की प्रक्रिया में वृद्धि तथा जड़ों का अच्छा विकास होता है।

ख) सींग सिलिका : गाय के सींग में सिलिका (चकमक पत्थर) 500–600 ग्राम महीन चूर्ण भरकर, भूमि में 6 माह तक गाड़कर उपचारित करें। चैत्र नवरात्रि के समय

मार्च–अप्रैल माह में दिन के समय जमीन में गाड़े और अक्टूबर–नवम्बर माह में निकालें। सींग सिलिका चूर्ण का 1 ग्राम चूर्ण 13 लीटर पानी में मिलाकर एक घंटे तक घड़ी की दिशा एवम् विपरीत दिशा में घुमाकर मिला लें। घोल को स्प्रेयर की मदद से सूर्योदय के समय एक फसल पर दो बार छिड़काव करें। इसके प्रयोग से तने एवम् पत्तियों के बढ़वार एवम् प्रकाश संश्लेषण प्रकिया में वृद्धि होती है। प्रकाश संश्लेषण बढ़ने से अच्छी उपज तथा फल एवम् अनाज के पोषक तत्वों की गुणवत्ता में वृद्धि होती है।

जैविक पद्धति द्वारा बनाये गये कृषि रोग नियंत्रक

जैविक कीट एवं व्याधि नियन्त्रण के नुस्खे विभिन्न कृषकों के अनुभव के आधार पर तैयार कर प्रयोग किये गये हैं, जो कि इस प्रकार है–

1. गौमूत्र : गौमूत्र को कांच की शीशी में भरकर धूप में रख देते हैं। जितना पुराना गौमूत्र होगा उतना अधिक असरकारी होगा। 12–15 मि.ली. गौमूत्र प्रति लीटर पानी में मिलाकर स्प्रेयर पंप से फसलों में बुआई के 15 दिन बाद, प्रत्येक 10 दिवस में छिड़काव करने से फसलों में रोग एवं कीड़ों के प्रति प्रतिरोधी क्षमता विकसित होती है, जिससे प्रकोप की संभावना कम हो जाती है।
2. नीम के उत्पाद : नीम भारतीय मूल का पौधा है, जिसे समूल ही वैद्य के रूप में मान्यता प्राप्त है। इससे मनुष्य के लिए उपयोगी औषधियां तैयार की जाती हैं तथा इसके उत्पाद फसल संरक्षण के लिये अत्यन्त उपयोगी हैं। यह वृक्ष लवणीय व क्षारीय मिट्टी वाली भूमियों तथा अन्य बंजर भूमियों में आसानी से उग आता है। इसे शोभाकारी वृक्ष के रूप में, कृषि वानिकी के लिए और सड़कों के किनारे छाया के लिए उगाया जाता है। सदियों से यह वृक्ष अपने औषधीय व कीटनाशी गुणों के कारण भारतीय जनमानस में आदर का पात्र रहा है। सदियों पुरानी प्रथा रही है कि भंडारित गेहूँ, चावल व अन्य अनाजों में भृंगों, कीटों व अन्य नाशक जीवों से बचाव के लिए नीम की पत्तियों को कपड़े में लपेट कर रखा जाता है। वर्तमान में, कृषि में नाशीजीव नियंत्रण के एजेंट के रूप में नीम की सशक्त भूमिका को स्वीकार किया गया है। इस वृक्ष के सभी भाग जैसे पत्तियां, फूल, फल, बीज, गिरी, छिलका, लकड़ी और टहनियां आदि जैविक रूप से सक्रिय होते हैं। पर इनमें सर्वाधिक उपयोगी नीम की निबौली होती है। नीम पर आधारित जैव नाशक जीवनाशी विविध सक्रियता के गुणों से युक्त होते हैं और गैर लक्षित जीवों के प्रति अपेक्षाकृत सुरक्षित होते हैं।

नीम के रसायनिक घटक

नीम में बड़ी संख्या में रसायनिक रूप से विविध और संरचनात्मक दृष्टि से जटिल जैव सक्रिय उत्पाद होते हैं। कुछ क्षमतावान यौगिकों में अनेक एजारडिरक्टिनॉइड, सेलानिन,

डेसऐसिटाइल सेलानिन, निम्बिन आदि सम्मिलित हैं। इस वृक्ष पर जैव सक्रियता से संबंधित अनुसंधान मुख्यतः एजाडिरेक्टिन पर की गई है, क्योंकि इसकी प्रचुर व विशिष्ट क्रियाविधि है। इससे कीट अचानक ही नहीं मरते हैं वरन् उनके शरीर क्रियाविज्ञान और व्यवहारिक क्रियाओं में परिवर्तन होता है, जिससे उनकी मृत्यु हो जाती है।

नीम के विभिन्न उत्पाद

अ) नीम पत्ती का घोल : नीम की 10–12 किलो पत्तियाँ, 200 लीटर पानी में 4 दिन तक भिगोयें। पानी हरा पीला होने पर इसे छानकर, एक एकड़ की फसल पर छिड़काव करने से इल्ली की रोकथाम होती है। इस औषधि की तीव्रता को बढ़ाने हेतु बेशरम, बेहया, धतूरा, तम्बाकू आदि के पत्तों को मिलाकर काढ़ा बनाने से औषधि की तीव्रता बढ़ जाती है और यह दवा कई प्रकार के कीड़ों को नष्ट करने में उपयोगी सिद्ध होती है।

ब) नीम की निबोली : नीम की निबोली 2 किलो लेकर महीन पीस लें। इसमें 2 लीटर ताजा गौ मूत्र मिला लें। इसमें 10 किलो छाछ मिलाकर 4 दिन रखें और 200 लीटर पानी में मिलाकर खेतों में फसल पर छिड़काव करें।

स) नीम की खली : जमीन में दीमक तथा व्हाइट ग्रब एवं अन्य कीटों की इल्लियाँ तथा प्यूपा को नष्ट करने तथा भूमि जनित रोग विल्ट (उगरा) आदि के रोकथाम के लिये किया जा सकता है। 6–8 क्विंटल प्रति एकड़ की दर से अंतिम जुताई करते समय बारीक कूटकर खेत में मिलावें।

3. मट्ठाः मट्ठा, छाछ, मही आदि नाम से जाना जाने वाला पदार्थ मनुष्यों के लिए अनेक प्रकार से गुणकारी है और इसका उपयोग फसलों मे कीट तथा व्याधि के उपचार के लिये लाभप्रद है। मिर्ची, टमाटर आदि जिन फसलों में चुर्रामुर्रा या कुकड़ा रोग आता है, उसके रोकथाम हेतु एक मटके में छाछ डालकर उसका मुँह पोलीथिन से बांध दे एवं 30–45 दिन तक उसे मिट्टी में गाड़ दें। इसके पश्चात् छिडकाव करने से कीट एवं रोगों से सुरक्षा होती है। 100–150 मि.ली. छाछ 15 लीटर पानी में घोल कर छिड़काव करने से कीट–व्याधि का नियंत्रण होता है। यह उपचार सस्ता, सुलभ, लाभकारी होने से कृषकों में लोकप्रिय है।

4. मिर्च / लहसुनः आधा किलो हरी मिर्च, आधा किलो लहसुन पीसकर चटनी बनाकर पानी में घोल बनायें। इसे छानकर 100 लीटर पानी में घोलकर फसल पर छिड़काव करें। 100 ग्राम साबुन पावडर भी मिलावें, जिससे पौधों पर घोल चिपक सके। इसके छिड़काव करने से कीटों का नियंत्रण होता है।

5. लकड़ी की राख : 1 किलो राख में 10 मि.ली. मिट्टी का तेल डालकर पाउडर का बुरकाव 25 किलो प्रति हेक्टेयर की दर से करने पर एफिड्स एवं पंपकेन बीटल का नियंत्रण हो जाता है।

6. आइपोमिया (बेशरम बेहया) पत्ती घोल : बेशरम की 10–12 किलो पत्तियां, 200 लीटर पानी में 4 दिन तक भिगोये। पत्तियों का अर्क उतरने पर इसे छानकर एक एकड़ की फसल पर छिड़काव करें, इससे कीटों का नियंत्रण होता है।

7. ट्राइकोडर्मा : ट्राइकोडर्मा एक ऐसा जैविक फफूंद नाशक है, जो पौधों में मृदा एवं बीज जनित बीमारियों को नियंत्रित करता है। ट्राइकोडर्मा एक किफायती एवं पर्यावरण मैत्रीय जीवनाशी है तथा विभिन्न रोगों की रोकथाम में सक्षम होता है। बेहतर परिणाम के लिए इसे कभी भी रसायनिक कीटनाशकों तथा उर्वरकों के साथ प्रयोग नहीं करना चाहिए एवम् हमेशा छाया में भंडारित करना चाहिए।

ट्राइकोडर्मा का प्रयोग घुलनशील जैविक फफूंदी नाशक दवा के रूप में करते हैं। धान, गेहूं, दलहनी, औषधीय, गन्ना और सब्जियों की फसल में प्रयोग करने से उसमें लगने वाले फफूंद जनित, तना गलन, उकठा आदि रोगों से निजात मिल जाती है। इसका प्रभाव फलदार वृक्षों पर भी लाभदायक है। किसान अपनी फसलों एवं सब्जियों को रोगों से बचाने के लिए बहुतायत में रसायनिक दवाओं का प्रयोग करते है। इससे जहां एक ओर फसल की लागत बढ़ जाती है। वहीं फसलों में विष का प्रभाव भी किसी न किसी रूप में रहता है। आधुनिक तकनीकी में ट्राइकोडर्मा का उपचार किसानों के लिए हर हाल में फायदेमंद है। इसकी कीमत या लागत भी रसायनिक दवाइयों से काफी कम है।

बीजोपचार में 5–10 ग्राम ट्राइकोडर्मा को 25 मिली लीटर पानी में घोल प्रति किलोगाम बीज की दर से उपयोग किया जाता है। यह घोल एक किलोग्राम बीज को शोधित करने के लिए पर्याप्त है। मृदा उपचार में 1 किलोग्राम ट्राइकोडर्मा को 100 किलोग्राम अच्छी सड़ी हुई खाद में मिलाकर एक सप्ताह तक छाया में रख दें तथा अंतिम जुताई के समय प्रयोग करें।

कटिंग व जड़ उपचार– धान की नर्सरी और अन्य कन्द वाली फसलों के लिए, 200 ग्राम ट्राइकोडर्मा को 15–20 लीटर पानी में मिलाये और इस घोल में 10 मिनिट तक रोपण करने वाले पौधों की जड़ों एवं कटिंग को उपचारित करें। नर्सरी पौध को तैयार घोल में आधे घंटे तक भिगो लें, इसके बाद रोपाई कर दें।

तीन ग्राम ट्राइकोडर्मा प्रति लीटर पानी में घोल बनाकर 10–15 दिन के अंतर पर खड़ी फसल पर 3–4 बार छिड़काव करने से वायुजनित रोगों का नियंत्रण होता है।

जैविक नियंत्रण

- रसायनिक रोगनाशकों की अपेक्षा अत्यधिक सस्ता होता है।
- मानव स्वास्थ्य एवं पर्यावरण पर कोइ दुष्प्रभाव नहीं।

- मृदा में रहने वाले अन्य लाभदायक जीवों पर कोइ दुष्प्रभाव नहीं डालता तथा मृदा में पौधों के लिए लाभकारी जीवों की संख्या व उनकी क्षमता को बढ़ाता है।
- मृदा में कोइ प्रदूषण नहीं। जल, मृदा व हवा स्वच्छ रहते हैं।
- इसके प्रयोग से पानी की कम आवश्यकता पड़ती है।
- फसलों व फलों के स्वाद में बढ़ोत्तरी होती है।
- इसके प्रयोग से उत्पादित फलों व सबिजयों को लम्बे समय तक ताजा रखा जा सकता है।
- इसके उत्पादन के लिए किसी बड़े कारखाने की आवश्यकता नही पड़ती है।
- ट्राइकोडर्मा उत्पादन अथवा इसके प्रयोग से जैविक फसल उत्पादन रोजगारपरक एवं अर्थोन्मुख है।
- उत्पादन में ईंधन की कम आश्यकता पड़ती है।

सावधानियां

- ट्राइकोडर्मा हारजियेनम क्षारीय मृदा में कम उपयोगी हैं।
- उपचारित बीज बोने के पहले सुनिश्चित कर लें कि मृदा में उचित आद्रता हो।
- इसका उपयोग शेल्फ लाइफ के अन्दर ही करें।
- बायो कन्ट्रोल एजेन्टों को कमरे के तापक्रम पर 4 महीन के लिए एवं बीज के साथ उपचार करने पर 4 महीने तक रखा जा सकता है।

❑❑❑

अध्याय 8

जैविक नाशी कीट प्रबंधन

कीटों को आर्थिक क्षति स्तर पर रखना– वातावरण को संतुलित बनाये रखने के लिए कीटों की संख्या एक सामान्य स्तर पर होती है, जिसको कम या समाप्त करना पर्यावरण संतुलन की दृष्टि से उचित नहीं है। यह देखा गया है की एक विशेष कीट को ख़त्म करने से दूसरे कीट की संख्या बढ़ जाती है एवम् वह प्रमुख कीट बन जाता है। परन्तु कीटों की संख्या यदि आर्थिक क्षति स्तर से ऊपर उठती है तो उत्पादन प्रभावित होता है। अतः कीटों की संख्या को आर्थिक क्षति स्तर से नीचे कैसे रखा जाए यही जैविक खेती का मुख्य उद्देश्य है। कीटों की संख्या को आर्थिक क्षति स्तर से नीचे रखने के लिए कृषि क्रियाएं अपनाई जाती है क्योंकि किसानों को वर्तमान में फसल उत्पादन पर्याप्त न मिलने का एक प्रमुख कारण कीटों से फसलों में होने वाला नुकसान है। किसान को कीट–व्याधियों के आक्रमण की जानकारी तब मिलती है जब फसलों को नुकसान होने लगता है वास्तविकता यह है की खेत में कीटों की सक्रियता इसके काफी पहले से ही आरम्भ हो चुकी होती है। आरम्भ की अवस्था में कीट आकार में छोटे व कम संख्या में होते हैं, जिसके कारण कीटों के आगमन की जानकारी किसानो को सही समय पर नहीं मिल पाती। कीटों का आक्रमण एवं फसल को क्षति अधिक होने पर ही कृषक कीटनाशकों का उपयोग करता है, जिससे फसल को पूर्ण रूप से सुरक्षित रख पाना संभव नहीं होता। वर्तमान में कीटों से 20–25 प्रतिशत तक उत्पादन में कमी देखी गयी है। विश्व में लगभग 300 से 350 प्रकार के कीटनाशकों का प्रयोग हो रहा है, परन्तु इन कीटनाशकों के लगातार एवं असंतुलित उपयोग से वातावरण प्रदूषण, कीटों में प्रतिरोधक क्षमता, कृषि उत्पादन में कीटनाशकों के अवशेष जैसी गंभीर समस्याएं सामने आ रही हैं। ऐसी परिस्थितियों में आवश्यक है कि कीट नियंत्रण के ऐसे उपायों को अपनाया जाये जो सस्ते एवं टिकाऊ हों और साथ ही साथ इन उपायों से फसल में लगने वाले कीड़ों के आगमन की जानकारी भी मिल सके। विभिन्न फसलों पर प्रमुख कीटों का आर्थिक क्षति स्तर तालिका 8.1 में दिया गया है।

तालिका 8.1: फसलों में कीटों की संख्या का आर्थिक क्षति स्तर

क्र.	फसल	कीट का नाम	आर्थिक क्षति स्तर फसल अवस्था /
1.	सोयबीन	नीला काला भृंग	10-7 ,पंक्ति .मी/भृंग 4दिन की फसल अवस्था पर
		हरी अर्ध कुण्डल्क इल्ली	फूल लगने पर ,पंक्ति .मी/इल्लियाँ 4
		तम्बाकू की इल्ली	फूल लगने के पूर्व ,पंक्ति .मी/इल्लियाँ 10
		चने की इल्ली	फलियों के विकास की अवस्था ,पंक्ति .मी/इल्लियाँ 10
2.	कपास	चेपा	%20-10ग्रसित पौधे या %50पौधों पर मधु बूंदे 50 ,दिन तक की फसल अवस्था
		तेला	50 ,पत्ती/तेला 2दिन तक की फसल अवस्था
		थ्रिप्स	30 ,पत्ती/थ्रिप्स 10दिन तक की फसल अवस्था
		सफेद मक्खी	,बजे के पूर्व 10 सुबह ,पत्ती/अवयस्क 20 व्यस्क अथवा 10-8 110-35दिन की फसल
		चित्तीदार सुंडी	%10-5ग्रसित पुष्प अंग 110-65 ,डेन्ड्र/दिन की फसल
3.	धान	हरा माहू	^{2}मी/माहू 2-1 रोपणी अवस्था 10 ,कीट पूर्ण कंसावस्था 20-10 , कीट मध्य कंसावस्था तथा बाली निकलने की ,पौधा/कीट 20 अवस्था
		गंगई	मी/पौधा 1. रोपणी अवस्था में 1 ,तथा ^{2}मी/पोंगा 5क्रमशपूर्व : तथा मध्य कंसावस्था
		तना छेदक	मी/शलभ या अंड समूह 1.^{2} रोपणी अवस्था मेंअंड 1 डेडहार्ट या , ^{2}मी/शलभ 1 समूह या पूर्व कंसावस्था में 1 ,डेडहार्ट या अंड समूहमी/. ^{2}मध्य कंसावस्था तथा बाली निकलने की अवस्था में
		भूरा माहू	पौधा बाली /कीट 20-15 पौधा कंसावस्था तथा/कीट 10-5 निकलने की अवस्था में
		सफेद माहू	20-15 ,पौधा कंसावस्था में/कीट 10कीटपौधा बाली निकलने / की अवस्था
		हिस्पा	पौधा किसी भी फसलावस्था /ताज़ी क्षतिग्रस्त पत्ती 2 व्यस्क या 2 में
4.	चना	चने की इल्ली	फूल एवं फलियाँ बनते समय ,मीटर कतार/इल्ली 2
5.	ज्वार	प्ररोह मक्खी	% 10मृत केंद्र (पौधों में % 10) पौधा/अंडा 1 या (ग्रसित तना)
		तना छेदक	% 10पौधे ग्रसित लक्षणों के साथ
		गाल मेज़	भुट्टा/मेज़ 5
		बाली बेधक	भुट्टा/इल्ली 2
		प्ररोह बग मत्कुण	भुट्टा/(मत्कुण) बग 10
6.	मक्का	प्ररोह मक्खी	% 10मृत केंद्र (पौधों में % 10) पौधे/अंडा 1 या (ग्रसित तना)
		तना छेदक	% 10पौधे ग्रसित लक्षणों के साथ
		सफेद भृंग	20/इल्ली 20पौधे
		मक्का बेधक	भुट्टा/इल्ली 2
7.	गन्ना	पायरिल्ला	पत्ती/अंडे शिशु प्रौढ़ 5-3
		अंगोला बेधक	6 /ग्रसित गठाने 17मीटर कतार लम्बाई

कीट प्रबंधन के उपाय

समन्वित कीट प्रबंधन के लिए अनेक कारगर उपाय अपनाए जा सकते हैं। इनके परिणामस्वरूप कीटों की संख्या आर्थिक क्षति स्तर के नीचे रखी जा सकती है।

क) सस्य क्रियाएं या कृषिगत उपाय

ख) भौतिक एंव यांत्रिक उपाय

ग) जैविक उपाय

घ) पादप उत्पादों का उपयोग

क) सस्य क्रियाएं/कृषिगत उपाय

1. गर्मी के मौसम में गहरी जुताई – इस सस्य क्रिया का महत्व इस तथ्य पर आधरित है कि अनेक हानिकारक कीटों की विभिन्न अवस्थायें जमीन के अन्दर सुसुप्तावस्था में पड़ी रहती हैं एवं मानसून के आगमन के साथ सक्रीय होने के उपरान्त कीटों की प्राम्भिक संख्या के रूप में स्थापित होकर गुणोत्तर वृद्धि के द्वारा फसलों को क्षति पहुँचाती हैं। खेत की गहरी जुताई द्वारा इन कीट अवस्थाओं जैसे– अंडे, संखि इत्यादि को सूर्य की प्राकृतिक गर्मी में मरने हेतु मुखरित कर मार सकते हैं अथवा ये मुखरित अवस्थाएं पक्षियों द्वारा खा ली जाती हैं। इस तरह गहरी जुताई द्वारा हम अनेक कीटों की प्रारंभिक संख्या को नियंत्रित कर सकते हैं। इस तरह की सस्य क्रिया द्वारा हम चने व तम्बाकू की इल्ली, कपास के डेन्डू छेदक, धान का तना छेदक व गंगई, डायमंड बैक मोथ, सोयाबीन की गर्डल बीटल एवं तने की मक्खी, ज्वार व मक्का की तना छेदक मक्खी व इल्ली, तिल हाक माथ, गन्ने का तना छेदक एवं शीर्ष बेधक बोरर इत्यादि एवं अनेक अन्य कीटों का प्रभावी नियंत्रण कर सकते हैं।

2. स्वच्छ खेती – कीटों की नुकसान पहुँचाने वाली सुसुप्तावस्था की अवस्थायें मुख्य फसल की अनुपस्थिति में खेत के आस–पास उगने वाले खरपतवार अथवा पूर्ववर्ती फसल के अवशेष पर अपना जीवन चक्र पूर्ण करती हैं। इन कीटों के नियंत्रण हेतु खेत के आस–पास की घासफूस तथा खेत में पूर्ववर्ती फसल के अवशेषों को नष्ट कर देना चाहिये। इस विधि को अपनाकर सोयाबीन की गर्डल बीटल, ज्वार तथा मक्का के तना छेदक, विभिन्न फसलों में लगने वाले माहों व फुदका एवं अनेक बहुभक्षी कीटों को काफी हद तक नियंत्रण में रख सकते हैं।

3. अंतरवर्तीय फसल, ट्रेप एवं बार्डर फसल – मुख्य फसल के साथ इन पद्धतियों से कुछ अन्य फसलों के समायोजन करने से अनेक फसलों के प्रमुख कीट के प्रभाव को मुख्य फसल पर नियन्त्रित किया जाता है। इनके उपयोग से कृषक बंधु अनेक कीटों को प्रभावी तरीकों से नियन्त्रित कर अपनी फसलों की सुरक्षा कर सकते हैं।

अंतरवर्तीय फसलें निम्न तरीकों से फसलों में कीट नियंत्रण में सहयोग करती हैः

- ये फसलें मुख्य फसल में लगने वाले कीटों को आकर्षित कर मुख्य फसल पर उनके प्रकोप को कम करने में सहायक हैं।
- इन फसलों की भूमिका का उपयोग बेरियर फसल के रूप में कर वायु जनित प्रसारित जैव रोगों के फैलाव को रोका जा सकता है, उदाहरण के लिए सोयाबीन में गेरुआ रोग का फैलाव अधिक ऊँचे पौधों द्वारा रोक लिया जाता है।
- कुछ पौधे रिपेलेंट का कार्य कर उन्हें दूर भगाते हैं। फूलगोभी की फसल के बीच में टमाटर की फसल लगाने से डायमंड बैक माथ के पतंगे का प्रकोप कम होता है।
- कुछ अंतरवर्तीय फसलों में कीटों के परजीवी व परभक्षी कीट अधिक मात्रा में आकर्षित होकर आश्रय पाते हैं। बरबटी/बोड़ी व अरहर की फसल पर लेडी बर्ड बीटल अधिक मात्रा में आती है। यह माहू का परभक्षी कीट है।
- कुछ कम ऊँचाई की फसलों के बीच लगाई गयी ऊँचे पौधों वाली फसलें पक्षियों के बैठने के स्थान के रूप में काम आती है जहां से पक्षी फसल पर लगने वाली सुंडियों इत्यादि को देख कर उन्हें खा जाते हैं। इस तरह प्राकृतिक नियंत्रण द्वारा कीट नियंत्रण किया जा सकता है।

4. पोषक तत्व प्रबंधन – फसलों में संतुलित मात्रा में उर्वरक का उपयोग आवश्यक है। इसके द्वारा पौधों में कीट एवं व्याधियों से लड़ने की क्षमता का विकास होता है। तब हम फसलों में उपस्थित कीट रोधी क्षमता का लाभ कीट नियंत्रण में संतुलित पोषक तत्व के उपयोग द्वारा ले सकते हैं।

5. जल प्रबंध – फसलों में समुचित जल प्रबंधन का महत्व न केवल पौधों की बढ़वार के लिए महत्वपूर्ण है, अपितु अनेक कीटों के प्रबंधन में भी उपयोगी पाया गया है। समुचित जल प्रबंधन द्वारा धान की फसल को नुकसान पहुंचाने वाले रस चूसक कीट जैसे भूरा माहू, हरा माहू एवं गंगई का सफलतापूर्वक नियंत्रण किया जा सकता है। धान के खेतों में माहू का प्रकोप खेत से जल निकास का उचित प्रबंध अपनाकर कम किया जा सकता है। 5 से 7 दिनों के लिए पानी निकाल देना चाहिये, जिससे माहू तथा गंगई के अंडे बह जाते हैं। इसी तरह अन्य फसलों में भी अन्य तरह से (फसलानुसार) जल प्रबंधन द्वारा कीट संख्या पर नियंत्रण रखा जा सकता है।

6. पौधों के बीच उचित दूरी एवं निरीक्षण पथ – जैसा कि हम जानते हैं कि फसल की अच्छी बढ़वार के लिए पौधों को समुचित पोषक तत्व, प्रकाश, जल एवं हवा की आवश्यकता होती है जो कि पौधों के बीच उचित दूरी रखकर कर सकते है। अतः अनुशंसित दूरी पर कतार में बुआई करनी चाहिये। इस तरह हम स्वस्थ फसल के

साथ–साथ कीटों के छुपने के स्थान का अभाव उत्पन्न करते हैं। छिटका पद्धति से बोई गयी फसल में कीट सहजता से छिप जाते हैं एवं प्राकृतिक शत्रुओं (पक्षियों एवं परभक्षी कीटों) से बच जाते हैं। इसी तरह कीट प्रबंधन में निरीक्षण पथ (हर 3 मीटर के बाद एक कतार बगैर बोये छोड़कर) का विशेष महत्व है। इसके द्वारा कृषक अपनी फसल का पास से नियमित निरीक्षण आसानी से कर सकते हैं एवं फसल में लगने वाले कीट एवं व्याधियों की स्थिति तुरंत जानकार उपचार हेतु समय पर उपाय कर सकते हैं। नियमित प्रक्षेत्र निरीक्षण, समन्वित कीट प्रबंधन का सर्वप्रमुख अंग है जिससे कृषकों को खेत में उपस्थित कीट/व्याधि एवं सहयोगी मित्र कीटों की स्थिति की जानकारी मिलती रहती है। निरीक्षण पथ, फसल में छिड़काव में भी उपयोगी सिद्ध होता है क्योंकि फसल बढ़ जाने पर खेत में फसल को नुकसान पहुंचाए बिना चलना सहज नहीं होता। निरीक्षण पथ छोड़ने से इकाई क्षेत्र में उत्पादन पर विपरीत प्रभाव नहीं पड़ता।

7. फसल चक्र– समन्वित कीट प्रबंधन में फसल चक्र अपनाने की कार्य विधि इस तथ्य पर आधारित है कि किसी भी कीट को यदि भोजन की उपलब्धता निरंतर होती रहती है तो वह कीट अपनी संख्या में गुणोत्तर वृद्धि के साथ विकराल रूप धारण कर लेता है। ऐसी अवस्था में बदल–बदल कर फसल लगाना चाहिये। इसके अतिरिक्त यदि एक बड़े भूभाग पर लम्बे क्षेत्र में एक ही फसल की एक ही प्रचलित प्रजाति का उपयोग शुरू हो जाता है तब उस क्षेत्र में किसी कीट/व्याधि विशेष के महामारी का रूप धारण करने की संभावना प्रबल हो जाती है। उदाहरणस्वरूप सोयाबीन में गेरुआ रोग हम देख चुके हैं। इसी तरह बैगन, मिर्च व टमाटर एक ही कुल की फसलें हैं एवं यदि कृषक एक ही जमीन पर एक के बाद एक इन फसलों को लगाता है तो उकटा रोग के रोगाणु उस जमीन में स्थापित हो जाते हैं एवं कृषक के लिए यह रोग बड़ी समस्या बन जाता है। इसी तरह जिस क्षेत्र में कृषक वर्ष भर एक ही तरह की फसलों की खेती करते हैं वहां कीट प्रकोप समस्या विकराल रूप धारण कर लेती है। जैसे धान में गंगई तथा भूरा माहू, फूलगोभी व पत्ता गोभी में डायमंड बैक माथ इत्यादि। अतः हमें उचित फसल चक्र अपनाते हुये बहुजातीय आधारित खेती करनी चाहिये।

8. ट्रेप (फंदा) फसल– इसका उद्देश्य हानिकारक कीटों, रोग व्याधियों से मुख्य फसल को बचाना है। ट्रेप फसल सामान्यतः उसी कुल की या ऐसी होती है जो मुख्य फसल को हानि पहुंचाने वाले कीटों, रोगजनकों को अपनी ओर आकर्षित करती है। गन्ने की फसल के बीच–बीच में ज्वार के पौधों को लगाने से गन्ने पर तना छेदक का प्रकोप नहीं होता। फूलगोभी में सरसों एवं सोयाबीन में जगनी सेमीलूपर को आकर्षित कर मुख्य फसल को बचाती है। कपास के खेतों में भिन्डी के पौधों को लगाने से कई तरह के कीट पहले भिन्डी के पौधों पर आक्रमण करते हैं। सीमित

भिन्डी के पौधों पर कीट नियंत्रण करना सुलभ एवं किफायती होता है एवं कपास जैसे महत्वपूर्ण नगदी फसल को कीड़ों के प्रकोप से बचाया जा सकता है। ट्रेप फसल के पौधे जैसे ही अधिक प्रकोपित हो जाये उन्हें उखाड़कर नष्ट करें।

ख) भौतिक एवं यांत्रिक उपाय

कृषक अपने खेतों में भौतिक एवं यांत्रिक उपाय अपनाकर कीट प्रबंधन अभियान को सफल बना सकते हैं। इस विधि के अंतर्गत निम्न भौतिक एवं यांत्रिक विधियों द्वारा कीट को पकड़कर नष्ट किया जाता है।

अ) भौतिक – इस विधि के अंतर्गत बड़े आकार के कीटों को हाथ से एकत्रित कर नष्ट किया जाता है। कीटों की विभिन्न अवस्थाओं को स्वयं अथवा मजदूरों द्वारा बीन कर नष्ट किया जा सकता है।

ब) यांत्रिक – यांत्रिक उपायों को अपनाकर कीटों की निगरानी एवं कीट प्रकोप को नियंत्रित किया जा सकता है। यांत्रिक उपायों में प्रपंचों को खेत में फसल की अवस्था एवं वर्ष भर लगातार कीड़ों की निगरानी एवं नियंत्रित करने के लिए लगाया जाता है। विभिन्न प्रकार के प्रपंच या जाल नियंत्रण प्रयुक्त होते हैं जो तकनीक के आधार पर भिन्न–भिन्न प्रकार के होते हैं। प्रमुख व उपयोगी प्रपंच निम्नानुसार हैं।

- प्रकाश प्रपंच– इस प्रपंच में प्रकाश संवेदी कीड़ों को किसी प्रकाश स्त्रोत की ओर आकर्षित कर पतले या बारीक जाल में फंसा कर नियंत्रित किया जाता है। जाल में फंसे कीटों को किसी धूमक रसायन से नष्ट करके जमीन में गाड़ देते हैं। ऐसे प्रकाश प्रपंच को बिजली, गैस बत्ती या लालटेन द्वारा संचालित किया जाता हैं। यह तकनीक प्राचीन काल में आग लगाकर कीट–पतंगों को नष्ट करने पर आधारित है। इन प्रपंचों का उपयोग 1925 से 1940 तक काफी प्रभावी व लोकप्रिय रहा किन्तु सन् 1940 के पश्चात डी.डी.टी, बी.एच.सी. व अन्य जहरीले कीटनाशकों के आने से इसका उपयोग धीरे–धीरे कम होता गया। सस्ता, टिकाऊ व पर्यावरण के अनुकूल होने के कारण पुनः इसे प्रभावी कीट नियंत्रण पद्धति के रूप में देखा जाने लगा है। प्रकाश प्रपंच मुख्यतः चार प्रकार के होते हैं:

i) खुला प्रकाश प्रपंच– इस प्रकार के प्रपंच में बिजली का बल्ब, गैस बत्ती या लालटेन को किसी ऊँचे स्थान पर लगाकर उसके नीचे पानी से भरे बड़े व चौड़े मुंह के बर्तन (तसला, परात आदि) को रखा जाता है। पानी में मिट्टी का तेल या किसी कीटनाशक की कुछ बूंदे डाल दी जाती है। प्रकाश की ओर आकर्षित होकर जब कीड़े पानी में गिरते हैं तो वे जहरीले कीटनाशक या मिट्टी के तेल के संपर्क में आने के कारण मर जाते हैं। इन प्रपंचों की संख्या लगाये गये बल्ब की तीव्रता या गैस बत्ती पर निर्भर करती है। सामान्यतः 100 वॉट का बल्ब उपयोग करने पर 4 से 5 एकड़ खेत में एक खुला प्रकाश प्रपंच उपयोग करना चाहिये।

ii) जालीदार थैलीयुक्त प्रकाश प्रपंच – इस प्रकाश प्रपंच में बिजली के बल्ब को एक छतरीनुमा छत के नीचे लगाकर उसके नीचे एक चौड़े मुंह वाली कीप या चाड़ी लगाते हैं। कीप या चाड़ी के नीचे जालीदार थैली बाँध दी जाती है। कीट प्रकाश की ओर आकर्षित होकर बल्ब के चारों ओर उड़ते हैं तब वे कीप की पट्टियों से टकराकर कीप या चाड़ी में गिरकर नीचे बंधी जालीदार थैली में गिर जाते हैं तथा वापस बाहर नहीं निकल पाते। जाली में फंसे कीड़ों को किसी धूमक रसायन से मारकर इन्हें नष्ट कर दिया जाता है। ऐसे प्रपंच अपेक्षाकृत सस्ते होते हैं।

iii) यांत्रिकीय प्रकाश प्रपंच – इस प्रकार के प्रकाश प्रपंच सबसे ज्यादा लोकप्रिय है। इस प्रकाश प्रपंच में दो मुख्य भाग होते हैं। एक कीट आकर्षित करने वाला भाग (ट्रेपिंग) डिवाइस और दूसरा कीट एकत्र करने वाला भाग जिसे कलेक्शन चैम्बर कहा जाता है। ये दोनों भाग जी.आई. शीट के बने होते हैं जिसका आकार खेतों के आकार के अनुसार घटाया या बढ़ाया जा सकता है। कीट आकर्षित करने वाले भाग में एक चौड़े मुंह की कीप या चाड़ी लगी होती है जो तीन लम्बवत आधार से जुड़ी होती है। कीप के ऊपर एक छतरीनुमा गोल छत होती है जो बरसात के दिनों में पानी अन्दर आने से बचाती है। इस छत के नीचे बिजली का बल्ब लगाया जाता है। यह सम्पूर्ण हिस्सा नीचे के कीट एकत्र करने वाले भाग से जुड़ा रहता है। कीट एकत्र करने वाले चौकोर बाक्स के अन्दर कोई भी जहरीला धूमक या दवा युक्त घोल रखते हैं, ताकि कीड़े अन्दर गिरते ही मर जायें। धूमक या रसायन का उपयोग नहीं करने पर कीटों को हाथ से नष्ट कर दिया जाता है। इस प्रकार के प्रपंच अपेक्षाकृत महंगे होते हैं। इन प्रपंचों में मरकरी बल्ब लगाया जाता है जिससे कीट अधिक मात्रा में आकर्षित होते हैं।

iv) विद्युत प्रपंच – इस प्रकार के प्रपंच में बल्ब के बाहर पतली जाली लगी होती है। जाली में हल्का विद्युत प्रवाह होता है। प्रकाश की ओर कीट आकर्षित होने पर वे इन जालियों से टकराते हैं और हल्के विद्युत करेंट से मर जाते हैं। इस प्रकार के प्रपंच मनुष्यों के लिए हानि रहित होते हैं अर्थात करंट लगने क डर नहीं रहता। इनका उपयोग बड़े फार्म हाउस या सार्वजनिक स्थानों पर अधिक होता है। इसके द्वारा चना, मटर, गेहूँ, धान, कपास, गन्ना, सोयाबीन के पत्ती खाने वाले कीट, सूर्यमुखी एवं अन्य फसलों के प्रमुख कीट एवं सागोन के पत्ती खाने वाले कीटों की निगरानी एवं नियंत्रण किया जा सकता है।

v) फेरोमोन प्रपंच – यह एक साधारण सरंचना वाला साधन है। इसमें एक प्लास्टिक की प्लेटनुमा गोल छतरी होती है। इसके नीचे की ओर बीच में एक उभार या तार लगा होता है जिसमें रसायन युक्त (फेरोमोन) रबर की चुंडी (सेप्टा) लगाया जाता है। यह रसायन विशेष प्रजाति के नर कीटों को आकर्षित करने की क्षमता रखता

है। सेप्टा प्लेट के नीचे प्लास्टिक की एक लम्बी थैली लटकी रहती है। इस थैली का निचला हिस्सा बाँध दिया जाता है। ऊपर वाली छतरी फेरोमोन को धूप, बरसात आदि से बचाती है। आकर्षित होकर आए नर कीट इस थैली में एकत्रित हो जाते हैं एवं उनको नष्ट कर दिया जाता है। कुछ प्रकार के कीड़ों की मादा अपने शरीर से सूक्ष्म मात्रा में तरल पदार्थ (रसायन) निकालती हैं, जिसकी गंध से लगभग दो किलोमीटर की दूरी से भी इस प्रजाति के नर कीट संगमन (मिलन) हेतु आकर्षित होते हैं और जाल में फंस जाते हैं। परिणामस्वरूप नर कीटों की संख्या को नष्ट कर कम किया जा सकता है। इसका उपयोग कीट नियंत्रण व कीट सर्वेक्षण के लिए फेरोमोन के रूप में किया जाता है, साथ ही कीट नियंत्रण भी होता है। अभी तक 40 से अधिक जातियों के कीटों को नियंत्रित करने के लिए फेरोमोन की पहचान की जा चुकी है, जो कीट नियंत्रण हेतु बाजार में उपलब्ध है। चने की इल्ली, तम्बाकू की इल्ली, कपास की गुलाबी सुंडी, भिन्डी की चितकबरी इल्ली एवं ज्वार, मक्का व गन्ने का तना छेदक आदि प्रत्येक कीट के लिए अलग–अलग फेरोमोन सेप्टा होता है, अतः फसल तथा कीटों के संभावित आक्रमण के अनुसार सेप्टा का चुनाव करना चाहिये। फेरोमोन ट्रेप, चयनित फसल में बांस या लकड़ी के सहारे फसल से 2 से 3 फुट की उंचाई पर लगाना चाहिये। एक एकड़ खेत में इसकी संख्या 3 से 4 रखनी चाहिये तथा दो प्रपंचों के बीच लगभग 30 से 40 मीटर का अंतर रखना चाहिये।

चित्र 8.1 वैगन के खेत मे फेरोमोन प्रपंच का अग्रिम पंक्ति प्रदर्शन

vi) चिपचिपे व रंग वाले प्रपंच– फसलों को नुकसान पहुंचाने वाले कुछ कीट ऐसे होते हैं जो रंग संवेदी होते हैं और किसी रंग विशेष की ओर आकर्षित होते हैं। इनके निर्माण के लिए लकड़ी या लोहे के चौकोर छोटे टुकड़ों पर चिपचिपा पदार्थ जैसे ग्रीस, तेल आदि लगाकर कीटों को आकर्षित किया जाता है। ये चौकोर टुकड़े विभिन्न रंगों के होते हैं। जैसे अरहर की फल मक्खी सफेद रंग की ओर आकर्षित होती है, कपास की सफेद मक्खी पीले रंग की ओर आकर्षित होती है। इसी प्रकार विभिन्न चिपचिपी सतहों पर अनेकों कीट आकर्षित होकर चिपक कर मर जाते हैं।

vii) जहरीला प्रपंच– अधिकांश वयस्क कीट गंध संवेदी होते हैं। इन कीटों को इस प्रपंच की गंध से आकर्षित कर जहरीले कीटनाशक के संपर्क में लाकर नियंत्रित किया जाता है।

जहरीला प्रपंच बनाने का तरीका– इस प्रपंच को बनाने के लिए किसी चौड़े मुंह की प्लेट, कटोरी या मिट्टी का बड़ा दिया लें। इस चौड़े मुंह के किसी भी बर्तन में गुड़ या राब 500 ग्राम, मैलाथिआन (कीटनाशक) 50 मि.ली., पानी 1 लीटर एवं सिरका 50 मि. ली. लेकर इन्हें अच्छी तरह मिलाकर लकड़ी या बांस के स्टैंड में जमीन से 4 से 6 फुट ऊपर रखें। इस जहरीले प्रपंच को डिब्बे में भरकर बड़े फल बागों के पेड़ पर भी टांग सकते हैं। तैयार प्रपंच से आम, नींबू, संतरा एवं बेर के फल में लगने वाले कीट एवं कददूवर्गीय सब्जियों में लगने वाले कीड़ों को नियंत्रित किया जा सकता है। धान, कपास, चना, गन्ना, सरसों आदि के अनेकों कीट इस प्रपंच से नष्ट किये जा सकते हैं। इस प्रकार के जहरीले प्रपंच एक एकड़ खेत में 3 से 4 जगह समान दूरी पर लगाना चाहिये। जहरीला घोल जब कीटों से भर जाये तब इस घोल को छान कर पुनः उपयोग कर सकते हैं। किन्तु एक बार तैयार घोल का प्रभाव 20 से 25 दिनों तक ही रहता है। इसलिए सामान्यतः प्रति माह नया घोल बनाकर बर्तन में पुनः भरना चाहिये।

इन सभी प्रपंचों द्वारा निम्नलिखित क्रमबद्ध जानकारियाँ मिलती है, जो कि समन्वित कीट नियंत्रण के लिए भी अत्यंत महत्त्वपूर्ण है।

- इसके द्वारा यह पता लगाने में सहायता मिलती है कि किन–किन क्षेत्रों में कौन–कौन से कीट अधिक सक्रिय है, साथ ही उनके जीवन चक्र तथा प्रसार की जानकारी भी प्राप्त की जा सकती है।
- विभिन्न कीटों की सक्रियता का पूर्वानुमान लगाया जा सकता है।
- विभिन्न कीटों की "आर्थिक क्षति स्तर अवस्था" ज्ञात करने में सहायता मिलती है।

लाभ

- इसके उपयोग से रसायनों की कीमत व छिड़काव हेतु मजदूरी की बचत होती है।
- समन्वित कीट नियंत्रण का यह एक मुख्य आधार है।
- वातावरण को प्रदूषण से बचाता है।
- हानिकारक नहीं होने के कारण इसका उपयोग आसान है।
- फसल के सिर्फ हानिकारक कीड़ों को ही नियंत्रित करता है, जिससे अन्य लाभदायक मित्र कीट मरने से बच जाते हैं।
- नर कीटों को पकड़ने से मिलन के बाद मादा द्वारा दिए जाने वाले असंख्य अण्डों से निकलने वाले हानिकारक कीटों को नुकसान के पहले ही रोक दिया जाता है।
- कीट–नियंत्रण की यह विधि सस्ती एवं सुगम है।

सावधानियाँ

- प्रत्येक सेप्टा को 21–24 दिनों में बदल देना चाहिये।
- उपयोग से पहले सेप्टा को ठन्डे स्थान पर संग्रहित करें।
- इस्तेमाल के बाद सेप्टा को नष्ट कर दें।
- प्रतिदिन सुबह प्लास्टिक थैली को खाली करें।

ग) जैविक उपाय – प्रकृति में रहने वाले प्रत्येक जीव में अन्य जीवों के प्रति प्रतिस्पर्धा होती है। इसी के चलते उनमें परजीवी तथा परभक्षी प्रवृत्ति विद्यमान रहती है। जीवों में विद्यमान यह गुण ही प्रकृति में जैविक संतुलन बनाए रखने का आधार है। वेद में भी कहा गया है कि "जीव जीवस्य भोजनम" इसी सिद्धांत को आधार मानकर प्रकृति में उपस्थित जीव जंतुओं का कीट प्रबंधन हेतु सरंक्षण, संवर्धन एवं उपयोग न केवल हमारी कीट व्याधि समस्या का समुचित निदान बन सकता है, अपितु इसके द्वारा प्राकृतिक वातावरण पर पड़ रहे संश्लेषित रसायनिक जीवनाशियों के दुष्प्रभावों को भी कम कर सकते हैं। इन जैविक प्रतिनिधियों की कीट प्रबन्धन क्षमता के विकास हेतु हमें निम्नलिखित प्रयास करने होंगे

प्राकृतिक जैव प्रतिनिधियों का सरंक्षण : प्रकृति में उपलब्ध मित्र कीटों के सरंक्षण हेतु प्रयासों में सर्वप्रथम हमें इन परभक्षी व परजीवियों को कीटनाशक दवाओं से सुरक्षा प्रदान करना होगी जिससे मित्र कीटों का सरंक्षण हो सके।

संवर्धन : कुछ मित्र कीट किसी विशेष फसल पर अधिक मात्रा में आश्रय पाते हैं जैसे लेडी बर्ड, बीटल, बरबटी/बोड़ी व अरहर की फसल में अधिक संख्या में आती है। अतः इस तरह की फसलों को अंतरवर्तीय फसलों के रूप में लेना चाहिये। पक्षी भी जैविक नियंत्रण का महत्वपूर्ण अंग है। अतः खेत में पक्षी टिकान लगाकर एवं वृक्षों का रोपण कर इन्हें आश्रय प्रदान करना चाहिये। कुछ मित्र कीटों का संवर्धनः

1. ट्राइकोग्रामा – यह एक सूक्ष्म अंडपरजीवी है तथा तना छेदक, पत्ती मोड़क एवं पत्ती खाने वाले कीटों के अण्डो पर आक्रमण कर उन्हें नष्ट कर देते हैं। खेत में लगभग 2 लाख ट्राइकोग्रामा/हेक्टेयर एक सप्ताह के अंतर में 6 बार उपयोग करना चाहिये। उपयोग हेतु ट्राइकोगार्ड, स्ट्रेन बायो तथा एच.डी. 21 के व्यवसायकि नाम से उपलब्ध इन परजीवियों के अण्डों को खेत में छोड़ा जा सकता है। इनका उपयोग चना, टमाटर, सोयाबीन व कपास फसल में काफी उपयोगी सिद्ध हुआ है।
2. क्राईसोपा कार्निया – यह परभक्षी कीट, मोयला, हरा तेला, सफेद मक्खी, माहू, मिली बग आदि कीड़ों के नियंत्रण में काम आते हैं। खेत में 50000 से 200000 प्रति हेक्टेयर की संख्या में 7 से 10 दिन के अंतर पर 3–4 बार उपयोग करना चाहिये।

कपास, सोयाबीन, गोभी, सरसों, मटर एवं अरहर की फसल में इस प्रकार का नियंत्रण प्राकृतिक रूप से पाया जाता हैं।

3. एपीकार्निया – इस परजीवी का उपयोग गन्ना के रसचूसक कीट पाइरिल्ला के प्रभावी नियंत्रण हेतु लाभप्रद होता है।

4. असेसिन बग – यह परभक्षी पत्तियां खाने वाली इल्लियाँ जैसे तम्बाकू की इल्ली, चने की इल्ली, हरा सेमी लूपर एवं अन्य कई इल्लियों पर आक्रमण करते हैं।

5. ड्रेगन फ्लाई – वर्षा ऋतु में ताल–तलैया और नम स्थानों के आस–पास एक ही स्थान पर उड़ते हुए ड्रेगन फ्लाई (राक्षस मक्खी) को सभी ने देखा है। भारतीय वैज्ञानिक डॉ. बी. सूरीबाबू ने ड्रेगन फ्लाई को मलेरिय, फाईलेरिया तथा डेंगू ज्वर फैलाने वाले कीटाणुओं के वाहक मच्छरों, खेती तथा वन संपदा को हानि पहुंचाने वाले कीटों का संहारक बताते हुए इसे जीवाणु पर्यावरण प्रदूषण नियंत्रक कीट के नाम से प्रमाणित किया है।

ड्रेगन फलाई का अर्थ है– राक्षस मक्खी अर्थात तेजी से आक्रमण कर शिकार को मार देने वाली मक्खी। संस्कृत में इसे "ब्याध पतंग" कहते हैं। ब्यध का अर्थ होता है शिकारी कीट। इनका मुंह शिकार भक्षण के प्रति संवेदनशील रहता है जो शिकार को पकड़ते ही कतरना आरम्भ कर देता है। वक्ष तीन खण्डो से मिलकर बना होता है, जिससे पैरों के तीन युग्म तथा दो युग्म पंखे जुड़े होते हैं। क्षेत्रीय अनुकूलन से प्रभावित ड्रेगन फ्लाई लाल, लाल–पीले, मटमैले, नारंगी आदि रंगों में देखने को मिलते हैं।

6. बीरबहूटी – वर्षा काल में धरती पर पानी के आगमन के साथ ही एक लाल मखमली कीट का खेत, खुले मैदान तथा बाग–बगीचों में दिखाई देना आरम्भ हो जाता है। भारतीय चिकत्सा शास्त्रों में इसका उल्लेख "बीरबहूटी" के नाम से किया गया है। यह औषधिक उपयोग तथा हानिकारक कीटों का संहारक होने के कारण जीव पर्यावरण सरंक्षण में मानव जाति की मदद करता है। बीरबहूटी और उनका परिवार उत्तम जीव पर्यावरण प्रदूषण नियंत्रक जीव है, क्योंकि इनका मुख्य भोजन एफिड है। ये लार्वा से लेकर मृत्यु तक हज़ारों–लाखों एफिडों को अपना भोजन बना डालते हैं। खेती और जंगली पेड़–पौधों को हानि पहुंचाने वाले एफीडों को ये नियंत्रित कर देते हैं।

कुछ प्रसिद्ध जैविक कीट नियन्त्रण विधियाँ

1. इल्ली नियंत्रण – पाँच लीटर देशी गाय के मट्ठे में, 5 किलो नीम के पत्ते को डालकर 10 दिन तक सड़ायें, बाद में नीम की पत्तियों को निचोड़ लें। इस नीमयुक्त मिश्रण को छानकर 150 लीटर पानी में घोल बनाकर प्रति एकड़ के मान से समान रूप से फसल पर छिड़काव करें। इससे इल्ली व माहू का प्रभावी नियंत्रण होता है।

पाँच लीटर मट्ठे में 1 किलो नीम के पत्ते व धतूरे के पत्ते डालकर, 10 दिन सड़ने दें। इसके बाद मिश्रण को छानकर इल्लियों का नियंत्रण करें।

पाँच किलो नीम के पत्ते को 3 लीटर पानी में डालकर उबाल लें। जब आधा रह जाए, तब उसे छानकर 150 लीटर पानी में घोल तैयार करें। इस मिश्रण में 2 लीटर गौ–मूत्र मिलाये। अब यह मिश्रण एक एकड़ क्षेत्रफल में छिड़के।

आधा किलो हरी मिर्च व लहसुन पीसकर 150 लीटर पानी में डालकर छान लें तथा एक एकड़ में इस घोल का छिड़काव करें।

मारूदाना, तुलसी (श्यामा) तथा गेदें के पौधे फसल के बीच में लगाने से इल्ली का नियंत्रण होता हैं। टिन की बनी चकरी खेतों में लगाने से भी इल्लियां गिर जाती हैं।

2. दीमक नियंत्रण – मक्का के भुट्टे से दाना निकालने के बाद, जो गिल्लियाँ बचती है, उन्हें एक मिट्टी के घड़े में इकट्ठा करके घड़े को खेत में इस प्रकार गाड़ें कि घड़े का मुँह जमीन से कुछ बाहर निकला हो। घड़े के ऊपर कपड़ा बांध दे तथा उसमें पानी भर दें। कुछ दिनों में ही आप देखेगें कि घड़े में दीमक भर गई है। इसके उपरांत घड़े को बाहर निकालकर गरम कर लें ताकि दीमक समाप्त हो जाये। इस प्रकार के घड़े को खेत में 100–100 मीटर की दूरी पर गाडें तथा करीब 5 बार गिल्लियाँ बदलकर यह क्रिया दोहराएं। खेत में दीमक समाप्त हो जाएगी।

सुपारी के आकार की हींग एक कपड़े में लपेटकर तथा पत्थर में बांधकर खेत की ओर बहने वाली पानी की नाली में रख दें। उससे दीमक तथा उगरा रोग नष्ट हो जाएगा।

3. उगरा नियंत्रण – 1 लीटर मट्ठे में चने के आकार के 3 हींग के टुकड़े मिलाकर उससे चने का बीजोपचार कर तत्पश्चात बुआई करें। सोयाबीन, उड़द, मूँग एवं मसूर के बीजों को अधिक गीला न करें।

400 ग्राम नीम के तेल में 100 ग्राम कपड़े धोने वाला पाउडर डालकर खूब फेंटे, फिर इस मिश्रण में 150 लीटर पानी डालकर घोल बनावें। यह एक एकड़ के लिए पर्याप्त है।

4. सूत्रकृमी नियन्त्रण– अदरक 250 ग्राम, मिर्च 250 ग्राम, निर्गुण्डी की 1 कि.ग्रा. पत्तियां, लहसुन 500 ग्राम, ग्वारपाठा 500 ग्राम तथा 1 कि.ग्रा. निम्बोली मिलाकर अच्छी तरह पेस्ट बना लेते हैं। उसे 150 लीटर पानी में मिलाकर लगभग 1 एकड़ जमीन में छिड़काव करते हैं। सामान्यतः फसल लगने के 120 दिनों के बाद इसका छिड़काव करने से सूत्रकृमि का नियन्त्रण हो जाता है।

5. धान के कीड़ों का नियन्त्रण– 1 कि.ग्रा. निर्गुण्डी के पत्ते, 1 कि.ग्रा. भारंगी (संकुप्पी), 1 कि.ग्रा. ग्वारपाठा एवम् 1 कि.ग्रा. निम्बोली को अच्छी तरह से पीसकर 100 लीटर पानी में मिलाकर घोल तैयार कर लेते हैं। यह एक एकड़ के लिए पर्याप्त होता है।

पादप जनित जैविक कीटनाशक

नीमास्त्र

नीमास्त्र एक ऐसी जैव कीटनाशी है जिसका प्रयोग रस चूसने वाले कीट एवं छोटी सुंडी इल्लियो के सफल नियंत्रण हेतु किया जाता है।

सामग्री बनाने की विधि एवं सावधानियाँ

नीमास्त्र को बनाने हेतु 5 किलोग्राम नीम या टहनियां, 5 किलोग्रान नीम फल/नीम खली, 5 लीटर गौमूत्र एवं 1 किलोग्राम गाय के गोबर की आवश्यकता होती है। नीमास्त्र को बनाने हेतु सर्वप्रथम लकड़ी के बर्तन पर 5 किलोग्राम नीम की पत्तियों की चटनी, और 5 किलोग्राम नीम के फल पीस व कूट कर डालें एवं 5 लीटर गौमूत्र व 1 किलोग्राम गाय का गोबर डालें इन सभी सामग्री को डंडे से चलाकर जालीदार कपड़े से ढक दें। यह 48 घंटे में तैयार हो जाएगा। 48 घंटे में लकड़ी के डंडे से चार बार घड़ी की दिशा एवं विपरीत दिशा मे घुमा कर अच्छी तरह से घोलें। इस विधि से तैयार नीमास्त्र का प्रयोग छः माह कर सकते है। नीमास्त्र को छाये में रखेँ, धूप एवं वर्षा से बचाएं। ध्यान रहे कि गौमूत्र को किसी लकड़ी या मिट्टी के पात्र मे एकत्रित किया जाये, धातु के बर्तन का प्रयोग निबिद्ध होता है।

उपयोग विधि

एक एकड़ खेत मे छिड़काव हेतु उपरोक्त विधि से तैयार नोमास्त्र को 100 लीटर पानी में छान कर मिलाएं एवं छिड़काव मशीन से आवश्यकतानुसार छिड़काव करें।

ब्रह्मास्त्र

ब्रह्मास्त्र एक ऐसी जैव कीटनाशी है जिसका प्रयोग सभी प्रकार के कीट पतंगो, बड़ी सूंडी एवं इल्लियों के सफल नियंत्रण हेतु किया जाता है।

सामग्री बनाने की विधि एवं सावधानियाँ

ब्रह्मास्त्र को बनाने हेतु, 10 लीटर गौमूत्र, 3 किलोग्राम नीम की पत्ती की चटनी, 2 किलोग्राम करंज की पत्तों की चटनी, 2 किलोग्राम सीताफल पत्ते की चटनी, 2 किलोग्राम बेल के पत्ते की चटनी, 2 किलोग्राम अंडी के पत्ते की चटनी एवं 2 किलोग्राम धतूरा के पत्ते की चटनी की आवश्यकता होती है। उपरोक्त सभी सामग्री में से कोई भी पांच सामग्री के मिश्रण को गौमूत्र में मिट्टी के बर्तन में डाल कर आग में उबालते हैं एवं जैसे ही चार उबाल आ जाएँ तो आग से उतारकर 48 घंटे छाया में ठंडा होने दें। इसके बाद कपड़े से छानकर

सुरक्षित भंडारण कर लें। इस तरह से बनाए गए ब्रह्मास्त्र का प्रयोग छः माह तक कर सकते हैं। गौमूत्र को किसी लकड़ी या मिट्टी के पात्र में एकत्रित किया जाय, धातु के बर्तन का प्रयोग कदापि न करे, ब्रह्मास्त्र का भंडारण मिट्टी के बर्तन में करें।

उपयोग विधि

एक हेक्टेयर खेत मे छिड़काव हेतु उपरोक्त विधि से तैयार 8 से 10 लीटर ब्रह्मास्त्र को 100 लीटर पानी में मिला कर छिडकाव मशीन से आवश्यकतानुसार छिड़काव करें।

अग्नि अस्त्र

अग्नि अस्त्र एक ऐसी जैव कीटनाशी है जिसका प्रयोग तना कीट, फलों में होने वाली सूंडी एवं इल्लियों के सफल नियंत्रण हेतु किया जाता है।

सामग्री बनाने की विधि एवं सावधानियाँ

अग्नि अस्त्र को बनाने हेतु, 20 लीटर गौमूत्र, 5 किलोग्राम नीम के पत्ते की चटनी, आधा किलोग्राम तम्बाकू का पाउडर, आधा किलो ग्राम हरी तीखी मिर्च एवं आधा किलोग्राम देशी लहसुन की चटनी की आवश्यकता होती है। उपर्युक्त सामग्री को एक मिट्टी के बर्तन में डालें और आग से चार बार उबाल आने दें। फिर 48 घंटे छाया में रखें, 48 घंटे में लकड़ी के डंडे से चार बार घड़ी की दिशा एवं विपरीत दिशा मे घुमा कर अच्छी तरह से घोलें। अग्नि अस्त्र का प्रयोग केवल तीन माह तक प्रयोग कर सकते हैं। मिट्टी के बर्तन का ही प्रयोग करें।

उपयोग विधि

उपरोक्त विधि से तैयार 5 लीटर अग्नि अस्त्र को छानकर 200 लीटर पानी में मिलाकर छिडकाव मशीन से आवश्यकतानुसार छिड़काव करें।

तालिका 8.2: पादप जनित कीटनाशक

वनस्पतिक	कौन सा भाग उपयोगी	कैसे काम करती है	किस कीट पर प्रभावशाली
बेखण्ड (बच्य)	जड़	सम्पर्क से गंध विरोध	चीटियां
लहसुन गूदा	फफूंदनाशक		
सुगंधी	जड़	गंध विरोधी	फल मक्खी धान का भूसा तथा भूसा सड़न रोग
सीताफल	पते/बीज	सम्पर्क	इल्ली
हल्दी	जड़ और तना	कीड़ो की भूख मिटती है	लाल मकड़ी थ्रिप्स, कई कीट
ग्वती चाय	पते	सम्पर्क विष	मच्छर, कई कीट
बैचन्दी	टयूबर	सम्पर्क विष	मच्छर, कई कीट
इथी	पूरा पौधा	सम्पर्क विष	कई कीट
तम्बाखू	पूरा पौधा	सम्पर्क विष	गोभी का पतंगा
गिलोय	बेल	सम्पर्क विष	गोभी का पतंगा
टून	पूरा पौधा	सम्पर्क विष	मोला
जंगली अदरक	पूरा पौधा	सम्पर्क विष	इल्लियां, मोला
क्वासिया उभार	पूरा पौधा	सम्पर्क विष	महों और आरा मक्खी

जैविक कीटनाशक: बनाने की विधि और उपयोग

परभक्षी, परजीवी, बैक्टीरिया, फफूंद विषाणु सूत्रकृमि आदि कीटों को रोकने या मारने की क्षमता रखते है, जैविक कीटनाशक कहलाते हैं।

जैविक कीटनाशक बनाने के नुस्खें

महुआ: इमली से दवा

सामग्री: 500 ग्राम महुआ व इमली की छाल का रस

बनाने की विधि: महुआ व इमली की छाल बराबर मात्रा में लेकर कूटकर रस निकालते है।

उपयोग का तरीका व समय: 500 ग्राम को 15 लीटर पानी में मिलाकर फसल पर छिड़काव सुबह–सुबह करते है।

किस कीट पर काम आती है: कपास की डेंडू को खाने वाले गुलाबी रंग व धब्बेदार कीड़ो का नियंत्रण किया जा सकता है।

हरे रंग की इल्ली की दवा

सामग्री : 250 ग्राम तम्बाखू, 300 ग्राम हीराकासी, 50 ग्राम नींबू का सत।

बनाने की विधि : 250 ग्राम तम्बाखू, 300 ग्राम हीराकासी, 50 ग्राम नींबू का सत, 2 लीटर पानी में उबालकर छान लें।

उपयोग का तरीका व समय : 250 ग्राम घोल को 15 लीटर पानी में मिलाकर सुबह–सुबह छिड़काव करें, 2.5 बीघा के लिए 3–4 टंकी पर्याप्त है।

किस कीट पर काम आती है : इससे सभी फसलों की इल्ली रोकने मे मदद मिलती है।

सावधानी : एक सप्ताह बाद ही उसका पुनः छिड़काव किया जाए अन्यथा फसल जल सकती है।

माहू (मौला) की दवा

सामग्री : 10 किलो नीम की पत्ती।

बनाने की विधि : 10 किलो नीम की पत्ती को रातभर 5 लीटर पानी में भिगोकर रखें व सुबह उबालकर, मसलकर, छानकर घोल तैयार करें।

उपयोग का तरीका व समयः इस पूरे घोल को 100 लीटर पानी में घोलकर सुबह–सुबह छिड़काव करें।

किस कीट पर काम आती है : इससे माहू व पत्ते खाने वाले सभी कीड़े मर जाते है।

इल्ली, मच्छर मारने की दवा

सामग्री : 5 लीटर गोमूत्र, 100 धतूरे के पत्ते।

बनाने की विधि : 5 लीटर गोमूत्र में 100 धतूरे के पत्तों को कूटकर मिलाकर छान लें।

उपयोग का तरीका व समय : 1 लीटर गोमूत्र घोल को 15 लीटर पानी मे मिलाकर सुबह–सुबह छिड़काव करें।

किस कीट पर काम आती है : यह दवाई इल्ली और मच्छर को मारने की अचूक दवा है।

सावधानी : 15 दिन से ज्यादा पुराना गोमूत्र प्रयोग न करें। 15 दिन बाद ही इस दवा का फसल पर दोबारा प्रयोग करना चाहिए।

हरे व सफेद मच्छर व मक्खी मारने की दवा

सामग्री : 500 ग्राम तम्बाखू पत्ती व 20 ग्राम साबुन।

बनाने की विधि : 500 ग्राम तम्बाखू को 5 लीटर पानी मे आधा घण्टे उबालकर छानकर, ठण्डा कर 20 ग्राम साबुन अच्छे से घोलकर दवाई तैयार करें।

उपयोग का तरीका व समय : 1 लीटर घोल मे 15 लीटर पानी मिलाकर पोधौं पर छिड़काव करें।

किस कीट पर काम आती हैः यह दवाई हरे व सफेद मच्छर और मक्खी को मारने की अचूक दवा है।

सावधानी : दवाई छिड़कते समय दवाई मिट्टी पर नही गिरना चाहिए

इल्ली मारने की दवा

सामग्री : 1 किलो लहसुन, 200 ग्राम मिट्टी का तेल, 2 किलो हरी मिर्च

बनाने की विधि : 1 किलो लहसुन छीलकर, पीसकर 200 ग्राम मिट्टी के तेल से भिगोकर रात भर रखना फिर सुबह 2 किलो मिर्ची पीसकर घोलना, अच्छे से मिलाना।

उपयोग का तरीका व समय : इस घोल को 200 लीटर पानी में मिलाकर फसल पर छिड़काव करें।

किस कीट पर काम आती है : यह दवाई किसी भी फसल पर इल्ली व सूण्ड़ी लगने पर प्रयोग की जा सकती है।

चने व कपास की इल्ली मारने की दवा

सामग्री : 10 किलो गोमूत्र, 1 किलो नीम या बेल के पत्ते, 100 ग्राम लहसुन।

बनाने की विधि : 10 लीटर गोमूत्र में 1 किलो नीम या बेल के पत्ते मिलाकर 15 दिन रखें। 15 दिन बाद घोल में 100 ग्राम लहसुन डालकर इतना उबालें कि घोल 5 लीटर रह जाये।

उपयोग का तरीका व समय : 15 लीटर की स्प्रें टंकी नें 750 ग्राम मिश्रण ड़ालकर फसल पर छिड़काव करें।

किस कीट पर काम आती है : चूने व कपास पर लगने वाली चिकनी व बाल वाली इल्ली के साथ–साथ माहू की अचूक दवा है।

कीड़े मारने की दवा

सामग्री : 5 लीटर गोमूत्र, 1 लीटर निरगुण्डी का रस (30–40 निरगुण्डी के पत्तों कों 10 लीटर पानी में, 1 लीटर रह जाने तक उबालें) 1 लीटर हींग पानी (10 ग्राम हींग, 1 लीटर पानी मे घोलना)।

बनाने की विधि : 5 लीटर गोमूत्र, 1 लीटर निरगुण्डी का रस, 1 लीटर हींग पानी तीनों 8 लीटर पानी के साथ मिलाकर छिड़कते है।

उपयोग का तरीका व समय : 7 लीटर घोल 8 लीटर पानी में मिलाकर छिड़काव करना चाहिए। एक एकड़ के लिए 21 लीटर घोल पर 24 लीटर पानी की जगह होती है।

किस कीट पर काम आती है : यह दवाई सभी फसलों पर लगने वाले कीड़ो के लिए अचूक दवा है।

सावधानी : निरगुण्ड़ी व हींग पानी में बताई गई मात्रा के अनुसार ही मिलाएं।

नीम खली अर्क की दवा

सामग्री : 5 किलो निबोली की खाली या 3 किलो कुटी हुई निबोली।

बनाने की विधि : 5 किलो निबोली खाली को 15 लीटर पानी मे 3 दिन तक भिगोकर रख दें।

चौथे दिन दारु निकालें। 100 ग्राम धतूरे का रस, 250 ग्राम हरी मिर्ची कूटकर निकालने की विधि से इसका तीन लीटर अर्क निकालें।

उपयोग का तरीका व समय : 1.5 लीटर अर्क को 15 लीटर पानी में मिलाकर सुबह सुबह छिड़काव करें। यह दवा तने व पत्ते पर लगने वाली इल्ली, मच्छर व माहू के लिये असरकारक है।

कपास में माहू से निदान

कपास में माहू लगने पर 250–300 धतूरे के पत्ते व टहनियों को 5 लीटर पानी मे भिगो दें फिर इसे गुनगुना गर्म करें। ठण्ड़ा करके फसल पर छिड़काव करते हैं। जिससे तुरंत माहू मरने लगती है। इस दवा का प्रयोग एक माह पुरानी फसल पर ही करना चाहिए।

- निबोली को पीसकर 100 ग्राम पाउड़र एक पौधे के चारो ओर 4 इंच गहराई में डालने से दीमक, गुबरेला, माहू आदि से छुटकारा मिलता है।
- मक्का पर लगने वाली टिड्डी से बचने के लिए 3 किलो प्याज पीसकर उसका रस निकालकर पानी में घोलकर फसल पर छिडक देते हैं। जिसकी गंध के कारण टिड्डी खेत के पास तक नहीं आती है।

- वह इल्ली जो पौधे के पत्ते खाने के साथ तना खाकर पौधों को सुखा देती है इससे बचने के लिए 10 किलो नीम खली को पानी में घोलकर फसल पर छिड़काव करें। चने पर लगने वाली इल्ली से बचने के लिए 5 किलो आडूसा की टहनियों का रस निकालकर 10 लीटर पानी में मिलाकर 2–3 बार कपड़े से छानकर 5 लीटर पानी मिलाकर सुबह–सुबह पर छिड़काव करें।

हरी इल्ली से निदान

- पाँच लीटर गौ मूत्र में 5 किलो गिदान की पत्तियां एवं 250 ग्राम लहसुन को बारीक पीसकर डाल दें। इसे 48 घण्टे तक गोमूत्र में पड़ा रहने दें तत्पश्चात् इसको छानकर अर्क निकाल लें। 100 से 150 मिली. प्रति 10 लीटर पानी में घोल बनाकर छिड़काव करने से चने की इल्ली तथा चितकबरी इल्ली पर प्रभावी नियंत्रण होता है। यह नुस्खा ग्राम मलगांव के कृषकों द्वारा परीक्षित है। उन्होंने इसको उपयोग कर जैविक कपास का उत्पादन किया है।
- 2 लीटर छाछ, 200 ग्राम तम्बाखू का पाउडर व 2 पत्ते ग्वारपाठा (घीकुवार को 15 लीटर पानी में मिलाकर 15 दिन के लिए रख देते हैं फिर छानकर 15 लीटर पानी में 100 ग्राम सत का 8–10 दिन के अंतराल से छिड़काव करने से मूँग का उत्पादन अच्छा होता है।)
- 1 किलो तम्बाखू की पत्ती को 10 लीटर पानी में आधे घण्टे तक उबालकर ठंडाकर, छानकर 20 ग्राम साबुन को अलग से 4.5 लीटर में अच्छे से घोलकर तम्बाखू के घोल में मिला लें। फिर 30 लीटर पानी मिलाकर छिड़काव करें, इससे पत्ते काटने वाली इल्ली व हरे सफेद मच्छर मक्खियाँ, तना भेदक इल्ली व डेंडू खाने वाली इल्ली व कीड़े मर जाते हैं।
- 1 किलो तम्बाखू को 200 ग्राम चूने से बुझे 10 लीटर गर्म पानी में एक दिन के लिए रखें फिर मसलकर छानकर 100 लीटर पानी मिलाकर फसल पर छिड़काव करें, जिससे सफेद मक्खी, मच्छर, इल्ली व नरम शरीर वाले कीड़े मर जाते हैं।
- नसेड़ी (बेशरम बेल) के पत्ते को कूटकर रस निकालें, 250 ग्राम रस व 20 ग्राम साबुन को 15 लीटर पानी में मिलाकर छिड़काव करें, जिससे मच्छर, मक्खी व इल्ली मर जाती है।
- 10 लीटर छाछ को एक मटके में एक माह तक रखें। बाद में इसमें गेंहू का आटा आधा किलो मिलाएं, इस मिश्रण को पतला करके चने के खेत में चने की इल्ली का नियंत्रण करने के लिए छिड़काव करें।

- चने का उकठा रोग (म्यूजेरियम विल्ट) के नियंत्रण के लिए चने को छाछ से बीजोपचार करें। जिस खेत में यह रोग होता है, उसमे चने को चार घण्टे छाछ में भिगोने के बाद छाँव में हल्का सुखाकर बोएं।
- बोगनविलिया की पत्तियों को कच्चे दूध में भिगोकर रातभर रखें, दूसरे दिन सुबह इन पत्तियों को निचोड़कर उसका अर्क निकाल लें। इसका 10 प्रतिशत का घोल बनाकर तम्बाखू, टमाटर और मिर्ची में होने वाले कुकड़ा रोग (चुर्रा–मुर्रा) को नियंत्रण करने के लिये छिड़काव करें।
- गोमूत्र का कीटनाशक के रुप में उपयोग करने के लिए गोमूत्र का 5 प्रतिशत घोल उपयोग करें, 10 लीटर देशी गाय का गोमूत्र तांबे के बर्तन मे लें। उसमें नीम के एक किलो पत्ते डालें और 15 दिन गलने दें फिर उसे तांबे की कढाई में उबालें, पचास प्रतिशत रह जाने पर नीचे उतार लें, छान लें। इस औषधि में 100 गुना पानी मिलाकर छिड़काव कर दें।
- 5 लीटर मट्ठे में 1 किलो नीम के पत्ते व धतूरे के पत्ते डालकर 10 दिन सडने दें। इसके बाद मिश्रण को छानकर इल्लियों का नियंत्रण करें।
- 5 लीटर देशी गाय के मट्ठे मे 5 किलो नीम के पत्ते डालकर 10 दिन तक सडाएं, बाद में नीम की पत्तियों को निचोड़ लें। इस नीमयुक्त मिश्रण को छानकर 150 लीटर पानी में घोल बनाकर प्रति एकड़ के मान से समान रुप से फसल पर छिड़काव करें। इससे इल्ली व माहू का प्रभावी नियंत्रण होता है।
- 5 किलो नीम के पत्ते 3 लीटर पानी मे ड़ालकर उबाल लें। जब आधा रह जाए तब उसे छानकर 150 लीटर पानी में घोल तैयार करें। इस मिश्रण में 2 लीटर गोमूत्र मिलाएँ, अब यह मिश्रण एक एकड़ के मान से फसल पर छिड़कें।
- आधा किलोग्राम हरी मिर्ची व लहसुन पीसकर 150 लीटर पानी में डालकर छान लें तथा एक एकड़ के मान से फसल पर छिड़काव करें।
- तुलसी तथा गेंदे के पौधे फसल के बीच में लगाने से इल्ली का नियंत्रण होता है।
- नीम बीज को नौ ग्राम पाउडर में नौ लीटर पानी मिलाकर 0.1 प्रतिशत सान्द्रता का अवलम्बन बनाया जाता है। इसका छिड़काव टिडडी, आर्मी वर्म तथा पत्ती खाने बाले कीटों को रोकता है। अर्थात कीटों को पौधो से दूर रखता है।
- नीम बीज की निम्बोली पाउडर 1.2 किलोग्राम यदि 100 किलोग्राम गेहूँ बीज में मिलाया जाए तो इससे गेहूँ की सूंडी तथा अन्य कीटों का नियंत्रण होता है।
- 2 किलोग्राम कुचले हुए नीम बीज को यदि मूँग, चना, चावल के 100 किलोग्राम बीज में मिलाया जाए, तो यह क्रमशः 8, 9 एवं 12 महीने के लिए पल्स बीटल से सुरक्षा करता है।

- सीताफल के बीज के तेल का 10 प्रतिशत इमल्शन छिड़कें या सीताफल के बीज को एक दो दिन पानी में भिगोकर रखें और बीज को पीसकर अर्क को छानकर छिड़कें। सीताफल के बीजों का भूरक चूर्ण का उपयोग माहो, हरे मच्छर, इल्लियां, भृंग इत्यादि कीटों को नियंत्रित करता है। यह स्पर्श व उदर विष है।
- सीताफल व अर्नी के बराबर पत्ते लेकर 1 लीटर पानी में उबालकर, मसलकर व छानकर रस एकत्र करें। 200 ग्राम रस में 10 लीटर पानी मिलाकर फसल पर छिड़काव करें।
- करंज वनस्पति व तुलसी के रसायन, जीवाणु जनित के प्रति नैसर्गिक प्रतिरोधक शक्ति उत्पन्न करती है। यह रसायन फूल गोभी, मिर्च टमाटर के फल सड़न, कपास मिर्च के कोणीय धब्बें व नींबू, संतरा, मोसम्बी के केंकरी की रोकथाम करते हैं।
- एक किलो राख को 10 लीटर पानी में मिलाकर रात भर रखें। उसे छानकर उसमें एक लीटर छाछ या मट्ठा मिलायें। मिश्रण को तीन गुना पानी में मिलाकर छिड़काव करें। छिड़काव का विपरीत असर पत्तियों पर तो नहीं है देखने के लिए एक दो पौधों पर छिड़काव करके सुनिश्चित कर लें। इसके उपयोग से भभूरियां व लां पत्तियों की समस्या का नियंत्रण संभावित है।
- महुआ व इमली की छाल बराबर मात्रा में लेकर कूटकर रस निकाल लें। 500 ग्राम रस को 15 लीटर पानी में मिलाकर फसल पर छिड़काव सुबह सुबह करें। यह कपास के डेण्डू को खाने वाली गुलाबी रंग व धब्बेदार कीड़ों को मारती है।
- 50 ग्राम राख में 25 ग्राम चूना मिलाकर 4–5 लीटर पानी में मिलायें व थोड़ा समय रखें। तदुपरांत उसे छानकर डालने से ककड़ी के कीड़ों की रोकधाम हो जाती है।
- 1 किलोग्राम राख 10–15 मि.ली. केरोसिन को मिलाकर प्रातः काल में पौधों पर बुरकने से रस चूसने वाले कीड़ों की रोकथाम संभव है। आवश्यकता अनुरुप 5–7 दिन के उपरांत पुनः बुरकाव करें।

जैविक खेती के उपचार

बड़ की मिट्टी में अमृत पानी की इतनी मात्रा मिलाएं कि वह घोल बीज पर छिड़कने के लायक हो जायें। बीज पर उक्त घोल को छिड़कर अच्छी तरह मिलाने के लिए हल्के हाथों से मिलावें या सूप में बीज लेकर उसमें उक्त घोल का छिड़काव करें एवं सूप को हिलाकर बीज को उपचारित कर या पुराना मटका लेकर उसमें थोड़ा बीज भरकर उसमें घोल का छिड़काव कर मटके को अच्छी तरह हिलावें ताकि घोल का बीज पर अच्छी तरह लेप हो जाये। इस लेप दिए हुए बीज को छाया में सुखा लें फिर बुआई करें।

- अरहर, सोयाबीन, मूँगफली के बीज का छिलका बहुत नरम होता है। इसलिए ऐसे बीजों पर हल्का लेप चढ़ाकर शीघ्र बुआई करना चाहिए।

कीड़ों की रोकथाम में लहसुन का उपयोग

लहसुन गाँवों में आसानी से किसानो के पास उपलब्ध है। लहसुन के अर्क का उपयोग कीटनाशक के रुप में किया जाता है। लहसुन में एलीसीन नामक तत्व होता है एवं कुछ उड़नशील तेल जैसे हायलीक डायसल्फाइड एवं सल्फो आक्साइड होता है, जो कि फसलों में लगने वाले कीड़ों को नियंत्रित करने में सहायक होता है।

लहसुन का अर्क निकालने की विधि

85 ग्राम लहसुन को 50 मि.ली. मिट्टी के तेल में मिलाकर 24 घण्टे पड़ा रहने दें, फिर इसमें 10 मि.ली. साबुन का घोल मिलाकर अच्छी तरह हिलायें, ताकि पूरा मिश्रण एक सा हो जाये। तत्पश्चात् बारीक छन्नी या कपड़े से छानकर अर्क को एक पात्र में निकालकर उपयोग हेतु रख दें। उपयोग के समय एक भाग अर्क तथा 19 भाग पानी मिलाकर घोल का छिड़काव प्रातः काल करने से कपास एवं सब्जियो में लगने वाले कीड़ों जैसे माहू एवं इल्लियों को नियंत्रित करने में मदद मिलती है।

लहसुन के साथ हरी मिर्च मिलाकर अर्क बनाने की विधि

हरी मिर्च एवं लहसुन की समान मात्रा लें। दोनों को पीसकर अर्क तैयार कर लें एवं इस अर्क का एक भाग एवं 200 भाग पानी मिलाकर हैलियोथिस एवं अन्य इल्लियों तथा माहू के नियंत्रण के लिए छिड़काव करें।

सावधानी रखें कीटनाशियों के प्रयोग करते समय

- कीटनाशक दवाओं को भोजन या खाद्य पदार्थों के समीप नही रखें।
- नंगे हाथ से कीटनाशक दवाओं को कभी नही छुयें। कीटनाशक दवाओं की महक/फुहार से दूर रहें।
- कीटनाशक दवाओं का प्रयोग करते समय धूम्रपान, खाना और पीना नही करें। घोल बनाने के बाद व प्रयोग के पश्चात हाथ को साबुन से अच्छी तरह साफ करें।
- हवा की ओर मुँह करके कभी बुरकाव व छिड़काव न करें।
- खाली टीन या बोरियों को पुनः किसी काम में न लायें।

- कीटनाशकों के बाद पहने हुए कपड़े तुरन्त उतार देने चाहिए और उन्हें अच्छी तरह से साफ करने के बाद ही उपयोग में लाएं।
- किसी भी कीट विष को निर्देशित मात्रा के अनुसार ही प्रयोग करें। अधिक मात्रा में प्रयोग करने से खर्चा भी अधिक होगा, और मित्र कीटों के मरने की संभावना बढ़ जायेगी।

❑❑❑

अध्याय 9

जैविक रोग प्रबंधन

विभिन्न समन्वित क्रियाएं अनेक पादप रोगों की तीव्रता एवं उनके विकास को प्रभावित करती हैं। इन क्रियायों का मुख्य उद्देश्य परपोषी पौधे की वर्धन अवस्था में सुधार करना है, जिससे कि वे रोगजनक के प्रतिकूल हों। अनेक पौध रोग के उत्पन्न होने एवं उनकी उग्रता पर कई कारक प्रभाव डालते हैं जो निम्नानुसार हैं:

1. फसल चक्र – यह विधि मृदाजनित रोगाणुओं से उत्पन्न होने वाले रोगों के नियंत्रण के लिए अत्यंत महत्वपूर्ण है। एक खेत में निरंतर एक ही फसल को लगातार लेते रहने से रोगजनक की संख्या में बहुत अधिक वृद्धि हो जाती है। अतः यदि खेत में तीन या चार वर्षों तक ऐसी फसलों को बोया जाये, जिनपर रोग जनक का कोई प्रभाव नहीं होता हो तो भूमि से रोगजनक निष्कासन में सफलता मिलती है। परपोषी फसलों को अपरपोषी फसलों के साथ हेर–फेर कर बोने की क्रिया ही फसल चक्र कहलाती है। फसल चक्र मूल रोगों को नियंत्रित करने की एक प्रभावकारी विधि है। इसके द्वारा उन रोगों की रोकथाम पूर्णतः संभव है जिनके रोगजनक केवल जीवित पौधों पर बचे रहते हैं अथवा मृदा में छूटे परपोषी अवशेषों को अधःस्तर के रूप में उपयोग करके मृतजीवी की भाँति जीवन यापन करते हैं। परन्तु जिन रोगों के रोगजनक अधिक लम्बे समय तक जीवित रहते हैं, उनको फसल चक्र द्वारा नियंत्रित करना कठिन है। अनेक मृदोढ़ रोग जैसे कपास, अरहर, मटर, चना, अलसी इत्यादि का उगरा रोग, गन्ने का लाल सड़न और म्लानी रोग, बाजरा का अर्गट, कंड और हरी बाली रोग, गेहूँ का बंट, धान का पर्ण कंड और बंट रोग, ज्वार का लम्बा और शीर्ष कंड रोग, आलू का भूरा विगलन एवं म्लानि रोग, सब्जियों का मूल ग्रन्थि रोग इत्यादि को चार अथवा पांच वर्ष का फसल चक्र अपनाकर रोका जा सकता है।
2. परिशोधन अथवा सफाई– परिशोधन एवं सफाई एक सरल रोगनिरोधी विधि है जिसका मुख्य उद्देश्य खेतों व गोदामों में अथवा पौधों पर उपस्थित निवेश द्रव नष्ट करना या कम करना होता है, जिससे कि रोगजनक को अन्य स्वस्थ पौधों या उनके पदार्थों में फैलने से रोका जा सके।
3. फसल अवशेष नष्ट करना– अनेक रोगों जैसे मक्का, ज्वार, बाजरा, मटर आदि की मृदोरोमिल आसिता, सरसों वर्गीय फसलों का श्वेत कीट, मटर और धान्यों की चूर्णिल

आसिता इत्यादि को उत्पन्न करने वाले कवक रोगी पौधों के अवशेषों में बने रहते हैं। कुछ क्षेत्रों में अलसी कीट, धान का सह्‌सामारी एवं पर्णदाग, आलू की अगेती अंगमारी इत्यादि रोगों को उत्पन्न करने वाले कवक भी रोगी फसल के अवशेषों में सुसुप्त अवस्थाओं द्वारा चिरस्थाई रहते हैं। अतः यदि फसल की कटाई के तुरंत बाद रोगी फसल के अवशेषों को जला कर नष्ट कर दिया जाये तो इसके द्वारा जीवित रहने वाले निवेश–द्रव की मात्रा भी बहुत घट जाती है।

4. परपोषी एवं रोगजनक का उन्मूलन एवं अवांछित का निष्कासन– इस विधि में रोगी पौधों को खेतों से रोग की प्रारंभिक अवस्था में ही उखाड़कर अथवा पौधों के रोगी भागों को काटकर नष्ट कर दिया जाता है, जिससे कि रोगजनक के संक्रमण केन्द्रों को हटाकर उनको आगे फैलने से रोका जा सके है। फसलों के विषाणु जनित रोगों के नियंत्रण के लिए यह अति उत्तम विधि मानी गयी है। अनेक दूसरे रोगों जैसे कपास एवं अरहर की म्लानि, गन्ने का लाल सड़न एवं कंड, जौ का अनावृत कंड, बाजरे की हरी बाली रोग इत्यादि को नियंत्रित करने के लिए यदि खेतों में सम्पूर्ण रोगग्रस्त पौधों को स्वस्थ पौधों के बीच से उखाड़ कर जला दिया जाये तो फसल में उपस्थित निवेश द्रव समाप्त किया जा सकता है।

5. ग्रीष्म उपचार– इसमें खेतों को खरपतवारों से मुक्त रखना भी सफाई के अंतर्गत आता है। जब परपोषी पौधा एक वर्षीय होता है और रोग जनक, रोगी पौधों के अवशेषों अथवा मृदा में जीवनयापन नहीं करता है तब उस अवस्था में यह अनेक जंगली पौधों अथवा खर–पतवारों पर रहते हैं। यदि अवांछनीय पौधों को पूर्ण रूप से नष्ट कर दिया जाये तो रोगजनक के जीवन चक्र का क्रम टूट जाता है और रोग भी नियंत्रित किया जा सकता है। कांस एवं घास, गन्ने के कंड रोग के लिए परपोषी का कार्य करता है। टमाटर, बैगन, मिर्च आदि सब्जियों के मूल ग्रन्थि सूत्रकृमि और तम्बाकू मोज़ेक विषाणु सोलेनेसी कुल के अनेक खरपतवारों में जीवित बने रहते हैं। इसी प्रकार कद्दू वर्गीय फसलों पर लगने वाले रोग जनक भी जंगली खरपतवारों पर पनपते रहते हैं। अतः यदि खेतों के आस–पास इन खरपतवारों को नष्ट कर दिया जाये तो रोग नियंत्रित किया जा सकता है।

6. मिश्रित फसलें– कुछ फसलों जैसे जौ–गेहूँ, गेहूँ–चना, कपास–मौठ एवं अरहर–ज्वार इत्यादि को मिलकर बोने से रोगों द्वारा होने वाली आर्थिक हानि कम हो जाती है क्योंकि एक ही रोग जनक द्वारा एक साथ मिलाकर बोई गयी दोनों फसलों पर आक्रमण नहीं किया जाता है। इस प्रकार यदि किसी रोग द्वारा एक फसल नष्ट भी हो जाती है तो दूसरी फसल बची रहती है। इसके अतिरिक्त एक रोगग्राही फसल को अरोगग्राही फसल के साथ मिलाकर बोने से रोग का प्रभाव कम होता है। इसलिये फसलोत्पादन में मिश्रित/अंतरवर्तीय खेती को बढ़ावा देना जैविक खेती के लिए उपयुक्त होगा।

7. अति संकुलता में बोना अथवा पादप अंतराल– जहाँ तक संभव हो पौधों को अति संकुलता में नहीं बोना चाहिये, क्योंकि पौधों के बीच में उचित दूरी न होने पर आर्द्रता सदैव बढ़ जाती है, तापमान कम हो जाता है और वातन एवं प्रकाश की कमी हो जाती है। इन अवस्थाओं में अनेक रोगजनकों की वृद्धि शीघ्रता से होती है। आलू की पछेती अंगमारी, अंगूर की मृदुरोमिल आसिता, बीजांकुरों का आद्रपतन इत्यादि रोग पौधों के बीच में अंतराल कम होने पर अधिक तीव्रता से फैलते हैं। पौधों के बीच अंतराल से रोगी एवं स्वस्थ पौधों के पर्णीय भागों अथवा जड़ों के बीच संपर्क कम होने पर वर्षा की बौछारों द्वारा कवक बीजाणुओं अथवा जीवाणु का प्रकीर्णन अधिक नहीं हो पाता है।

8. रोपण तथा बोने के समय में परिवर्तन– कुछ रोग उस समय अधिक विनाशकारी सिद्ध होते हैं जब परपोषी की रोगग्राही अवस्था एवं रोगजनक की आक्रामकता के लिए अनुकूल पर्यावरण अवस्थायें जैसे तापमान, आर्द्रता, प्रकाश, भूमि अभिक्रिया, परपोषी की आयु इत्यादि एक साथ मिल जाते हैं। यदि परपोषी के लिए अनुकूल पर्यावरण भी वही हो जो रोगजनक के लिए होता है तो उस समय रोग उत्पन्न होने की संभावना बहुत अधिक होती है। परन्तु परपोषी को रोग जनक के प्रतिकूल तापमान एवं आर्द्रता पर उगाना संभव हो सकता है तथा परपोषी एवं रोगजनक के लिए अनुकूल पर्यावरण में यह असमानता रोग नियन्त्रण के लिए उपयोग हो सकती है। अतः रोपण तथा बोने के समय में इस प्रकार परिवर्तन किया जाये कि पौधो की रोगग्राही अवस्था का मेल रोगजनक के अनुकूल पर्यावरण से न हो पाये जिससे पौधे इनके आक्रमण से बच जायें व अधिक हानि न हो। गेहूँ का काला कीट अगेती बोई गयी फसल की अपेक्षा पिछेती बोई गयी फसल में अधिक हानि पहुंचाता है। अतः जिन क्षेत्रों में गेहूँ का काला कीट अधिक होता हो वहाँ पर गेहूँ को देर से नहीं बोना चाहिये। मटर एवं चने को अक्टूबर में बोने से मूल विगलन एवं म्लानि रोगों द्वारा हानि अधिक होती है, जब इन फसलों को देर से बोया जाता है तो इन रोगों का आक्रमण कम होता है।

9. बोने की विधि– कुछ रोग जैसे गेहूँ का बंट एवं शीर्ष कुंत आदि बीजों को अधिक गहराई में बोने से उत्पन्न होते हैं। अतः ऐसे रोगों के आक्रमण से तरुण पौधों को बचाने के लिए बीज को उपयुक्त गहराई में ही बोना चाहिये।

10. सिंचाई प्रबंधन– धान्य कीट भी उन फसलों में अधिक उग्र रूप से उत्पन्न होते हैं जिनकी सिंचाई अधिक होती है अथवा मृदा को अधिक गीला रखा जाता है। इसके विपरीत आलू का चारकोल विगलन रोग अधिक तापमान और शुष्क मृदा में कंदों के पकने के समय अधिक उत्पन्न होता है। अतः इन सभी रोगों का नियन्त्रण उचित समय पर सही मात्रा में सिंचाई कर के किया जा सकता है।

11. मृदा का कार्बनिक संशोधन– मृदा संशोधन के रूप में विभिन्न पदार्थ जैसे हरी खाद, शुष्क एवं हरे फसल अवशेष, बुरादा, लकड़ी का छीलन इत्यादि का उपयोग किया जाना चाहिये। मृदा की यह परिवर्तित अवस्थायें रोगजनक के निवेश द्रव क्षमता को घटाने में मदद करती हैं।

ट्राइकोडर्मा–एक चमत्कारी रोग–नियंत्रक

मिट्टी से पैदा होने वाले फफूँद–जनित पौध रोगों के व्यापक नियंत्रण हेतु मृदा–तंत्र में व्याप्त कई फफूंदों का उपयोग वर्तमान में हो रहा है। इन फफूंदों में ट्राइकोडर्मा का प्रयोग सर्वथा महत्वपूर्ण एवं सर्वाधिक प्रभावकारी है। ट्राइकोडर्मा वस्तुतः सभी प्रकार की मिट्टियों एवं प्रायः हर प्रकार के फसल तंत्र में पाए जाते हैं, परन्तु प्राकृतिक रूप से इनकी संख्या इतनी कम होती है कि ये असरकारी प्रभाव छोड़ने में सक्षम नही हो सकते। प्रभावकारी ट्राइकोडर्मा प्रजातियाँ जिनमें ट्राइकोडर्मा हारजिएनम एवं ट्राइकोडर्मा विरिडी प्रमुख है, की संख्या मिट्टी में सामान्य से बढ़कर कई गुना ज्यादा (108–109 स्पोर प्रति ग्राम मिट्टी) करने की प्रकिया ही जैविक नियंत्रण (बायोकन्ट्रोल) का मूल है जिसमें ट्राइकोडर्मा को जैविक फफूंदनाशी (बायो फन्जीसाइड) के नाम से जाना जाता है। इसके व्यापक उपयोग से कृषि में स्थायी एवं पर्यावरण–मित्र रोग नियंत्रण किया जा सकता है तथा स्वस्थ फसल तंत्र की स्थापना हो सकती है।

राइजोक्टोनिया, पीथियम, स्कलेरोशियम, मैकारेफोमिन, स्कलेरोटीनिया, फाइटोफथोरा, मिलोइडोगाइन, फ्यूजेरियम इत्यादि का पूर्णरूपेण अथवा आंशिक रूप से विनाश तथा इनके द्वारा होने वाली बीमारियों जैसे आद्रगलन, बीज सड़न, उकठा, मूल विगलन एवं सूत्रकृमिका मूलग्रंथि रोग इत्यादि के नियंत्रण में ट्राइकोडर्मा नामक हरे रंग के कवक का प्रयोग प्रभावी रुप से सहायक सिद्ध हुआ है।

फसलों के कई रोग मृदाजनित सूक्ष्मजीवियों द्वारा होते हैं। ये सूक्ष्मजीवी मृत कार्बनिक पदार्थो पर अपना जीवनयापन करते हुए लम्बे समय तक सुसुप्त रुप में रहते हैं तथा अनुकूल स्थितियों में असरकारी होते हैं। यदि इनका उन्मूलन किया जा सके तो प्राथमिक संक्रमण की संभावना बहुत कम रहती है। जैविक रोगनाशकों का मृदा उपचार मृदोढ़ कवकों के उन्मूलन में सर्वथा सहायक सिद्ध हुआ है। तम्बाकू, चुकन्दर, फूलगोभी, टमाटर, पपीता, आलू, अरहर, चना, आदि में पीथियम प्रजाति का नियंत्रण ट्राइकोडर्मा में मृदा उपचार द्वारा सफल रुप से किया जा सका है।

जैविक रोग नियंत्रण में किये गये कार्यों से यह स्पष्ट हो चुका है कि जैविक रोगनाशकों का मृदोढ़ कवकों द्वारा होने वाले रोगों के नियंत्रण में सफलतापूर्वक उपयोग किया जा सकता है। भारतवर्ष की अनेक प्रयोगशालाओं द्वारा किये शोध कार्य के परिणामस्वरूप मुख्यतः दलहनी फसलों जैसेः चना, मसूर, उड़द, मूँग, अरहर, बिन्डावीन,

सब्जी वर्गीय फसलों जैसेः टमाटर, बैगन, मिर्च, कंद फसलों जैसेः आलू, चुकन्दर, गाँठ गोभी, तिलहनी फसलों जैसेः मूँगफली, सोयाबीन एवं शोभाकारी पौधे जैसे ग्लैडियोलस, गेंदा इत्यादि में होने वाले बीज सड़न, मूल विगलन, आद्र पतन एवं उकठा रोग, जिसमें 70–80 प्रतिशत तक नुकसान होता है, का नियंत्रण सफलतापूर्णक ट्राइकोडर्मा द्वारा अनुसंधान केन्द्रों एवं कृषकों के खेतों पर किया जा चुका है। इनके प्रयोग द्वारा 70–80 प्रतिशत तक फसल हानि कम की गई है।

ट्राइकोडर्मा के उत्पादन की देशी व सरल विधि

किसानों के स्तर पर ट्राइकोडर्मा को अधिक मात्रा में उत्पादित करने के लिए एक नयी पूर्णतया घरेलू पद्धति विकसित की गयी है। इसके लिए सबसे पहले जमीन पर 3 मी. लम्बे, 2 मी. चौड़े एवं 1.5 मी. गहरे कच्चे गड्ढ़े बनाते हैं। फिर इन गड्ढों में गोबर की खाद डालते हैं। गोबर की खाद पर 50 ग्राम ट्राइकोडर्मा पाउडर छिड़काव प्रति गड्ढ़े के हिसाब से करके गन्ने की पत्ती या धान की पुआल से ढ़क देते है। समय–समय पर नमी बनाये रखने हेतु पानी का छिड़काव करते रहते हैं, जिससे उचित नमी बनी रहे। 7–10 दिन के बाद नयी गोबर की खाद डालकर फावड़े से अच्छी तरह मिला देते हैं और फिर पुआल से ढ़क कर बराबर पानी का छिड़काव करते रहते हैं। इस प्रकार लगभग तीन महीने में ट्राइकोडर्मा निवेशित खाद की कुछ मात्रा मिला देते हैं और पुआल से अच्छी तरह ढ़ककर पानी का छिड़काव करते रहते हैं। एक बार तैयार की गयी खाद बहुत अच्छी गुणवत्ता की होती है तथा 1 ग्राम सूखी खाद में ट्राइकोडर्मा की मात्रा 109 सी एफ यू (कालोनी फार्मिंग यूनिटस) तक हो सकती है।

व्यापारिक उत्पादन

व्यापारिक उत्पादन के लिए चाक के पाउडर की आवश्यकता पड़ती है। इस चाक के पाउडर में ट्राइकोडर्मा के बीजाणु सबसे अधिक होते हैं तथा इसे अधिक दिनों तक सुरक्षित रखा जा सकता है। इस विधि से उत्पादित ट्राइकोडर्मा में इसके बीजाणु की संख्या लगभग दस अरब प्रति ग्राम होती है।

रखरखाव

ट्राइकोडर्मा एक कवक है अतः सामान्य से तीन–चार महीने तक इसकी संख्या में विशेष गिरावट नहीं आती है। समय बढ़ने के साथ इसकी संख्या प्रति ग्राम कम होने लगती है जिससे इसकी गुणवत्ता पर बहुत असर आता है। इसलिए पैकेट को अधिक दिन तक रखने के लिए 8 से 10 डिग्री से. तापमान पर संग्रहित करना बेहतर रहता है।

बीजोपचार में 5–10 ग्राम ट्राइकोडर्मा को 25 मिली लीटर पानी में घोलकर प्रति किलोगाम बीज की दर से उपयोग किया जाता है। यह घोल एक किलोग्राम बीज को शोधित करने के लिए पर्याप्त है। मृदा उपचार में 1 किलोग्राम ट्राइकोडर्मा को 100 किलोग्राम अच्छी सड़ी हुई खाद में मिलाकर एक सप्ताह तक छाया में रख दें तथा अंतिम बखरनी के समय प्रयोग करें।

कटिंग व जड़ उपचार–धान की नर्सरी और अन्य कन्द वाली फसलों के लिए, 200 ग्राम ट्राइकोडर्मा को 15–20 लीटर पानी में मिलायें और इस घोल में 10 मिनिट तक रोपण करने वाले पौधों की जड़ों एवं कटिंग को उपचारित करें। नर्सरी पौध को, तैयार घोल में आधे घंटे तक भिगो लें, इसके बाद रोपाई कर दें।

3 ग्राम ट्राइकोडर्मा प्रति लीटर पानी में घोल बनाकर 10–15 दिन के अंतर पर खड़ी फसल पर 3–4 बार छिड़काव करने से वायुजनित रोगों का नियंत्रण होता है।

जैविक नियंत्रण

- रसायनिक रोगनाशकों की अपेक्षा अत्यधिक सस्ता होता है।
- मानव स्वास्थ्य एवं पर्यावरण पर कोई दुष्प्रभाव नहीं।
- मृदा में रहने वाले अन्य लाभदायक जीवों पर कोई दुष्प्रभाव नहीं डालता तथा मृदा में पौधों के लिए लाभकारी जीवों की संख्या व उनकी क्षमता को बढ़ाता है।
- मृदा में कोई प्रदूषण नहीं। जल, मृदा व हवा स्वच्छ रहते हैं।
- इसके प्रयोग से पानी की कम आवश्यकता पड़ती है।
- फसलों व फलों के स्वाद में बढ़ोत्तरी होती है।
- इसके प्रयोग से उत्पादित फलों व सब्जियों को लम्बे समय तक ताजा रखा जा सकता है।
- इसके उत्पादन के लिए किसी बड़े कारखाने की आवश्यकता नही पड़ती है।
- ट्राइकोडर्मा उत्पादन अथवा इसके प्रयोग से जैविक फसल उत्पादन रोजगारपरक एवं अर्थोन्मुख है।
- उत्पादन में ईंधन की कम आवश्यकता पड़ती है।

सावधानियाँ

- ट्राइकोडर्मा हारजियेनम क्षारीय मृदा में कम उपयोगी है।
- उपचारित बीज बोने के पहले सुनिश्चित कर लें कि मृदा में उचित नमी हो।

- इसका उपयोग शेल्फ लाइफ के अन्दर ही करें।
- बायो कन्ट्रोल एजेन्टों को कमरे के तापक्रम पर 4 महीने के लिए एवं बीज के साथ उपचार करने पर 4 महीने तक रखा जा सकता है।

मट्ठा

मट्ठा, छाछ, मही आदि नाम से जाना जाने वाला पदार्थ, मनुष्यों के लिए अनेक प्रकार से गुणकारी है और इसका उपयोग फसलों में कीट तथा व्याधि के उपचार के लिये लाभप्रद है। मिर्ची, टमाटर आदि जिन फसलों में चुर्रामुर्रा या कुकड़ा रोग आता है उसके रोकथाम हेतु एक मटके में छाछ डालकर उसका मुँह पोलीथीन से बांध दे एवं 30–45 दिन तक उसे मिट्टी में गाड़ दें। इसके पश्चात् छिड़काव करने से कीट एवं रोगों से सुरक्षा होती है। 100–150 मि.ली. छाछ 15 लीटर पानी में घोल कर छिड़काव करने से कीट–व्याधि का नियंत्रण होता है। यह उपचार सस्ता, सुलभ, लाभकारी होने से कृषकों मे लोकप्रिय है। 100 लीटर पानी में 3 लीटर खट्टी छाछ (मट्ठा) को खूब अच्छी तरह मिलाकर फसल में छिड़काव करें।

नीम के उत्पाद

नीम भारतीय मूल का पौधा है, जिसे समूल ही वैद्य के रूप में मान्यता प्राप्त है। इससे मनुष्य के लिए उपयोगी औषधियाँ तैयार की जाती हैं तथा इसके उत्पाद फसल संरक्षण के लिये अत्यन्त उपयोगी हैं। यह वृक्ष लवणीय व क्षारीय मिट्टी वाली भूमियों तथा अन्य बंजर भूमियों में आसानी से उग आता है। इसे शोभाकारी वृक्ष के रूप में, कृषि वानिकी के लिए और सड़कों के किनारे छाया के लिए उगाया जाता है। सदियों से यह वृक्ष अपने औषधीय व कीटनाशी गुणों के कारण भारतीय जनमानस में आदर का पात्र रहा है। सदियों पुरानी प्रथा रही है कि भंडारित गेहूँ, चावल व अन्य अनाजों में भृंगों, कीटों व अन्य नाशक जीवों से बचाव के लिए नीम की पत्तियों को कपड़े में लपेट कर रखा जाता है। वर्तमान में, कृषि में नाशीजीव नियंत्रण के एजेंट के रूप में नीम की सशक्त भूमिका को स्वीकार किया गया है। इस वृक्ष के सभी भाग जैसे पत्तियां, फूल, फल, बीज, गिरी, छिलका, लकड़ी और टहनियां आदि जैविक रूप से सक्रिय होते हैं। पर इनमें सर्वाधिक उपयोगी नीम की निबौली होती है। नीम पर आधारित जैव नाशकजीवनाशी विविध सक्रियता के गुणों से युक्त होते हैं और गैर लक्षित जीवों के प्रति अपेक्षाकृत सुरक्षित होते हैं।

नीम के रसायनिक घटक

नीम में बड़ी संख्या में रसायनिक रूप से विविध और संरचनात्मक दृष्टि से जटिल जैव सक्रिय उत्पाद होते हैं। कुछ क्षमतावान यौगिकों में अनेक एजारडिरक्टिनॉइड, सेलानिन,

डेसऐसिटाइल सेलानिन, निम्बिन आदि सम्मिलित हैं। इस वृक्ष पर जैव सक्रियता से संबंधित अनुसंधान मुख्यतः एजाडिरेक्टिन पर की गई है क्योंकि इसकी प्रचुर व विशिष्ट क्रियाविधि है। इससे कीट अचानक ही नहीं मरते हैं वरन् उनके शरीर क्रियाविज्ञान और व्यवहारिक क्रियाओं में परिवर्तन होता है, जिससे उनकी मृत्यु हो जाती है।

अनके प्रक्रियाओं एवं कई निष्कर्ष तकनीकों द्वारा नीम के विविध रसायन तैयार किए गए हैं इनमें से अधिकांश प्रक्रियाओं को पेटेंट किया जा चुका है। एजाडिरेक्टिन के नामतः डाइ हाइड्रोफ्यूरानोएसिटॉल और डिकेलिन मॉइटिस की संरचना–सक्रियता से संबंधित अध्ययनों से यह स्पष्ट हुआ कि इनमें से पहला महत्वपूर्ण प्रतिआहारक सक्रियता से युक्त है जबकि बाद वाले से कीटों की बढ़वार व विकास प्रभावित होते हैं। नीम रसायन विज्ञान में सबसे बड़ी उपलब्धि इम्पीरियल कॉलेज, लंदन में डॉ. स्टीवन ले के नेतृत्व में रसायन विज्ञानियों के एक समूह द्वारा इन दोनों रसायनों का संश्लेषण करना था।

एजाडिरेक्टिन ऊष्मा, प्रकाश, जल, पी. एच., सूक्ष्मजीवों आदि के प्रति अस्थिर है, क्योंकि खेत की अवस्थाओं में इसकी प्रभावी आयु अल्प होती है। इसके प्रभाव को स्थिर करने के अनेक प्रयास किए जा चुके हैं इसके अवकृत अपकर्ष नामतः डाइहाइड्रो–और टेट्राहाइड्रो–एजाडिरेक्टिन प्रकाश, उष्मा, नमी आदि के प्रति अधिक स्थिर होते हैं और इस प्रकार अपनी जैव सक्रियता बनाए रखते हैं।

नीम के विभिन्न उत्पाद

अ) नीम पत्ती का घोलः नीम की 10–12 किलो पत्तियाँ, 200 लीटर पानी में 4 दिन तक भिगोयें। पानी हरा पीला होने पर इसे छानकर, एक एकड़ की फसल पर छिड़काव करने से इल्ली की रोकथाम होती है। इस औषधि की तीव्रता को बढ़ाने हेतु बेशरम, धतूरा, तम्बाकू आदि के पत्तों को मिलाकर काढ़ा बनाने से औषधि की तीव्रता बढ़ जाती है और यह दवा कई प्रकार के कीड़ों को नष्ट करने में उपयोगी सिद्ध होती है।

ब) नीम की निबोलीः नीम की निबोली 2 किलो लेकर महीन पीस लें। इसमें 2 लीटर ताजा गौ मूत्र मिला लें। इसमें 10 किलो छाछ मिलाकर 4 दिन रखें और 200 लीटर पानी में मिलाकर खेतों में फसल पर छिड़काव करें।

स) नीम की खलीः जमीन में दीमक तथा व्हाइट ग्रब एवं अन्य कीटों की इल्लियॉ तथा प्यूपा को नष्ट करने तथा भूमि जनित रोग विल्ट (उगरा) आदि के रोकथाम के लिये किया जा सकता है। 6–8 क्विंटल प्रति एकड़ की दर से अंतिम बखरनी करते समय बारीक कूटकर खेत में मिलावें।

गौमूत्र

गौमूत्र को कांच की शीशी में भरकर धूप में रख देते हैं। जितना पुराना गौमूत्र होगा उतना अधिक असरकारी होगा। 12–15 मि.ली. गौमूत्र प्रते लीटर पानी में मिलाकर छिडकाव कर पंप से फसलों में बुआई के 15 दिन बाद, प्रत्येक 10 दिवस में छिड़काव करने से फसलों में रोग एवं कीड़ों के प्रति प्रतिरोधी क्षमता विकसित होती है, जिससे प्रकोप की संभावना कम हो जाती है।

मिर्च/लहसुन : आधा किलो हरी मिर्च, आधा किलो लहसुन पीसकर चटनी बनाकर पानी में घोल बनायें। इसे छानकर 100 लीटर पानी में घोलकर फसल पर छिड़काव करें। 100 ग्राम साबुन पाउडर भी मिलावें, जिससे पौधों पर घोल चेपक सके। इसके छिड़काव करने से कीटों का नियंत्रण होता है।

लकड़ी की राख : 1 किलो राख में 10 मि.ली. मिट्टी का तेल डालकर पाउडर का बुरकाव 25 किलो प्रति हेक्टेयर की दर से करने पर एफिड्स एवं पंपकिन बीटल का नियंत्रण हो जाता है।

आइपोमिया (बेशरम) पत्ती घोल : बेशरम की 10–12 किलो पत्तियॉ, 200 लीटर पानी में 4 दिन तक भिगोयें। पत्तियों का अर्क उतरने पर इसे छानकर एक एकड़ की फसल पर छिड़काव करें, इससे कीटों का नियंत्रण होता है।

जैविक रोग निरोधकों का व्यवसायिक उत्पादन व प्रयोग विधि

प्रायोगिक उपयोग के लिए किण्वन तकनीक द्वारा जैविक रोग निरोधक कवकों का उत्पादन किया जाता है। इसके उत्पादन के लिए ज्वार के दाने, फसलों के चारे, मोलेसेस या गेहूँ का चोकर आदि माध्यम के रुप में प्रयोग किया जाता है। तालिका 9.1 में कृषि अवशेष जिसका प्रयोग जैविक रोग निरोधकों के व्यवसायिक उत्पादन में होता है, अंकित किया गया है।

तालिका 9.1: जैविक रोग निरोधकों के व्यवसायिक उत्पादन में प्रयोग होने वाले कृषि अवशेष

क्र.सं.	कृषि अवशेष
1.	राई घास के बीज का चूर्ण
2.	गेहूँ का चोकर
3.	गेहूँ का चोकर व लकड़ी का बुरादा
4.	मोलेसेस–यीस्ट माध्यम
5.	ज्वार का बीज

6.	गन्ना एवं मक्के का अवशेष
7.	काफी के फल का छिलका और चेरी का भूसा
8.	नारियल का जूट
9.	सुगंधित पौधों के वाष्पीकृत अवशेष
10.	चीनी मिल का प्रेसमड
11.	केले का तना
12.	कम्पोस्ट

पूर्ण रुप से फफूँद द्वारा किण्वित माध्यम को सुखाकर, पीसकर पाउडर का रुप दे दिया जाता है। उस पाउडर का 4 ग्राम प्रति किग्रा बीज की दर से बीजोपचार या 10 ग्राम प्रति किग्रा मृदा की दर से मृदा उपचार किया जाता है। वृहत पैमाने पर मृदा उपचार आर्थिक दृष्टि से लाभकारी नहीं है, लेकिन बीजोपचार आर्थिक दृष्टि से लाभप्रद तथा रोग नियंत्रण दोनो में उपयुक्त साबित हुआ है।

आकडों से स्पष्ट है कि रसायनिक रोगनाशक के निर्माण में लगभग 10 से 12 वर्ष लगते हैं और 20–25 करोड़ रुपये का खर्च आता है, परन्तु यदि 10 करोड़ रुपये और 3–4 वर्ष ही जैविक रोगनाशकों के विकास पर खर्च किये जाये, तो रोग नियंत्रण में अभूतपूर्व सफलता प्राप्त की जा सकती है। अब आवश्यकता है उद्यमियों की, जो जैविक रोगनाशकों के व्यवसायिक उत्पादन में सहयोग करें, जिससे भारतीय कृषि के दीर्घकालिक विकास का मार्ग प्रशस्त हो सके तथा साथ ही ऐसे उन्नतशील किसानों की जो इन तकनीकों का प्रयोग अपने खेतों में करके विभिन्न रोगों से फसलों के बचाव के लिए तत्पर हों, जिससे जैविक कृषि के सपनों को साकार किया जा सकता है।

जैविक रोगनाशक पाउडर, मुख्यतः अवशिष्ट कृषि उत्पाद जैसे गन्ने का अवशिष्ट भाग, लकड़ी का बुरादा, ज्वार के दाने आदि द्वारा ठोस किण्वन प्रौद्योगिकी या मोलेसेस का उपयोग कर द्रवित–किण्वन प्रौद्योगिकी द्वारा बनाया जाता है। जैविक रोगनाशकों का बीजोपचार के रुप में उपयोग करके विभिन्न रोगों का नियंत्रण कई फसलों में किया गया है।

जैविक रोगनाशकों कवक का फसलों पर कोई प्रतिकूल प्रभाव नहीं पड़ता है। प्रयोग द्वारा यह स्पष्ट हो चुका है कि जैविक रोगनाशक कवक फसलों के विकास एवं गुणात्मक उत्पादकता वृद्धि में सहायक होते हैं तथा बीजों के अंकुरण में भी बढ़ोत्तरी दर्शाते हैं। चना, सोयाबीन व मसूर के बीजों को ग्लीयोक्लेडियम वाइरेन्स से बीजोपचारित कर सामान्य अंकुरण व वृद्धि रिपोर्ट की गई है। इसी प्रकार टमाटर में ट्राइकोडर्मा हारजिएनम के मृदा उपचार द्वारा आद्र–पतन के नियंत्रण के साथ–साथ पौधों में वृद्धि भी रिपोर्ट की गयी है।

जैविक रोग निरोधक कवक द्वारा, रोग नियंत्रित करने के साथ–साथ पौधों में वृद्धि भी रिपोर्ट की गई है। जैविक रोग निरोधक कवक, रोग नियंत्रित करने के साथ–साथ जैविक खाद का भी कार्य करते हैं। पादप रोगों का नियंत्रण पादप रोग वैज्ञानिकों का प्रथम एवं महत्वपूर्ण उत्तरदायित्व है। साथ ही पर्यावरण को प्रदूषण मुक्त भी रखना है, इस उददेश्य की पूर्ति के लिए जैविक नियंत्रण ही एक मात्र विकल्प है। साथ ही वृहद पैमाने पर कृषकों तक पहुँचाने के लिए जैविक रोग निरोधकों का व्यवसायिक उत्पादन आवश्यक है जिसकी कार्य रुप रेखा वैज्ञानिकों द्वारा बनाई जा चुकी है।

❑❑❑

अध्याय 10

जैविक खरपतवार प्रबंधन

खरपतवार प्रत्येक फसल के लिए अभिशाप बनकर आये दिन फसलों से प्रतिस्पर्धा कर क्षति पहुँचाते है। कृषि वैज्ञानिकों ने अनुसंधान के दौरान यह पाया है कि फसलों के लाभ का अधिकांश भाग खरपतवार के कारण क्षतिग्रस्त हो जाता है। खरपतवार पोषक तत्व, नमी, स्थान तथा सूर्य प्रकाश के लिए फसलों के साथ लगातार प्रतिस्पर्धा करते हैं जिसके फलस्वरूप फसल पैदावार और गुणवत्ता प्रभावित होती है। इसके अतिरिक्त खरपतवार कई प्रकार के फसल रोग तथा कीटों को आश्रय प्रदान कर उनके फैलाव में सहायक होते हैं। खरपतवार न केवल सब्जियों की पैदावार एवं गुणवत्ता को प्रभावित करते है, अपितु कृषकों के लिए परेशानी उत्पन्न करते हैं। उचित एवं समय पर खरपतवार को नियत्रित करके पैदावार में 30–50 प्रतिशत वृद्धि की जा सकती है।

जैविक खेती द्वारा लाभप्रद उत्पादन प्राप्त करने के लिए निम्न कृषिगत क्रियाओं को अपनाना चाहिये, परिणामस्वरुप उत्पादन में स्थिरता एवं गुणवत्ता प्राप्त होगी।

1. ग्रीष्मकालीन जुताई– रबी फसल की कटाई के पश्चात भूमि मे संचित नमी का उपयोग करने के लिए खेत की गहरी जुताई करके छोड़ देना चाहिये। ग्रीष्म ऋतु में गहरी जुताई करने से रोगजनक विषाणु, जीवाणु एवं फफूँद, विभिन्न प्रकार के कीड़ों के अंडे, लार्वा आदि भूमि की सतह पर आकर तेज सूर्य की किरणों से नष्ट हो जाते हैं। साथ ही खरपतवारों के अवशेष, बीज एवं जड़ गहरी जुताई में दब कर या सतह पर आकर सूख कर नष्ट हो जाते हैं या बीजों को पक्षियों द्वारा चुन लिया जाता हैं। कुछ बहुवर्षीय खरपतवार जैसे कांस, गुंदला, दूब आदि को चुनकर अलग कर देना चाहिये। सिंचित भूमि में जहाँ गर्मियों में मूँग, उड़द, गन्ना, सब्जी या हरे चारे की फसल लगाई जाती है, ऐसे क्षेत्रों में कम से कम तीन वर्ष में एक बार गहरी जुताई अवश्य करें। इसके लिए आवश्यक है कि इस प्रकार का फसल चक्र अपनाए जिससे खेत मई–जून के समय खाली रहे। सूर्य की तपन का सही उपयोग करके खरपतवार, कीट एवं रोग व्याधि की रोकथाम के लिए उपयोग में लाये जाने वाले रसायनों की मात्रा में कमी की जा सकती है। ग्रीष्मकालीन गहरी जुताई करने से वर्षा जल का सरंक्षण भूमि में अधिक होता है तथा भूमि कटाव सम्बन्धी समस्या भी नियंत्रित होती है।

2. बुआई के पहले जुताई– बुआई के पहले वर्षा होने पर या पलेवा के बाद खरपतवार अंकुरित हो जाते हैं। इस अवस्था में 2–3 बार उथली जुताई या बखर करने पर अधिकांश मौसमी खरपतवार नष्ट हो जाते हैं।

3. फसल का चुनाव– ऐसे क्षेत्र जहाँ पर खरपतवार अधिक होते हैं वहाँ सोयाबीन, रामतिल जैसे अधिक बढ़ने वाली फसलों को बढ़ावा देना चाहिए। ऐसी फसलें जो अधिक फैलकर जमीन को घेर लेती हैं खरपतवार की समस्या के समाधान के लिए अच्छी होती हैं।

4. पौधों की दूरी– ऐसे क्षेत्र जहाँ पर खरपतवार की समस्या अधिक हो वहाँ फसल की बुआई सकरी कतारों में करने हेतु कतार से कतार की दूरी कम रखें। ऐसा करने से खरपतवार को उगने एवम् बढ़ने के लिए स्थान कम मिलता है।

5. बीज पर आधारित निर्देश –

अ) उन्नत किस्मों के बीजों का उपयोग– जैविक खेती के परिपेक्ष्य में रसायनों का उपयोग नहीं किया जाता। ऐसी स्थिति में उत्पादन वृद्धि के मुख्य घटक बीज की महत्ता अधिक बढ़ जाती है। यदि अन्य क्रियाएं सामान्य रखी जाएँ तथा पारम्परिक किस्मों के स्थान पर उन्नत किस्मों के बीज का उपयोग किया जाये तो उत्पादन में 20–30 प्रतिशत तक की वृद्धि होती है। उन्नत किस्मों के बीज जिनमें कीटों के प्रकोप से लड़ने की शक्ति, रोग निरोधक जातियां, खरपतवारों से प्रतिस्पर्धा कर शीघ्र वृद्धि कर सकें एवं प्राकृतिक विपदा (अधिक वर्षा, कम वर्षा की स्थिति) सहन करने की क्षमता हो, का चुनाव करें, ताकि कीट एवं रोग नियंत्रण के लिए विषैले रसायनों के उपयोग से बचा जा सके एवं लागत खर्च में कमी करते हुए अधिक लाभ अर्जित किया जा सके।

आ) स्वस्थ बीज का उपयोग– प्रायः यह देखा गया है कि किसान भाई पुराने बीज का लगातार कई वर्षो तक उपयोग करते रहते हैं। यह कम पैदावार प्राप्त होने का एक महत्वपूर्ण कारण है। ऐसी दशा में बीज का चयन काफी महत्वपूर्ण होता है। कचरा, मिट्टी, कंकर एवं भूसे के अवशेष आदि बीज से अलग करके बुआई पूर्व साफ़ करें। बीज सुडौल एवं पूर्ण विकसित हो, कटे–फटे बीज को अलग कर दें। ध्यान रहे कि खेती का सम्पूर्ण महत्व अच्छे एवं स्वस्थ बीज पर निर्भर करता है। चयन किया गया बीज सूखा हो और पूर्व में उचित भण्डारण किया गया हो। स्वस्थ बीज के उपयोग से बीज जनित रोग व भूसे आदि में पनपने वाले कीटों के अंडे, लार्वा आदि को रोकने में मदद मिलती है।

इ) अंकुरण क्षमता ज्ञात करना– बुआई पूर्व बीज की अंकुरण क्षमता ज्ञात करना चाहिये। अंकुरण क्षमता ज्ञात होने से बुआई हेतु बीज की मात्रा का निर्धारण किया जा सकता

है ताकि खेत में उचित पौध संख्या प्राप्त हो सके। कभी–कभी पुराने बीज की अंकुरण क्षमता 50–60 प्रतिशत से भी कम हो जाती है। परिणामस्वरूप उचित पौध संख्या खेत में प्राप्त नहीं होती है जिससे उत्पादन पर विपरीत प्रभाव पड़ता है।

अंकुरण प्रतिशत ज्ञात करने का तरीका

अ) अखबार का पन्ना दुहरा करके किसी समतल स्थान पर बिछाकर इसे पानी से गीला करें। गीले अखबार पर चयन किये हुए बीज में से कम से कम 100 बीज बिना छांटे फैलाकर बिछा दें। अब पेपर को हल्का सा दबाब देकर लपेट लें और छायादार स्थान में रखें। प्रतिदिन इस पर पानी सींचते रहें तथा 6 से 7 दिनों बाद अंकुरण होने पर खोलकर अंकुरित बीज को गिन लें।

आ) बीज बड़ा व मोटा होने पर इसे पेपर में लपेटना मुश्किल होता है। ऐसी अवस्था में पेपर के स्थान पर जूट का पुराना बोरा लें एवं इसे गीला करके इस पर बीज बिखेर दें। दूसरे बोरे को गीला करके इसके उपर ढांक दें। अंकुरण होने तक आवश्यकतानुसार पानी से गीला करते रहें। अंकुरण होने पर स्वस्थ अंकुरित बीज को गिनकर अंकुरण प्रतिशत ज्ञात कर लें। उदाहरण के लिए 100 में से 80 दाने स्वस्थ अंकुरित हुए तो इसका अंकुरण 80 प्रतिशत हुआ। विभिन्न फसल बीजों की अंकुरण क्षमता का मापदंड तालिका 10.1 में दर्शाया गया है।

तालिका 10.1: फसल बीजों की अंकुरण क्षमता का मापदंड

क्रं संख्या	फसल का नाम	प्रतिशत	क्रं संख्या	फसल का नाम	प्रतिशत
1.	गेहूँ	85	11.	मूँगफली	70
2.	धान	80	12.	अलसी	80
3.	मक्का	90	13.	रामतिल	80
4.	चना	85	14.	तिल	80
5.	उड़द	75	15.	सोयबीन	70
6.	बरबटी	75	16.	सूरजमुखी	70
7.	मूँग	75	17.	सूरजमुखी (संकर)	70
8.	मसूर	75	18.	बरसीम	80
9.	मटर	75	19.	कपास	65
10.	अरहर	75	20.	सरसों एवं राई	85

इ) बीजोपचार– एक किलो बीज को 4 ग्राम ट्राइकोडरमा विरडी से उप्चारित कर दलहनी फसलों की बुआई करें। इससे कई तरह के रोगों से बीज का बचाव होगा

एवं अंकुरण अधिक होगा, जिससे खेत में पर्याप्त पौध संख्या होगी जो पैदावार बढ़ाने में सहायक होगी। बीजोपचार करने के पश्चात बीज को जैव उर्वरक से उपचारित कर बुआई करना चाहिये।

ई) उचित बीजदर– किसी भी फसल के लिए कितनी बीज की मात्रा लेना है यह उस फसल के पौधों द्वारा वांछित स्थान घेरने पर निर्भर करता है। सामान्यतः किसान भाई अनुशंसित मात्रा से अधिक बीज का उपयोग करते हैं। एक निश्चित क्षेत्रफल में अधिक पौधे होने पर प्रत्येक पौधे को उसके विकास के लिए पर्याप्त सूर्यप्रकाश, स्थान, पानी एवं पोषक तत्व नहीं मिल पाते एवं पौधे आपसी प्रतिस्पर्धा के कारण कमजोर रह जाते हैं। पर्याप्त अंतर पर पौधे होने से पौधों पर पर्याप्त सूर्यप्रकाश पड़ता है, जो कीट–रोग से बचाव में भी सहायक होता है।

6. फसल चक्र– एक ही खेत में लम्बे समय तक एक ही फसल को लगातार बोने से विशेष प्रकार के खरपतवार का प्रकोप बढ़ जाता है। अतः क्षेत्र विशेषानुसार सिफारिश फसलों/किस्मों को इस तरह से हेरफेर कर लेना चाहिए, जिससे पैदावार अधिक मिलेगी साथ ही साथ खरपतवार नियन्त्रण भी प्रभावी रूप से हो सकेगा।

खेत में विभिन्न फसलों को हेर–फेर कर बोना चाहिये, जिससे भूमि की उर्वरता बनी रहे एवं फसलों में लगने वाले कीड़े तथा बीमारियों से भी फसल की सुरक्षा हो सके। फसल चक्र में दलहनी फसलों का समावेश करना चाहिये। खेत में लगातार एक ही फसल को लगाना अथवा एक ही किस्म को अधिक क्षेत्र में लगाना कीट–रोगों को निमंत्रण देना जैसा है। इससे फसल पर लगने वाले कीट–रोग के अवशेष, फफूंद, अंडे, लार्वा आदि को अपनी पीढ़ी आगे बढ़ाने के लिए अनुकूल दशा प्राप्त होती है। यही कारण है कि दोनों मौसम में धान लेने पर गंगई का आक्रमण अधिक होता है। फसल चक्र उन कीटों को नष्ट करने के लिए विशेष सफल होता है जिनका जीवन चक्र लम्बा होता है, जो सीमित क्षेत्र में ही हानि पहुँचाते है एवं जिनके पोषक पौधे भी सीमित होते हैं। फसल चक्र अपनाते समय यह विशेष ध्यान रखें की एक ही कुल में आने वाली फसलों को बार–बार नहीं बोंये, क्योकिं उनमें लगने वाले कीट–रोग प्रायः एक से ही रहते हैं। अरहर की फसल को एक ही खेत में बार–बार बोने से उसमें उकटा रोग, प्लुम माथ व फली छेदक मक्खी का प्रकोप अधिक पाया जाता है। इसी तरह चना की खेती लगातार एक ही खेत में कई वर्षों तक करते रहने से उकटा रोग फैलता है। अतः फसल चक्र अपनाने से इन समस्याओं पर नियंत्रण पाया जा सकता है।

7. अंतरवर्तीय फसल– इसमें एक ही फसल के पौधों की दूरी परस्पर बढ़ जाती है और इसके मध्य में स्थित दूसरी फसल के पौधे क्रमशः एक–दूसरे के हानिकारक कीटों में रूकावट पैदा करते हैं, जिससे दोनों ही प्रकार के पौधे अधिक प्रकोप से बच जाते हैं। जैसे गेहूँ को दीमक के प्रकोप से बचाने के लिए और चने को इल्ली से बचाने

के लिए गेहूँ और चने की पंक्तियों में एक से दो पंक्ति सरसों की लगाने से उपयुक्त कीटों का प्रकोप कम हो जाता है। ज्वार तथा अरहर को मिश्रित रूप से बोने पर ज्वार पर इयरबग का प्रकोप कम होता है। गेहूँ तथा चने की फसलों के चारों और कुसुम की कुछ पंक्तिया बोने से उसकी पत्तियों के कंटीले होने से पशु खेत में घुस नहीं पाते। फसलों के रोग को फैलाने से रोकने में भो ये तरीका प्रभावी होता है। वर्षा आश्रित क्षेत्रों में अरहरः सोयाबीन अंतरवर्तीय खेती (2 : 4) अधिक लाभप्रद सिद्ध हुई है तथा कीट–रोग एवं प्राकृतिक विपदाओं के समय उत्पादन मे स्थिरता बनी रहती है।

8. स्वच्छ खेती– फसल कटाई पश्चात ठूँठों, कूड़ा, पत्तियां, खरपतवार आदि को नष्ट करना बहुत जरुरी होता है। रबी फसल की कटाई पश्चात विशेषकर गेहूँ के खेतों में ठूँठों को जला दें। ठूँठों के अन्दर चितकबरी सुंडियाँ, पत्ती मोदक सुंडियाँ, ज्वार मक्का का तना छेदक, कददू का लाल भृंग आदि निष्क्रिय अवस्था में पड़े रहते हैं, इन्हें नष्ट करना बहुत आवश्यक होता है। खरपतवारों पर भी नीबू को तितली की इल्लियाँ, जैसिड, सफेद मक्खी, गंधी बग आदि कीट पलते हैं। खरपतवार रहित सोयाबीन के खेतों में गर्डल बीटल का अपेक्षाकृत कम प्रकोप होता है। रोगों से बचाव के लिए भी अवांछित पादप अवशेषों को नष्ट करना आवश्यक है। स्वच्छ खेती से कई रोगजनकों के उन्मूलन में सहायता मिलती है।

9. समय पर बुआई– मौसम की अनुकूलता के अनुसार फसल की बुआई समय पर कर देना चाहिये। इससे कई कीड़े–बीमारियों का प्रकोप नहीं होता है। उदाहरण के लिए धान की देर से पकने वाली किस्मों की 10 से 15 जुलाई तक बुआई या रोपाई हो जाना चाहिये। इसके बाद बुआई या रोपाई करने में गंगई, माहू, झुलसन, भूरा धब्बा आदि कीट रोगों के प्रकोप की संभावना अधिक रहती है। यदि 15 जुलाई के बाद बुआई/रोपाई करना हो तो मध्यम अवधि से पकने वाली धान की किस्मे ही बोनी चाहिये। अगस्त माह में खरीफ फसलों की बुआई आर्थिक दृष्टि से फायदेमंद नहीं है। इस समय यदि बुआई करना ही हो तो देर से बोयी जा सकने वाली फसलें जैसे– रामतिल, अरंडी या सूरजमुखी बोना चाहिये।

कभी–कभी फसलों के बोने व काटने के समय में परिवर्तन करके भी कीट–रोगों के प्रकोप से बचाव किया जा सकता है। कददूवर्गीय सब्जियों के लाल भृंग के प्रकोप से बचाने के लिए उन्हें जनवरी के अंत या फ़रवरी के आरंभ में पोलीथीन की थैलियों में खाद तथा मिट्टी भरकर बो देना चाहिये। सरसों तथा कपास को निश्चित समय से कुछ दिन पहले बोने से माहू, जड़ सड़न तथा गुलाबी सुंडी से बचाव हो जाता है। कुछ रोग उस समय अधिक उग्र रूप से उत्पन्न होते है, जब पादप वृद्धि की रोगग्राही अवस्था एवं रोगजनक के लिए अनुकूल दशा होती है।

10. उचित मात्रा में सड़ी हुई अच्छी गोबर की खाद / कम्पोस्ट का उपयोग–फसलों की समुचित वृद्धि के लिए आवश्यक पादप पोषक तत्वों की संतुलित मात्रा देना आवश्यक होता है। गोबर की खाद, कम्पोस्ट खाद, बायो गैस की स्लरी तथा नाडेप खाद पौधों को संतुलित पोषक तत्व प्रदान करते हैं। साथ ही भूमि की भौतिक दशा में सुधार कर लाभदायक जैव क्रियायों को प्रोत्साहित करते हैं। कच्ची या अधपकी गोबर खाद का उपयोग नहीं करें क्योंकि इससे दीमक के प्रकोप बढ़ने की संभावना होती है। गन्ना, गेहूं, ज्वार, मक्का में नत्रजन युक्त उर्वरक देने से कीट समस्याएं बढ़ जाती हैं। यूरिया के अधिक उपयोग से खरपतवारों की समस्याएं भी काफी अधिक बढ़ जाती हैं। नीम खली का खाद के रूप में एवं हरी खाद के उपयोग से सूत्रकृमियों की संख्या कम हो जाती है। वर्तमान में किसान भाई नत्रजन युक्त उर्वरक (यूरिया आदि) का उपयोग ही अधिक करते हैं, इससे पौधों की बढ़वार अधिक हो जाती है किन्तु पौधे सुदृढ़ व मजबूत नहीं हो पाते एवं फसल कीट के प्रति संवेदनशील हो जाती है। अतः आवश्यकता यह है कि जैविक खेती के विभिन्न स्रोतों की उपलब्धता एवं अनुकूलता के हिसाब से उपयोग करते हुए पोषक तत्वों की पूर्ति करें जिससे अधिक पैदावार और अच्छी गुणवत्ता वाले उत्पाद कम लागत लगाकर प्राप्त किये जा सकें।

11. समुचित जल प्रबंधन– गेहूँ व गन्ना में ठीक समय पर पानी नहीं देने से दीमक का प्रकोप बढ़ जाता है। अम्लीय भूमि में जहाँ प्याज तथा लहसुन की खेती की जाती है इसमें सही समय पर सिंचाई न करने से थ्रिप्स का प्रकोप काफी होता है। सिंचाई की संख्या व मात्रा में कमी द्वारा भी पर्यावरण का परिवर्तन करना कुछ रोगजनकों के विरुद्ध सहायक होता है। खेत में अधिक पानी भरा होना भी नुकसान करता है। धान के खेत में हमेशा पानी भरे रहने से कोष कृमि एवं भूरा माहू का प्रकोप बढ़ जाता है। गन्ने के खेत में पानी की अधिकता से अंगोला छेदक, जड़ बेधक तथा सफेद मक्खी कीट का आक्रमण बढ़ जाता है। गन्ने में लाल सड़न रोग उन खेतों में अधिक होता है जहाँ अक्सर पानी भरा होता है। ऐसे क्षेत्रों में जहाँ खरपतवार की समस्या अधिक तथा खेतों में खरीफ मौसम में बुवाई नहीं की जाती है उन क्षेत्रों में खाली खेतों में पानी भरकर रखने से सफलतापूर्वक खरपतवार नियंत्रण करना संभव होता है। साथ ही भूजल स्तर में सुधार होता है। समस्याग्रस्त खरपतवार जैसे काँस, मोथा, गुदला, दूब आदि को इस तरीके से नियंत्रित करना लाभकारी होता है।

12. हाथ से निंराई– अधिकांश खरीफ तथा रबी फसलों की क्रांतिक अवस्था बुआई के 20–30 दिन की होती है। पहली निराई इस फसल अवस्था पर करना सफलता की कुंजी होती है। देर से निराई करने से फसल प्रभावित होती है एवं खरपतवार नियंत्रण ठीक तरह से नहीं हो पाता। अधिक उम्र वाले खरपतवार को जड़ से निकालना संभव नही हो पाता है क्योंकि उनकी जड़ें भूमि में अधिक गहराई में जाकर

फैल जाती हैं। देर से निराई करने से खरपतवार के पौधे निराई करते समय ऊपर से ही टूट जाते हैं तथा कुछ समय पश्चात पुनः पनप जाते हैं। आवश्यकता पड़ने पर दूसरी निराई बुआई के 40–45 दिन पश्चात करना चाहिये। हाथ से चलने वाले उन्नत कृषि यंत्रों जैसे हैण्ड हो, वीडर, व्हील हो आदि की सहायता से कतारों के बीच उगे खरपतवार को नष्ट किया जा सकता है। इसमें कम लागत लगती है और भूमि में वायु संचार अधिक होता है जो फसल बढ़वार के लिए लाभप्रद होता है।

13. खेत मचाना– खेत में पानी भरकर हल द्वारा खेत मचाने से भूमिगत तने, बल्ब आदि सड़ जाते हैं। रोपण पद्धति से धान लगाने से भी खरपतवार नियंत्रित किये जा सकते हैं। समस्याग्रस्त खरपतवार जैसे काँस, गुदला आदि को इस तरीके से नष्ट करना अधिक लाभकारी होता है।

14. मृदा सौरीकरण द्वारा खरपतवार नियंत्रण– वर्तमान परिदृश्य में जबकि विश्वस्तर पर जैविक एवं टिकाऊ खेती की वकालत की जा रही हो वहां फसलों में खरपतवारों का नियंत्रण अतिआवश्यक हैं क्योंकि इनसे फसल की उपज में 30–80 प्रतिशत तक कमी हो जाती है। रसायनों का उपयोग जैविक खेती में वर्जित होने के कारण मृदा सौरीकरण को वैज्ञानिक विकल्प के रूप में अपनाया जा सकता है। इसी प्रकार खरपतवार तथा मिट्टी में पाए जाने वाले अन्य हानिकारक सूक्ष्म जीवों के नियंत्रण के लिए मृदा सौरीकरण तकनीकी कारगर साबित होगी। मृदा सौरीकरण तकनीकी में पारदर्शी पालीथीन (प्लास्टिक मल्चिंग) से वर्ष के अधिक तापमान वाले महीनों (मई–जून) में सिंचाई उपरान्त खाली खेत को ढ़क देते हैं और पालीथीन के किनारों को मिट्टी से अच्छी तरह दबा देते हैं ताकि मृदा में अवशोषित एवं संचयित ताप बाहर न निकल सके। जिसके फलस्वरूप खेत की सतह के तापमान में लगभग 8–12 डिग्री सेंटीग्रेड की वृद्धि हो जाती है। मृदा सौरीकरण तकनीकी से विभिन्न मृदाओं के तापमान में वृद्धि का अवलोकन तालिका 10.2 में दिए गए आंकड़ों से किया जा सकता है। इन आंकड़ों से साफ विदित होता है कि सतह पर सामान्य दशा की तुलना में सौरीकरण दशा में मृदा का तापमान लगभग 8–10 डिग्री सेंटीग्रेड अधिक होता है जो विभिन्न प्रकार के खरपतवारों व मृदा जनित सूक्ष्म जीवाणुओं, परजीवियों एवं सूत्रकृमी के विनाश के लिए काफी होता है। साथ ही साथ इसका भी पता चलता है कि काली मिट्टी, हल्के हरे रंग की तुलना में सौर उष्मा ज्यादा अवशोषित करती है।

तालिका 10.2: मृदा तापमान (डिग्री सेंटीग्रेड) पर सौरीकरण तकनीक का प्रभाव

दशा	मृदा गहराई (से.मी.)					
	0.0		7.5		10.0	
	भारी मृदा	हल्की मृदा	भारी मृदा	हल्की मृदा	भारी मृदा	हल्की मृदा
सामान्य दशा	49	47	43	41	39	37
सौरीकृत दशा	58	56	49	45	43	42

मृदा सौरीकरण द्वारा प्रभावी नियंत्रण हेतु निम्नलिखित कारकों पर ध्यान देना आवश्यक है:

- सौर ऊर्जा का अवशोषण एवं संचयन अधिक हो सके इसके लिए पतली (0.05 मि.मि. या 20–25 माइक्रो मीटर) एवं पारदर्शी पालीथीन शीट जो कि मोटी एवं काली पालीथीन शीट की तुलना में अधिक प्रभावशाली होती है, का प्रयोग करना चाहिये।
- सौर ऊष्मा के अधिकतम शोषण तथा मृदा के तापमान में अधिकतम वृद्धि के लिए पालीथीन को इस तरह से बिछाना चाहिये कि जमीन से बिल्कुल चिपकी रहे एवं उसके नीचे कम से कम हवा रहे। इसके लिए खेतों का अच्छी तरह से समतल होना आवश्यक है।
- मृदा में नमी की मात्रा इस तकनीक की सफलता का एक मुख्य कारक है इसलिए पालीथीन बिछाने से पहले खेत की हल्की सिंचाई (50 मि.मी.) कर देना अति आवश्यक है। इससे मृदा में पाए जाने वाले सूक्ष्म जीवाणु पर सौर ऊष्मा का प्रभाव बढ़ जाता है तथा साथ ही साथ ऊष्मा का संचालन अधिक गहराई तक होता है। मृदा सौरीकरण का प्रभाव तालिका 10.3 में दर्शाया गया है।

तालिका 10.3 : मृदा सौरीकरण का खरपतवारों पर प्रभाव

प्रमुख खरपतवार	सौरीकृत रहित	सौरीकृत	नियंत्रण (%)
पथरचटटा	173	03	98
लहसुआ	125	03	98
मकडा	139	21	85
कनकौआ	14	0	100
जंगली जई	09	0	100
बथुआ	30	0	100
गुल्ली डंडा	41	0	100
गाज़र घास	03	0	100
दूधी	15	0	100

- तीव्र गर्मी वाले महीनों में जब खेत में कोई फसल नहीं हो तो सौरीकरण करने तथा अधिक से अधिक समय तक पालीथीन बिछाकर रखने से इस तकनीक की सफलता में वृद्धि होती है। शोध अध्ययनों के आधार पर बताया गया है कि देश के दक्षिण भाग में अप्रैल से मई तथा उत्तरी भाग में मई से जून माह के दौरान मृदा सौरीकरण करना अति उत्तम होगा क्योंकि इन महीनों में वायुमंडलीय तापमान अधिक और आसमान साफ रहता है।
- मृदा सौरीकरण का प्रभाव मुख्यतः भूमि के ऊपरी सतह तक रहता है। इसके प्रभाव को ज्यादा गहराई तक पहुँचाने के लिए सौरीकरण की अवधि 8–10 सप्ताह की होनी चाहिये। जिससे कन्द एवं गांठों से उगने वाले खरपतवार भी नष्ट हो जायें।
- मृदा सौरीकरण के उपरान्त खेत में जुताई कार्य वर्जित है अन्यथा इसका असर कम हो जाता है। अतः बुआई में केवल कुण्ड बनाने का कार्य तथा सीड ड्रिल आदि का ही प्रयोग करना चाहिये जिससे मृदा की सतह में कोई अव्यवस्था नहीं हो। अतः इस तकनीक का पूर्ण लाभ लेने के लिए किसानों को इस बात का ध्यान रखना चाहिये।

मृदा सौरीकरण का प्रभाव

- खरपतवार पर– प्रक्षेत्र तथा अन्य प्रयोग केन्द्रों पर किये गए अध्ययनों में पाया गया है। कि 4–6 सप्ताह के मृदा सौरीकरण से बहुतायत खरपतवारों का पूर्ण नियंत्रण हो जाता है। (तालिका 10.3)। कुछ खरपतवार जैसे नागर मोथा, दूब घास या कांस जिनका प्रजनन कंद या तने के गांठों से होता है, उन पर मृदा सौरीकरण का कम प्रभाव पड़ता है, क्योंकि जमीन के अन्दर कंद या गांठे प्रायः अधिक गहराइयों में होती हैं। साथ ही साथ कुछ खरपतवार जैसे सेंजी, हिरनखुरी जिसके बीज का आवरण काफी सख्त होता है, पर भी सौरीकरण का प्रभाव कम पड़ता है।
- फसलों के बढ़वार एवं उत्पादन पर प्रभाव– चूँकि मृदा सौरीकरण से मिट्टी में पाए जाने वाले परजीवी कवकों, जीवाणुओं, सूत्रकृमि व खरपतवार पर अत्यंत प्रतिकूल प्रभाव पड़ता है। अतः इनकी निष्क्रियता से फसलों को सीधा लाभ होता है। लाभकारी सूक्ष्मजीवों की सक्रियता, पोषण तत्वों की घुलनशीलता तथा उपलब्धता में वृद्धि एवं प्रभावकारी खरपतवार नियंत्रण आदि सभी कारकों के सम्मिलित प्रभाव से फसलों की बढ़वार तथा अंततः पैदावार में प्रंशसनीय वृद्धि हो जाती है।
- मृदा में रसायनिक परिवर्तन– मृदा सौरीकरण से मिट्टी में घुलनशील पोषक तत्वों की मात्रा एवं इनकी उपलब्धता बढ़ जाती है। मृदा में कार्बनिक पदार्थ, अमोनियम नत्रजन, नाइट्रेट नत्रजन, कैल्शियम, मैग्नीशियम तथा मिट्टी की विद्युत् चालकता में प्रंशसनीय वृद्धि पायी जाती है। हालांकि सूक्ष्म पोषक तत्वों की मात्रा नें सराहनीय वृद्धि दर्ज नहीं की गयी है।

- जैविक परिवर्तन– मृदा में हानिकारक सूक्ष्म जीवों की संक्रामकता की शुद्धिकरण की अन्य विधियों की तुलना में मृदा सौरीकरण तकनीक काफी प्रभावशाली है। सौरीकरण का प्रभाव मुख्यता परजीवी या परपोषी प्रकार के सूक्ष्म जीवों पर ही पाया गया है। हालांकि इसका प्रभाव लाभदायक जीवाणुओं जैसे राइज़ोबियम पर भी होता है परन्तु बुवाई के समय राइजोबियम कल्चर से बीज उपचारित किया जाए तो पौधों के बढ़वार पर कोई प्रतिकूल प्रभाव नहीं पड़ता है।

मृदा सौरीकरण की प्रायोगिक उपयोगिता

- यह पूर्णतः सुरक्षित है इसमें किसी प्रकार का खतरा नहीं होता है।
- विभिन्न प्रकार के खरपतवारों, कवकों, जीवाणुओं तथा सूत्रकृमि पर प्रभावकारी है।
- प्रायः इसका प्रभाव 3–4 फसलों तक रहता है।
- फसलों की बढ़वार को उत्प्रेरित करता है।
- तम्बाकू एवं कुछ सब्जियों में ओरोबंकी नियंत्रण के लिए प्रभावकारी है, जहाँ पर दूसरी विधियाँ कारगर साबित नहीं होती हैं।
- मृदा सौरीकरण के उपरान्त खेत की तैयारी मुख्यतः जुताई पर आने वाला खर्च समाप्त हो जाता है।

कठिनाइयाँ एवं सीमायें

वैसे तो मृदा सौरीकरण तकनीक काफी जाँची एवं परखी तकनीक है तथा किसानों के लिए अत्यंत उपयोगी एवं लाभकारी है। फिर भी इस तकनीक की निम्नलिखित सीमायें है।

- पालीथीन शीट की लागत अधिक होने से यह तकनीक काफी खर्चीली है। फिर भी इस तकनीक का प्रयोग नगदी फसलों या ऊँची कीमत वाली फसलों, पुष्पोत्पादन और विभिन्न नर्सरियों में करने पर आर्थिक दृष्टि से काफी लाभदायक होगा। इस तकनीक की आर्थिक लागत यदि भूमि की तैयारी पर की गयी खर्च की बचत, प्रतिवर्ष शाकनाशी, सूत्रकृमि नाशक एवं कवकनाशी रसायनों पर आने वाले खर्च में बचत, फसलों को हानि पहुंचाने वाले विभिन्न कारकों का नियंत्रण, भूमि में पोषक तत्वों की उपलब्धता में वृद्धि, 2 से 3 फसलों तक प्रभावी असर एवं उत्पादन में वृद्धि इत्यादि को ध्यान में रखकर गणना की जाये तो यह तकनीक काफी सस्ती एवं लाभकारी होगी।
- इस तकनीक का उपयोग केवल उन्हीं क्षेत्रों में संभव है जहाँ कम से कम 6 से 8 सप्ताह आसमान साफ़ एवं वातावरण का तापमान 40 डिग्री सेंटीग्रेड से अधिक रहता हो।

- निचली भूमि जहाँ पर वर्षा ऋतु में जल भराव होता हो वहां पर यह तकनीक कारगर नहीं है।

15. खरपतवार नियन्त्रण की जैविक विधियाँ– जैविक विधियो को अपनाने से अनेक क्षेत्र में पाए जाने वाले खरपतवारों की रोकथाम की जा सकती है। खरपतवारों को नष्ट करने के लिए इस विधि में कीट–पतंगों व जीवाणुओं तथा अनेक प्रकार की वनस्पति का प्रयोग किया जाता है। बायोएजेंट की छाँट निम्न आधार पर करनी चाहियेः

    1. कीट इस आदत के हों कि वे जिस विशेष खरपतवार के लिए छांटे गये हैं केवल उसी को खाकर जिन्दा रहें। अगर कीट अन्य फस्ल के पौधों पर भी अपना जीवन निर्वाह कर लेते हैं तो खरपतवार की रोकथाम इस प्रकार के कीटों से संभव नहीं है। कीट जिस किसी विशेष कुल के पौधों पर आश्रित हो उस कुल की फसल के पौधे उस क्षेत्र में नहीं बोने चाहिये।
    2. जिस कीट का चयन किया गया है वह क्षेत्र की जलवायु, मौसम एवं भूमि आदि की प्रतिकूलताओं को सहन करने की क्षमता रखता हो जिससे कि वे अपने उद्देश्य को सफल बना सकें तथा अपना प्रजनन अच्छे दर से कर सकें।
    3. जिस क्षेत्र विशेष में खरपतवार को नष्ट करने के लिए कोई कीट विशेष छांटा गया है, उस क्षेत्र में उस कीट के अन्य कीट शत्रु नहीं होने चाहिये। अन्यथा ये कीट शत्रु इस लाभदायक कीट को समाप्त कर खरपतवार की रोकथाम नहीं होने देंगे।
    4. जैविक साधनों के प्रयोग करने से फसल को कोई हानि नहीं होनी चाहिये।

खरपतवार के प्राकृतिक शत्रुओं के प्रकार

खरपतवारों को नियंत्रित करने के लिए निम्न बायोएजेंट काम में लाये जाते हैंः

1. कीट–पतंगे– खरपतवारों को नष्ट करने में मुख्यतः कोलियोपटेरा, हेमिप्टेरा, लेपिडोप्टेरा, एग्रोमाईज़ा, क्रोसीडोस्मा आदि जाति के कीट–पतंगों का प्रयोग किया जाता है।
2. कशेरुकी प्राणी– कुछ कशेरुकी प्राणी की खरपतवारों के नियंत्रण में महत्वपूर्ण भूमिका है।
3. रोग जनक– वायरस, जीवाणु व फफूंदी खर–पतवारों के क्षेत्र में निषेचन करके खरपतवार नष्ट करते हैं।
4. प्रतियोगी पौधे– अनेक प्रतियोगी वनस्पति खर–पतवारों को नष्ट करने के काम में आते हैं। पौधों के परजीवियों का प्रयोग भी खरपतवार नियंत्रण के लिए करते हैं। कीटों और रोगजनकों के कारण खरपतवार के पौधों में बीज उत्पादन प्रायः बंद हो

जाता है। कीट तथा सूक्ष्म जीव पौधे की पत्तियों को प्रभावित कर प्रकाश संश्लेषण की क्रिया को कम कर अंततः पूर्ण रूप से भी रोक देते हैं। अतः पौधों को जीवन चलाने के लिए कार्बोहाइड्रेट नहीं मिल पाता हैं।

जैविक विधियों के लाभ

1. इस विधि से ऐसे खरपतवार भी नियंत्रित किए जा सकते हैं जो रसायनिक व अन्य विधियों से नियंत्रित नहीं हो पाते।
2. यह एक स्थाई विधि है। अन्य विधियों की भाँति इसे दोहराने की आवश्यकता नहीं होती।
3. इस विधि के द्वारा एकवर्षीय खर–पतवारों की अपेक्षा बहुवर्षीय खरपतवारों एवं कृषित क्षेत्रों की अपेक्षा अकृषित क्षेत्रों के खरपतवारों का नियंत्रण अधिक प्रभावी ढंग से किया जा सकता है।

जैविक विधियों की सीमायें

भारतवर्ष में जैविक विधियाँ अपनाने में निम्न समस्याओं का सामना करना पड़ता हैः

1. यहाँ पर जोतों का आकार छोटा होता है। अतः थोड़े ही क्षेत्र में अलग–अलग किस्म की फसलों की बुवाई की जाती है जो इस विधि को अपनाने में बाधा है।
2. हमारे यहाँ मिश्रित फसलों का उगाया जाना भी इस विधि के लिए बाधक है।
3. इस विधि से हर प्रकार के खरपतवार का नियंत्रण नहीं हो सकता क्योंकि कुछ खरपतवार विषैले भी होते हैं।
4. तकनीकी अभाव व जटिल विधि होने के कारण प्रत्येक किसान इस विधि को काम में नहीं ला सकता।
5. यह विधि बहुत ही अधिक वर्णनात्मक है। साधारणतः एक साधन एक ही प्रकार के खरपतवार के लिए प्रभावी सिद्ध होता है।
6. अगर खरपतवार विषैला हो तो यह विधि प्रभावी नहीं हो पाती।
7. कभी–कभी जीव खरपतवार को समाप्त करने के बाद फसल पर भी आक्रमण कर देते हैं।
8. हमारे यहाँ आदर्श फसल कीट (जो कि खरपतवारों को नष्ट करते हैं) की अभी तक काफी कमी है।

उपरोक्त बातों का समाधान यदि निकाल लिया जाये तो निःसंदेह इस विधि के द्वारा खरपतवारों को नष्ट करके लाभ उठाया जा सकता है।

जैविक नियंत्रण विधि की प्रकृति

जैविक साधन खरपतवारों को निम्न किसी एक या अनेक ढंगों से हानि पहुँचाकर उन्हें नष्ट कर देते हैं:

1. विषाक्त पदार्थ का उत्पादन करके
2. हार्मोन प्रणाली में गड़बड़ी करके
3. सनहन (वैस्कुलर) प्रवाह में रूकावट पैदा करके
4. अन्य शारीरिक क्रियात्मक प्रक्रियाओं में गड़बड़ी पैदा करके
5. पौधे की कोशिका घटकों के इन्जाइमी निम्नीकरण करके
6. खरपतवार का पूरा पौधा या उसका कोई अंग मर सकता है और उसका ओज कम होने के कारण वह फसल से प्रतियोगिता नहीं कर पाता।
7. रोगाणुओं या कीट–पतंगों के कारण खरपतवार के पौधे बीज उत्पन्न नहीं कर पाते।
8. कीट–पतंगे, पक्षी आदि खरपतवार को खाकर नष्ट करते हैं। कभी–कभी पत्तियाँ नष्ट कर प्रकाश संश्लेषण की क्रिया बंद होने के कारण खरपतवार नष्ट हो जाते हैं।

खरपतवार को किस सीमा तक जैविक विधियों से नियंत्रित कर सकते हैं यह निम्न बातों पर निर्भर करता है:

1. खरपतवार की किस्म, आयु, दशा व सघनता।
2. कीट की किस्म व आयु।
3. आक्रमण की तीव्रता।
4. वातावरण की परिस्थितियाँ जैसे जड़ बेधक कीट का प्रभाव शुष्क मौसम होने पर अधिक होता है।
5. कीट–पतंगों या अन्य कारकों द्वारा रोगाणुओं को फैलाने की गति।
6. कीट–पतंगों, रोगाणुओं व अन्य जीवों का आकार, संख्या व आक्रमण करने का ढंग।

जैविक विधि से विभिन्न खरपतवारों का नियंत्रण

जिरायनी (लेंटाना कैमरा)– क्रोसोडेसेमा लेंटाना कीट का लारवा (गिडार) इस खरपतवार के फूलों के गुच्छों व फलों को खाकर बीज नहीं बनने देता। एग्रोमाइजा लेन्टाना बीज मक्खी

के गिडार (सुंडी केटरपिलर) भी फलों के अन्दर घुसकर इसके बीजों को खाते हैं। भारत, फिजी व आस्ट्रेलिया में थेक्लाईचियोन व थैक्लाबैंजोकाई की सहयता से भी इस खरपतवार का नियन्त्रण किया जाता है।

1. नागफनी (ओपन्सिया जाति)– यांत्रिक व रसायनिक विधियों की अपेक्षा जैविक विधि से इसका नियन्त्रण अच्छा होता है। मोथ बोरर (केक्टोब्लास्टिस केक्टोरम और आलिसेला जक्टोलिनिला), कोरीड बग (चेलिनिडिया टेबुलाट / बिटीगर), कोकीनील (डैक्टाइलोपियस ओपन्सिया), लाल मकड़ी (टेट्रानाइकस ओपन्सिया) व सीरम्बीसिड बीटल (मोनोलेमा डल्काई / बेरियोलेर) आदि कीट–पतंगों से अर्जेन्टिना, अमेरिका व मेक्सिको में इस खरपतवार के नियन्त्रण में सहायता मिली है। लंका व भारत में नागफनी के नियन्त्रण के लिए डैक्टाइलोपियस टोमेंटोपस नामक कीट का प्रयोग किया जाता है।

2. कांस– खेत में सनई जैसी फसलों की छाया रखने से कांस को नियंत्रित किया जा सकता है। वास्केट नामक घास कांस की गुत्थियों (क्लमप्स) आदि को नष्ट कर सकते हैं।

3. गोखुरू (पंक्चर वाइन, ट्राईबुलस टेरेस्टिस)– माइक्रोलेरियस लायपर्सीफोर्मिस नामक घुन से इसको नष्ट किया जा सकता है।

4. जलीय खरपतवार– शैवाल, जलमम्न (सबमर्जड) आदि पौधों को जल मछली कार्प से नियंत्रित किया जा सकता है। घोंघो द्वारा एलिगेटर खरपतवार का आंशिक नियन्त्रण किया जा सकता है तथा घोंघे जलकुम्भी की पुष्पण क्रिया में भी रोक लगाते हैं।

5. एकवर्षीय खरपतवार– घरेलू चिड़िया, जंगली कबूतर, गुरसुल आदि पक्षी एकवर्षीय खरपतवार जैसे कृष्ण नील, जंगली जई, मुरेला आदि के बीजों को नष्ट करते हैं। पर नुकसान है कि फसलों में भी ये पक्षी हानि पहुँचाते हैं।

6. बंजर भूमियों के खरपतवार– इन भूमियों में चरागाहों का विकास करके क्रमिक चराई से खरपतवार का नियन्त्रण किया जा सकता है।

❑❑❑

अध्याय 11

समेकित नाशीजीव प्रबंधन

जैविक खेती में द्वितीय घटक, बाधक के रूप में खरपतवार, कीट एवं रोग आते हैं। इनके नियंत्रण के लिए विषैले खरपतवार, कीट एवं रोगनाशक रसायनों का उपयोग किया जाता है। जब तक इन रसायनों का उपयोग हम अपनी खेती में करते रहेंगे तब तक हमारी जैविक खेती की परिकल्पना साकार नहीं होगी। अतः खरपतवार, कीट एवं रोग नियंत्रण के लिए रसायनों का उपयोग न करना पड़े, इसको ध्यान में रखते हुए हमें अपनी खेती में ऐसे विकल्पों का उपयोग करना होगा जो खरपतवार, कीट एवं रोग को नियंत्रित तो करें परन्तु पर्यावरण एवं हमारी खाद्य सामग्री को इन विषैले पदार्थों के प्रदूषण से मुक्त रखें, जो जैविक खेती की मुख्य माँग है।

आधुनिक कृषि प्रणाली के सौजन्य से हमारे देश में पौध सरंक्षण औषधियों का उपयोग हर वर्ष 2.5 प्रतिशत की गति से बढ़ रहा है जो विश्व स्तर का लगभग 3 प्रतिशत है। पौध सरंक्षण औषधियों का अन्धाधुन्ध प्रयोग निश्चित रूप से वैज्ञानिकता खो चुका है, इससे पर्यावरण में असंतुलन के साथ साथ फसल लागत एवं कीटों में प्रतिरोधकता को बढ़ावा मिलता है। नई तकनीकों का विकास तो कर रहे हैं, परन्तु साथ ही इन तथ्यों पर भी ध्यान रखना अति आवश्यक हो गया है कि फसलों में हानिकारक जीवों व रोगजनकों की संख्या निर्धारित आर्थिक क्षति स्तर से ऊपर बढ़ रही है अथवा नहीं। प्रबंधन की नयी तकनीकों में जीवों एवं नाशी कीटों की पारस्परिक निर्भरता एवं वातावरण में स्वछता व सुरक्षा पर अत्यधिक बल दिया जा रहा है। पर्यावरण एवं वातावरण का दूषित होना, सामाजिक, आर्थिक एवं नैतिक दृष्टि से अपराध है यही कारण है कि विश्व भर में विषैले रसायनों का कम उपयोग, जैविक एवं पारस्परिक तकनीकों से किया जाने वाला फसल सरंक्षण लोकप्रिय हो रहा है।

समेकित नाशी जीव प्रबंधन के उद्देश्य

1. फसल की बुवाई से लेकर कटाई तक हानिकारक खरपतवार, कीडों, बीमारियों तथा उनके प्राकृतिक शत्रुओं की लगातार एवं व्यवस्थित निगरानी रखना।
2. खरपतवार, कीडों एवं बीमारियो को उनके आर्थिक हानि स्तर से नीचे रखने के लिए सभी उपलब्ध नियंत्रण विधियों जैसे व्यवहारिक, यांत्रिक, अनुवांशिक, जैविक, संगरोध व रसायनिक नियंत्रण का यथायोग्य प्रयोग करना।

3. कीडों एवं बीमारियों के आर्थिक हानि स्तर (ई.आई.एल.) को पार कर लेने पर सुरक्षित कीटनाशकों को सही समय पर सही मात्रा में प्रयोग करना।
4. कृषि उत्पादन में कम लागत लगाकर अधिक लाभ प्राप्त करने तथा साथ–साथ वातावरण को प्रदूषण से बचाना।

समेकित नाशी जीव प्रबंधन क्यों ?

1. दिन प्रतिदिन फसलों में रसायनों का प्रयोग बढ़ता जा रहा है, जिससे रसायनों के अवशेषों की मात्रा भी वातावरण में बढ़ती जा रही है जिससे मनुष्य तथा अन्य प्राणियों के स्वास्थय पर बुरा प्रभाव पड़ रहा है और कई प्रकार की बीमारियां जन्म ले रही हैं।
2. रसायनों के अन्धाधुन्ध तथा बिना सोचे समझे बार–बार प्रयोग से कीड़ों तथा बीमारियों में प्रतिरोधक क्षमता पैदा हो जाती है जिससे रसायनों के निर्धारित मात्रा का प्रयोग करने से ये कीड़े या बीमारियां नहीं मरती बल्कि कुछ दिनों के बाद इनकी संख्या और बढ़ जाती है। ऐसी परिस्थिति में रसायनों का प्रयोग करना पर्यावरण के प्रदूषण को बढ़ाता है।
3. यह पाया गया है कि फसलों को हानि पहुँचाने वाले कीड़े को मारने वाले कीड़े वातावरण में हमेशा मौजूद रहते हैं जिससे हानिकारक तथा लाभदायक कीडों का प्राकृतिक संतुलन हमेशा बना रहता है और फसलों को कोई आर्थिक हानि नहीं पहुंचती। लेकिन रसायनिक दवाइयों के प्रयोग से मित्र कीट शीघ्र मर जाते हैं क्योंकि वे प्रायः फसल की ऊपरी सतह पर शत्रु कीटों की खोज में रहते हैं। इसका परिणाम यह होता है कि जो कीट अब तक आर्थिक हानि पहुँचाने की क्षमता नहीं रखते थे अर्थात उनकी संख्या कम थी, वे भी नुकसान पहुँचाना शुरू कर देते हैं।
4. रसायनिक दवाइयों के प्रयोग से किसानों का फसल उत्पादन खर्च बढ़ जाता है जिससे किसानों के लाभ में काफी कमी हो जाती है।

रसायनों के दुष्प्रभावों को ध्यान में रखते हुए किसानों के लिये समेकित नाशी जीव प्रबंधन विधि अपनाना अनिवार्य है।

समेकित नाशीजीव प्रबंधन कैसे ?

बीज के चयन तथा बुआई से लेकर फसल की कटाई तक विभिन्न विधियां, जो प्रयोग समयानुसार एवं क्रमानुसार आई.पी.एम. विधि में अपनाई जाती है, इस प्रकार हैं:–

1. व्यवहारिक नियन्त्रण

2. यांत्रिक नियन्त्रण
3. अनुवांशिक नियन्त्रण
4. संगरोध नियन्त्रण
5. जैविक नियन्त्रण
6. रसायनिक नियन्त्रण

1. व्यवहारिक नियन्त्रण– व्यवहारिक नियन्त्रण से तात्पर्य है कि परम्परागत अपनाए जाने वाली कृषि क्रियाओं में ऐसा क्या परिवर्तन लाया जाए, जिससे खरपतवार, कीड़ों तथा बीमारियों से होने वाले आक्रमण को या तो रोका जाए या कम किया जाए। ये विधियां हमारे पूर्वजों के समय से चली आ रही हैं, लेकिन आधुनिक रसायनों के आने से इनका प्रयोग कम होता जा रहा है। इसके अंतर्गत निम्नलिखित तरीके अपनाएं जाते हैं:

- खेतों से फसल अवशेषों को हटाना तथा मेड़ों को साफ रखना।
- गहरी जुताई करके उसमें मौजूदा कीड़ों तथा बीमारियों की विभिन्न अवस्थाओं तथा खरपतवारों को नष्ट करना।
- खाद तथा अन्य तत्वों की मात्रा निर्धारण के लिए मिट्टी परीक्षण करवाना।
- साफ, उपयुक्त एवं प्रतिरोधी किस्मों का चयन करना तथा बोने से पहले बीज उपचार करना।
- उचित बीज दर एवं पौधों के बीच अन्तरा।
- पौधारोपण से पहले पौधों की जडों को जैविक फफूँदनाशक ट्राइकोडरमा विरडी से उपचारित करें।
- फसल बीजने और काटने का समय इस तरह सुनिश्चित करना ताकि फसल कीड़ों तथा बीमारियों के प्रमुख प्रकोप से बच सके।
- पौधे की सही सघनता रखे ताकि पौधे स्वस्थ रहें।
- समुचित जल प्रबन्धन।
- उर्वरक प्रबन्धन अर्थात उर्वरक की सही मात्रा उचित समय पर देना। फसल में समय से उचित नमी रखते हुये सन्तुलित खाद व बीज की मात्रा डालें ताकि पौधे प्रारम्भिक अवस्था में स्वस्थ रह कर खर–पतवारों से आगे निकल सकें।
- फसल चक्र अपनाना अर्थात एक ही फसल को उसी खेत में बार–बार न बीजना। इससे कई कीड़ों तथा बीमारियों का प्रकोप कम हो जाता है।

- समकालिक रोपण।
- खर–पतपार का समुचित प्रबन्ध करना। यह पाया गया है कि बहुत से खरपतवार कई तरह की बीमारियों तथा कीड़ों को संरक्षण देते हैं।
- बुआई के 45 दिनों तक खेतों से खर–पतवारों को फूल आने की अवस्था से पहले ही निकाल दें।

2. यांत्रिक नियन्त्रण– इस विधि को फसल रोपाई के बाद अपनाना आवश्यक है। इसके अंतर्गत निम्न तरीके अपनाएं जाते हैः–
   - कीड़ों के अण्ड समूहों, सुंडियों, प्यूपों तथा वयस्कों को इकट्ठा करके नष्ट करना। रोगग्रस्त पौधों या उनके भागों को नष्ट करना।
   - खेत में बांस के पिंजरे लगाना तथा उनमें कीड़ो के अण्ड समूहों को इकट्ठा करके रखना ताकि मित्र कीटों का संरक्षण तथा हानिकारक कीटों का नाश किया जा सके।
   - प्रकाश प्रपंच की सहायता से रात को कीड़ो को आकर्षित करना तथा उन्हें नष्ट करना।
   - कीड़ों की निगरानी व उनको आकर्षित करने के लिए फेरोमोन ट्रैप का प्रयोग करना तथा आकर्षित कीड़ों को नष्ट करना।
   - हानिकारक कीट, सफेद मक्खी व तेला के नियन्त्रण के लिए यलो स्टिकी ट्रैप का प्रयोग करें।
3. अनुवांशिक नियन्त्रण– इस विधि से नर कीटों में प्रयोगशाला में या तो रसायनों से या फिर रेडिएशन तकनीकी से नंपुसकता पैदा की जाती है और फिर उन्हें काफी मात्रा में वातावरण में छोड़ दिया जाता है ताकि वे वातावरण में पाए जाने वाले नर कीटों के साथ प्रतिस्पर्धा कर सकें।
4. संगरोध (क्वारंटाइन) नियन्त्रण– इस विधि में सरकार के द्वारा प्रचलित कानूनों को सख्ती से प्रयोग में लाया जाता है जिसके तहत कोई भी मनुष्य कीट या बीमारी ग्रस्त पौधों को एक स्थान से दूसरे स्थानों को नहीं ले जा सकता। यह दो तरह का होता है जैसे घरेलू तथा विदेशी संगरोध।
5. जैविक नियन्त्रण– जैव नियन्त्रण फसलों के नाशीजीवों को नियन्त्रित करने के लिए प्राकृतिक शत्रुओं को प्रयोग में लाने को कहा जाता है। फसलों को हानि पहुँचाने वाले जीव नाशीजीव कहलाते है। प्रकृति में मौजूद फसलों के नाशीजीवों के नाशीजीव 'प्राकृतिक शत्रु', 'मित्र जीव', 'मित्र कीट', 'किसानों के मित्र', 'वायो एजेंट' आदि नामों सें जाने जाते हैं।

जैव नियन्त्रण, एकीकृत नाशीजीव प्रबंधन का महत्वपूर्ण अंग है। इस विधि में नाशीजीव व उसके प्राकृतिक शत्रुओं के जीवनचक्र, भोजन, मानव सहित अन्य जीवों पर प्रभाव आदि का गहन अध्ययन करके प्रबन्धन का निर्णय लिया जाता है।

जैव नियन्त्रण के लाभ

- जैव नियन्त्रण अपनाने से पर्यावरण दूषित नहीं होता है।
- प्राकृतिक होने के कारण इसका असर लम्बे समय तक बना रहता है।
- अपने आप बढ़ने (गुणन) तथा अपने आप फैलने के कारण इसका प्रयोग घनी तथा ऊँची फसलों जैसे गन्ना, फलदार पौधों, जंगलों आदि में आसानी से किया जा सकता है।
- केवल विशिष्ट नाशीजीवों पर ही आक्रमण होता है अतः अन्य जीव प्रजातियों, कीटों, पशुओं, वनस्पतियों व मानव पर इसका कोई प्रभाव नहीं होता है।
- अवशिष्ट प्रभाव नहीं होता है अतः फसल उपयोग के लिए कोई प्रतीक्षा समय नहीं होता है।
- इनका उपयोग सस्ता होता है।
- किसान अपने घर पर भी इनका उत्पादन कर सकते हैं।

चित्र 11.1: जैविक कृषि मे नाशीजीव प्रबंधन

जैविक भंडारण

अनाज उत्पादन से भी ज्यादा महत्वपूर्ण कारक है अनाज भंडारण। हमारे देश में प्रति वर्ष 12–15% अनाज उचित भण्डारण के अभाव में व्यर्थ चला जाता है। यदि इस नुकसान को हम प्रति वर्ष बचाएं तो बहुत सारे लोगों की उदरपूर्ति हो सकती है। अनाज भण्डारण हेतु जन चेतना एवम् जन जागरूकता की अत्यंत आवश्यकता है। अनाज भंडारण के कई देशी जैविक एवम् उन्नत तरीके हैं जिनको अपनाकर हम व्यर्थ जा रहे कई टन अनाज को बचा सकते हैं। इसके लिए हमें खेत–खलिहान से लेकर भण्डारण स्थान तक पूरी सतर्कता बरतनी होगी।

भण्डारण के दौरान अनाज को क्षति मुख्य रूप से खपरा, सुरसी, सूक्ष्म जीवों, घूंसों तथा चूहों से पहुँचती है। खपरा, सुरसी तथा सूक्ष्म जीव भण्डारण के दौरान ही उत्पन्न होते हैं। ये जीव अनाज, भण्डारण की पुरानी बोरियों तथा भंडार गृहों की दीवारों, छेदों, दरारों, फर्श तथा दरवाजों में पहले से ही होते हैं। ये भी हो सकता है कि भंडारित स्थान पर, पहले से भंडारित अनाज कीट प्रभावित हों। इस तरह से वहाँ भंडारित किए जाने वाला नया अनाज भी कीटग्रस्त होकर संदूषित हो सकता है। सुरसी आदि उड़ सकने वाले जीव वातावरण में पहले से विद्यमान हों तो वे उड़ कर एक जगह से दूसरी जगह तक पहुँच जाते हैं।

भण्डारण के कीटों से सुरक्षा के लिए किए जाने वाले उपाए

1. एक बोरी में आधा किलो प्याज रखने से घुन नहीं लगता है।
2. दो लहसुन की प्रती 5 कि.ग्रा. चावल की दर से रखने पर घुन, चींटी और तिलचट्टे से बचाव होता है।
3. जंगली तुलसी (पांचाली), नीलगिरी, नीम, बेशरम, तथा गेंदे की पत्तियों को सम भाग लेकर पीस लें तथा बिस्कुट के बराबर टिकिया बनाकर छाया में सुखा लें। मच्छर वाले स्थानों पर टिकियों का धुआं कर दें।

कुछ सावधानियाँ बरत कर हम भंडारण के दौरान इन कीटों को नियंत्रित कर सकते हैं। जैसे किः

1. जिन ट्रालियों/गाड़ियों में खलिहान से अनाज लाया जाता है उनमें गंदगी, कूड़ा–करकट तथा विभिन्न प्रकार के कीट हो सकते हैं। अतः जिन वाहनों से अनाज को भंडार गृह तक लाया जाता है उन्हें अच्छे से साफ करके कीट मुक्त कर लेना चाहिए।
2. बाहरी सामग्री के टुकड़े, डंठल, पत्ते और धूल से अनाज खराब होने की सम्भावना रहती है। अतः इन्हें अच्छी तरह से साफ कर लेना चाहिए।

3. अनाज अगर गीला हो तो उसमें अंकुरण, सड़न, गर्मी प्डि इत्यादि बनने की प्रकिया शुरू हो जाती है तथा अनाज खराब होने लगता है। अतः भण्डारण से पूर्व अनाज को पूरी तरह से सुखा लेना चाहिए।
4. अनाज भण्डारण के लिए जिन गोदामों का प्रयोग पहले हो चुका है, उसके फर्श, दरार आदि में कुछ सामग्री रह जाती है, जिनपर कीट अंडे देते हैं और वह आसानी से कीट ग्रस्त हो जाती हैं। ऐसे गोदामों की अच्छी तरह सफाई कर लेनी चाहिए।
5. जब नये अनाज को पुराने कीटग्रस्त अनाज के साथ भंडारित किया जाता है तो नया अनाज भी कीटग्रस्त होने लगता है। अतः नये अनाज को पुराने अनाज में नहीं मिलाना चाहिए।

गोदामों में निम्नलिखित कारकों को नियंत्रित कर अनाज की सुरक्षा की जा सकती हैः

1. अनाज में नमी का प्रतिशत– खाद्या में कीड़ों के प्रकोप से बचने के लिए एक निश्चित प्रतिशत में नमी होना आवश्यक है। अनाज भण्डारण के समय 8–10% या इससे कम नमी कर देने पर खपरा बीटल को छोड़कर किसी भी कीट का आक्रमण नहीं होता। खपरा बीटल (टोगोडरमा ग्रेनेरियम) 2% नमी पर भी जिन्दा रहता है। बड़े गोदामों में नमीरोधी लगाना चाहिए जिससे बरसात में नमी नहीं बढ़े।

   अनाज के उचित भण्डारण के लिए अनाज को साफ कर इतना सुखाना चाहिए कि दांत से काटने के बाद कट की आवाज के साथ टूट जाए अर्थात उसकी नमी 8–10% तक रह जाए।
2. उपलब्ध आक्सीजन– अनाज वायुरोधी भंडार गृह में रखनी चाहिए। बीज को जीवित रखने के लिए श्वसन आवश्यक है जिसमें केवल 1% आक्सीजन की आवश्यकता होती है। खपरा बीटल 6–8% से कम आक्सीजन होने पर आक्रमण नहीं करता। अतः भण्डारण में आक्सीजन कम करके कीड़ों की रोकथाम की जा सकती है।
3. तापक्रम– नमी की तरह कीटों के विकास के लिए एक निश्चित तापक्रम की आवश्यकता होती है, जो कि अधिकतर कीटों के लिए 28–32 डिग्री सेंटीग्रेड है। तापक्रम की पूर्ति के लिए कुछ कीट हीट स्पॉट का निर्माण करते हैं। इसे रोकने के लिए भंडार गृहों में या तो वायु प्रवेश करा दें या फिर अनाज को उलट पलट दें अथवा कीड़ों को मारकर उनकी संख्या घटा दें।
4. बोरों की सफाई– भण्डारण यदि बोरों में करना हो तो नए बोरों का ही प्रयोग करना चाहिए और यदि पुराने बोरे प्रयोग करने हो तो गर्म पानी में डिटर्जेंट डालकर 5–6 घंटे बोरों को डुबोकर छोड़ देना चाहिए। फिर उन्हें अच्छी तरह से सुखा लेना चाहिए।

5. गोदाम की सफाई– अपनी सुविधानुसार धातु की कोठी, कमरे या गोदाम का उपयोग कर सकते हैं। यदि गोदाम में भंडारित करते हैं, तो गोदाम पक्का, नमी रोधी तथा खिड़की जालीदार और बाहर से खुलने या बंद होने वाली होनी चाहिए। यदि दीवार या फर्श में छिद्र, दरार आदि हों, तो बंद कर दें। चूहे के बिल को सीमेंट में काँच मिलाकर बंद करना चाहिए तथा अच्छी तरह सफाई करना चाहिए ताकि चूहे, नमी और कीड़ों से बचाव हो सके। गोदाम को कीट मुक्त करने के लिए 3 कि.ग्रा. लकड़ी का कोयला, 100 ग्राम गंधक को जलाकर प्रति 30 घनमी. की दर से 24 घंटे तक धुआँ करें तथा जिस दिन मौसम साफ हो उस दिन दरवाजे, खिड़की तथा रोशनदान खोल दें, जिससे अनाज को हवा लग सके और नमी का असर न हो।

अनाज भण्डारण के समय इंतजाम

अनाज यदि बोरों में भंडारित किया जाना है तो सबसे पहले जिस कमरे में भंडारित किया जाना है उस गोदाम में पहले भूसा बिछा देना चाहिए और ध्यान रखें कि आस–पास के दीवार से 50 सेमी दूर रखें तथा ऊंचाई इतनी रखें कि कुल ऊंचाई का 20% ऊपर खाली रहे। अनाज के बोरों के नीचे लकड़ी की क्रेट डालकर उसके ऊपर चटाई डालकर फिर पालीथीन बिछाकर बोरियां भंडारित करें जिससे नमी से बचाव हो सके।

अनाज भंडारण के समय ध्यान रखने वाली कुछ बातें

1. जिस भण्डारण पात्र में अनाज भण्डारण करना हो, उसके ऊपर एवम् नीचे नीम की पत्तियां बिछा दें।
2. बोरों में यदि भण्डारण किया जाना है, तो अनाज में नीम की पत्तियां मिला दें, तथा लौंग को भी अनाज के साथ रख दें और जिन बोरियों को भण्डारण में उपयोग करना है, उन बोरों को अच्छी तरह से धोकर हींग के पानी में डुबो दें।
3. मिट्टी की कोठी–कुठिलों को अच्छी पीली मिट्टी से लीपकर सुखाकर भंडारित करना चाहिए जिससे हवा का आगमन रुक सके।
4. अनाज को तेज धूप (मई माह की गर्मी) में सुखाकर भंडारित करें तथा जब पूर्वी नमी युक्त हवा चल रही हो तो भंडार गृह खोले नहीं।

भण्डारण की कुछ सावधानियाँ

1. एक भंडार पात्र में एक ही अनाज भण्डारण करें।
2. पुराने अनाज में नया अनाज नहीं मिलायें।

3. समय–समय पर भंडारित अनाज का निरीक्षण करते रहें। यदि कीड़े दिखाई दें तो आवश्यक उपाय करें।

4. भण्डारण के लिए सुरक्षित और कम लागत वाले विशेष पात्र बनाए गए हैं जिनके लिए शासन द्वारा अनुदान भी दिया जाता है, घरेलू उपयोग के लिए इनका प्रयोग करें। जैसे– पूसा बिन, पंतनगर कुठिला।

चूहा नियन्त्रण की जैविक विधियाँ– 5 कि.ग्रा. बेशरम के पत्ते तथा धतूरे के तीन फल को 5 लीटर पानी में मिलाकर उबाल लें। जब पानी 2 लीटर के करीब रह जाए तो इस मिश्रण को छान लें। बचे हुए पत्ते को जमीन में गाड़ दें, क्योकिं ये अत्यंत जहरीले होते हैं। अब इस घोल में 1 कि.ग्रा. चने डालकर उबालें तथा ठंडा होने के बाद चूहे के बिल के आस–पास डाल दें।

उपरोक्त उपायों को सरलता से कम लागत एवं परिश्रम से अपनाया जा सकता है। अतः किसान भाई खरपतवार तथा कीट–व्याधियों की विपत्ति आने पर परेशान न होकर पहले से ही इनके बचाव के लाभदायक उपायों को अपनाए ताके अधिकतम उत्पादन प्राप्त करने में सक्षम हो सकें।

❑❑❑

अध्याय 12

जैविक पादप पोषक पदार्थ

कृषि उत्पाद की गुणवत्ता एवं उत्पादकता को समृद्ध करने के साथ साथ कीट पतंगो एवं रोगों का प्रबन्ध करने हेतु, हमारे परिवेश मे पाये जाने वाली प्राकृतिक वस्तुओं का उपयोग करके नाना प्रकार के जैविक पदार्थों का निर्माण किया गया है। किसान भाई इन पदार्थों का निर्माण एवं आवश्यकतानुसार कृषि मे उपयोग कर सकते है।

बीजामृत

यह बीजशोधन मे काम आता है, बीज शोधन से बीज जल्दी और ज्यादा मात्रा में उगते हैं, क्योकि यह अंकुरण की प्रक्रिया को गति प्रदान करता है। इतना ही नहीं जड़ों का विकास भी अपेक्षाकृत द्रुत गति से होता है जिससे जड़ें तेज गति से बढ़ती हैं। अनुभव में यह भी पाया गया है कि इसके प्रयोग से न केवल पौधे स्वस्थ्य एवं निरोगी होते हैं, अपितु विपरीत परिस्थितियों से लड़ने की अद्‌भुत क्षमता प्राप्त करते हैं। कीड़े नकोड़ों का प्रकोप सामान्य की अपेक्षा बीजामृत से उपचारित फसल में बहुत कम पाया गया है।

सामग्री बनाने की विधि एवं सावधानियाँ

100 कि. ग्रा. बीज को उपचारित करने हेतु बीजामृत बनाने के लिए 5 कि. ग्रा. गाय का गोबर, 5 लीटर गौमूत्र, 20 लीटर पानी, 50 ग्राम चूना एवं 50 ग्राम मेड़ की मिट्टी की आवश्यकता होती है। इन सभी सामाग्रियों को लेकर किसी पात्र में चौबीस घंटे एक साथ पानी में डालकर रखें। दिन में दो बार लकड़ी से घड़ी की दिशा एवं विपरीत दिशा मे घुमा कर घोलें। यह बीजामृत बीजोपचार हेतु तैयार हो गया। यह सामाग्री एक एकड़ क्षेत्रफल के लिए पर्याप्त होती है।

उपयोग विधि

तैयार बीजामृत को बीज पर बिधिवत छिड़काव करें। बीजामृत मिश्रित बीज को छाया में सुखाएं तत्पश्चात बीज की खेतों में बुआई करें। इस बात का ध्यान रखे कि बुवाई के 24 घंटे पहले बीजशोधन करना चाहिए।

ठोस जीवामृत

यह एक जैविक पादप पोषण है, जिसका प्रयोग खेत की तैयारी के समय किया जाता है। इसके प्रयोग से पौधों में वृद्धि एवं विकास सुचारू रूप से होता है। फसलें स्वस्थ, दाने एवं फलियाँ हृष्ट पुष्ट होते हैं।

सामग्री बनाने की विधि एवं सावधानियाँ

एक एकड़ खेत के लिए ठोस जीवामृत बनाने हेतु, 100 किलोग्राम गाय का गोबर, 1 किलोग्राम गुड/फलों का गूदा की चटनी, 2 किलोग्राम बेसन (चना, उड़द, अरहर, मूँग), 50 ग्राम मेड़ या जंगल की मिट्टी एवं 1 लीटर गौमूत्र की आवश्यकता होती है। सर्वप्रथम किसी पक्के फर्श व पोलीथीन पर 100 किलोग्राम गाय के गोबर को अच्छी तरह एक समान ऊँचाई मे फैलाएं, इसके बाद 1 किलोग्राम गुड या फलों के गूदों की चटनी को उसके ऊपर एक समान फैला दें। अब इस पर 1 किलोग्राम बेसन को भी समभाव से डाल दें, इसके बाद 50 ग्राम मेड़ या जंगल की मिट्टी को डालने के उपरांत 1 लीटर गौमूत्र डालें। इस तरह सभी सामग्री को फॉवड़ा से अच्छी तरह से विधिवत मिलायें। अब इस मिश्रण को सुविधानुसार 48 घंटे छायादार स्थान पर सुखायें या सुविधानुसार छाया मे जूट के बोरे से ढक दें। 48 घंटे बाद जब ये पूर्णरूप से सूख जाय, तो चूर्ण बनाकर भंडारण करें। जरूरत पड़ने पर 72 घंटे बाद ही इस मिश्रण को धूप में सुखायें। तेज धूप में सुखाने से परहेज करें, क्योंकि गुणवत्ता का क्षय होता है। इस प्रकार यह ठोस जीवामृत सुरक्षित भंडारित करके छः माह तक बड़े ही आराम से रखा एवं प्रयोग किया जा सकता है। इस हेतु प्रयोग मे लाया जाने वाला गोबर कम से कम सात दिन का छाया में रखा गया हो, ताजा गोबर का प्रयोग वर्जित है, साथ ही साथ इस बात का भी ध्यान रहे कि गौमूत्र को किसी लकड़ी या मिट्टी के पात्र में एकत्रित किया जाये, धातु के बर्तन का प्रयोग निषिद्ध होता है।

उपयोग विधि

एक एकड़ खेत मे उपरोक्त विधि से तैयार ठोस जीवामृत को प्रथम जुताई के बाद छिड़काव करके खेत को सामान्य तरीके से तैयार करें।

तरल जीवामृत

तरल जीवामृत भी एक जैविक पादप पोषण है, जिसका प्रयोग खेत की तैयारी के समय किया जाता है। इसके प्रयोग से पौधों में वृद्धि एवं विकास सुचारू रूप से होता है। फसलें स्वस्थ, दाने एवं फलिया हृष्ट पुष्ट होती हैं।

सामग्री बनाने की विधि एवं सावधानियाँ

तरल जीवामृत बनाने हेतु 10 किलोग्राम देशी गाय का गोबर, 5 से 10 लीटर गौमूत्र, 2 किलोग्राम गुड या फलों के गूदो की चटनी, 2 किलोग्राम बेसन (चना, उड़द, मूँग), 200 लीटर पानी एवं 50 ग्राम मिट्टी की आवश्यकता होती है। तरल जीवामृत बनाने हेतु सर्वप्रथम किसी लकड़ी की टंकी या सीमेंट की टंकी लें फिर उसमें 200 लीटर पानी डालें, तदुपरान्त टंकी मे 10 किलोग्राम गाय का गोबर व 5 से 10 लीटर गौमूत्र एवं 2 किलोग्राम गुड़ या फलों के गूदो की चटनी मिलाएं। इसके बाद 2 किलोग्राम बेसन, 50 ग्राम मेड़ की मिट्टी या जंगल की मिट्टी डालें और सभी को डंडे से मिलाएं। तदुपरान्त टंकी को जालीदार कपड़े से बंद कर दें। 48 घंटे में लकड़ी के डंडे से चार बार घड़ी की दिशा एवं विपरीत दिशा मे घुमा कर अच्छी तरह से घोलें, यह 48 घंटे बाद तैयार हो जाएगा। इस तरह यह जीवामृत प्रयोग हेतु तैयार हो गया। इस प्रकार तैयार किया गया जीवामृत का प्रयोग केवल सात दिनों तक कर सकते हैं। टंकी को किसी सुरक्षित एवं छायादार स्थान पर रखे, जहाँ पर धूप एवं वर्षा के जल से बचाव हो सके।

उपयोग विधि

तरल जीवामृत को सिंचाई के पानी के साथ प्रयोग कर सकते हैं, यदि किसी कारणवश पानी के साथ छिड़काव नहीं कर पाते हैं तो छिड़काव मशीन द्वारा छिड़काव अवश्य ही करें। इस हेतु 5 ली. से लेकर 25 लीटर तक छने हुये जीवामृत को 100 ली. पानी में घोल बना कर खड़ी फसल में 15–20 दिनों के अंतराल पर नियमित रूप से छिड़काव करें। फसल की कटाई से 10 से 15 दिनों पूर्व तरल जीवामृत का प्रयोग बंद कर देना चाहिए। तरल जीवामृत की मात्रा में प्रत्येक छिड़काव के बाद 5 लीटर की वृद्धि कर दी जाती है। तरल जीवामृत की अधिकतम मात्रा 100 दिनों की फसलावधि के लिए 20 लीटर तक हो सकती है। ध्यान देने योग्य बात यह है कि यदि फसलावधि 100 से 200 दिन की हो तो चौथा छिड़काव बुआई के 60 से 75 दिन बाद 10–15 लीटर छना हुआ तरल जीवामृत 150 लीटर पानी में मिलाकर प्रयोग करें। तदुपरान्त प्रत्येक छिड़काव में हर बार 5 लीटर तरल जीवामृत की वृद्धि करते जायें कुल 30 लीटर तरल जीवामृत तक प्रयोग कर सकते है।

❑❑❑

अध्याय 13

जैविक उत्पादों का चिन्हीकरण एवं प्रमाणीकरण

ग्राहकों को उच्च गुणवत्ता का उत्पाद सुनिश्चित करने तथा धोखाधड़ी से बचाने के लिए प्रमाणीकरण एक आवश्यक प्रक्रिया है। उत्पादों के लिए प्रमाणीकरण जहाँ बाजार को सुलभ बनाता है, वहीं ग्राहकों के लिए सुरक्षा व गुणवत्ता की गारंटी है। आज विश्व के 60 से अधिक देशों में जैविक मानक तथा प्रमाणीकरण प्रक्रिया स्थापित है, तथा इसके प्रचालन हेतु 395 प्रमाणीकरण संस्थाएं कार्यरत हैं। सबसे अधिक प्रमाणीकरण संस्थाए संयुक्त राज्य अमेरिका, जापान, चीन तथा जर्मनी में हैं। भारत में राष्ट्रीय जैविक उत्पादन कार्यक्रम के अंतर्गत 12 प्रमाणीकरण संस्थाएं प्राधिकृत की जा चुकी हैं। हमारे देश में अनेक उत्पादों पर जैसे ISI मार्क, खाद्य सामग्री पर 'एगमार्क' लगता है ठीक उसी प्रकार जैविक उत्पादों पर प्रमाणीकरण के पश्चात् 'इण्डिया आर्गेनिक मार्क' लगाया जाता है जो उन उत्पादों के जैविक मानकों पर खरा होने की गारंटी है।

भारत सरकार के विपणन मंत्रालय के अंतर्गत 'राष्ट्रीय जैविक उत्पादन कार्यक्रम' के अधीन जैविक प्रमाणीकरण तंत्र कार्य कर रहा है। कृषि एवम् प्रसंस्कृत खाद्य निर्यात विकास प्राधिकरण (एपेडा) द्वारा यह तंत्र प्रचालित होता है। हालांकि यह कार्यक्रम निर्यात के लिए नियमित किया गया था परन्तु घरेलू प्रमाणीकरण तंत्र के आभाव में इस तंत्र का घरेलू बाजार हेतु भी प्रयोग किया जा रहा है। इस पूरे कार्यक्रम की जानकारी तथा राष्ट्रीय मानकों का विवरण APEDA की वेबसाईट "www-apeda-com@npop" पर उपलब्ध है।

जनवरी 1994 की सेवाग्राम घोषणा के बाद से भारत में जैविक खेती का तेजी से विस्तार हुआ है। सरकारी और गैर–सरकारी स्तर पर अनेक प्रयासों ने इसे एक नयी दिशा दी है। राष्ट्रीय जैविक उत्पादन कार्यक्रम के अंतर्गत मानक एवम् प्रमाणीकरण कार्यक्रम स्थापित किया गया है।

घटती प्रमाणीकरण लागत

प्रमाणीकरण प्रक्रिया की लागत छोटे किसानों के लिए चिंता का विषय रही है, परन्तु जैविक खेती के प्रसार एवम् प्रमाणीकरण संस्थाओं की बढ़ती प्रतिस्पर्धा के कारण प्रमाणीकरण लागत में कमी आई है। उत्पादक समूह प्रमाणीकरण प्रक्रिया के लागू होने से इस लागत में अभूतपूर्व कमी आई है। एक प्रोजेक्ट की लागत जो पहले लगभग 1.5 से 2 लाख होती

थी वह अब घटकर 45 से 75 हजार रूपये के बीच हो गई है। उत्पादक समूह प्रमाणीकरण प्रक्रिया के अंतर्गत प्रति किसान यह लागत जो पहले 500 से 2500 तक थी अब घटकर 100 से 150 रूपये प्रति किसान हो गई है। सरकारी प्रमाणीकरण संस्थाओं के प्रवेश से प्रमाणीकरण शुल्क में और भी कमी होगी।

जैविक उत्पादन का राष्ट्रीय कार्यक्रम

राष्ट्रीय जैविक उत्पादन कार्यक्रम के अधीन वाणिज्य मंत्रालय ने निर्यात के उदेश्य से जैविक खेती उन्नयन हेतु कार्य शुरू किया तथा इसके नियामक तंत्र की स्थापना की। इसके अंतर्गत जैविक कृषि कार्य हेतु मानक प्रमाणीकरण की अधिकारिता तथा निरीक्षण संस्थानों के चयन व उनकी नियुक्ति हेतु दिशा निर्देश जारी किए गये। यह कार्यक्रम वाणिज्य मंत्रालय के अधीन एक राष्ट्रीय प्राधिकरण समिति के तहत चलाया जा रहा है। कृषि एवं प्रसंस्कृत खाद्य निर्यात विकास प्राधिकरण (एपेडा) इसका सचिवालय है।

राष्ट्रीय जैविक खेती परियोजना

कृषि मंत्रालय के कृषि एवं सहकारिता विभाग के अंतर्गत अक्टूबर 2004 से राष्ट्रीय परियोजना नियमों के अंतर्गत जैव उर्वरकों के प्रयोग तथा विकास हेतु अग्रगामी आधार पर 'जैविक खेती की राष्ट्रीय परियोजना' केंद्रीय वृत्त खंड योजना के रूप में निम्न उदेश्यों के साथ प्रारंभ की गईः

- सेवा प्रदाता संस्थाओं की मदद से जैविक क्षमता का विकास
- जैव उर्वरक उत्पादन इकाइयों, फल सब्जी कचरा द्वारा कम्पोस्ट उत्पादन इकाइयों तथा केंचुआ कम्पोस्ट उत्पादन इकाइयों को वित्तीय सहायता उपलब्ध कराना
- प्रमाणीकरण, निरीक्षण, सेवा प्रदाता प्रशिक्षण, जैविक आदान उत्पादन व गुणवत्ता नियंत्रण, जैविक प्रबंधन तथा जैविक कृषि कार्यकर्ता प्रशिक्षणों द्वारा मानव संसाधन विकास
- जैविक आदानों एवम् जैविक प्रबंधन पर प्रक्षेत्र प्रदर्शन
- जैविक उत्पादों हेतु बाजार का विकास
- आतंरिक मानकों का विकास तथा नियामक तंत्र रचना
- जैविक खेती से सम्बंधित नवीन प्रयासों व अनुसन्धान को बढ़ावा
- आदर्श जैविक फार्मों का विकास
- जन जागृति तथा जागरूकता का विकास

राष्ट्रीय जैविक खेती केंद्र तथा क्षेत्रीय जैविक खेती केन्द्रों के अन्य विशिष्ट कार्य

देश तथा विदेश में जैविक खेती से जुड़े सभी लोगों के साथ मिलकर कार्य करना तथा जैविक खेती के विभिन्न पहलुओं पर मुख्य सूचना केंद्र के रूप में कार्य करना –

- स्वदेशी ज्ञान एवम् प्रक्रियाओं का अभिलेखन, समन्वित प्रबंधन प्रणालियों का संकलन तथा तकनीकी साहित्य का समस्त भाषा में प्रकाशन करना
- प्रमाणिक प्रशिक्षण साहित्य तथा प्रशिक्षण विषयक सामग्री का प्रकाशन
- राष्ट्रीय एवम् अंतर्राष्ट्रीय स्तर के अद्यतन समाचारों को त्रैमासिक जैविक खेती सूचनापत्र तथा अर्धवार्षिक जैव उर्वरक सूचना पत्र प्रकाशित करना
- विभिन्न प्रकार के जैविक आदानों तथा जैव उर्वरक, कम्पोस्ट आदि का गुणवत्ता नियंत्रण तथा उत्पादन इकाइयों का आवश्यक तकनीकी ज्ञान सहायता एवम् सुविधा उपलब्ध कराना
- जैव उर्वरक तथा जैविक खाद उत्पादन इकाइयों, उनकी उत्पादन क्षमता तथा वार्षिक उत्पादन, प्रमाणीकरण के अधीन कुल क्षेत्र तथा जैविक प्रबंधन के अंतर्गत उगाई जा रही विभिन्न फसलों के आंकड़े इकट्ठा करना
- जैव उर्वरकों के सूक्ष्म मात्री संवर्धों का विकास, मूल्यांकन, संचयन तथा भण्डारण कर आवश्यकतानुसार उत्पादन इकाइयों को उपलब्ध कराना
- जैव उर्वरक तथा जैविक खाद के गुणवत्ता नियंत्रण हेतु अधिकृत प्रयोगशाला के रूप में कार्य करना
- परियोजना के लक्ष्यों को सफलतापूर्वक क्रियान्वित करने हेतु कार्यरत संस्थाओं को समस्त प्रकार की तकनीकी सेवा तथा सुविधा उपलब्ध कराना
- परियोजना प्रस्तावों की प्राप्ति, प्रसंस्करण, मूल्यांकन तथा स्वीकृत योजनाओं के क्रियान्वयन में कार्यरत संस्थाओं का निरीक्षण व मानीटरिंग सुनिश्चित कराना।

जैव उत्पादन पंजीकरण प्रक्रिया

प्रदेशों में जैविक खेती के द्वारा विभिन्न फसलें, फल, सब्जी एवं औषधीय फसलें आदि उगाई जा रही हैं तथा शनैः–शनैः उनका क्षेत्र विस्तार भी हो रहा है। कृषकों को जैविक उत्पादन का उचित मूल्य मिल सके, इसलिए जैविक विधि से उत्पादित उत्पाद के पंजीकरण की व्यवस्था किया जाना आवश्यक है। हमारे देश में मानकों का निर्धारण अंतर्राष्ट्रीय मापदण्डों के आधार पर होने की प्रक्रिया चल रही है। संभवतः इसमें देर होने की संभावना है। इन परिस्थितियों में कृषकों के हित में यह आवश्यक होगा कि प्रदेशों में जैविक उत्पाद

के पंजीकरण की व्यवस्था तत्काल शुरू कर दी जाए ताकि अंतर्राष्ट्रीय मानकों के निर्धारण तक हमारे गाँवो के विशुद्ध जैविक उत्पाद प्रमाणीकरण पर खरे उतरें और उसके साथ ही उनके विक्रय की व्यवस्था हो।

पंजीकरण दायित्व

जैव उत्पाद पंजीकरण हेतु स्वतंत्र संस्था ग्रामसभा को पंजीकरण की व्यवस्था का दायित्व सौपा जाता है। चयनित जैविक खेती गांव में यह व्यवस्था तत्काल प्राथमिकता से लागू की जानी है।

निरीक्षक

विकास खण्ड के वरिष्ठ कृषि विकास अधिकारी जैविक खेती से बोई गई फसलों के निरीक्षण के दायित्व का निर्वहन करेंगें।

भूमि परिवर्तन अवधि

समय के निर्धारण में इस बात का ध्यान रखा जाना चाहिए कि भूमि का उपयोग पिछले वर्षों में किन फसलों के लिए किया गया है तथा इनमें रसायनों के उपयोग का स्तर क्या था? भूमि में तत्वों की उपलब्धता की स्थिति क्या है? अंतर्राष्ट्रीय मापदण्डों में 3 वर्ष की समय सीमा को मान्यता है। सामान्यतः 3 वर्षों में भूमि से रसायनों के अवशेषों का क्षरण हो जाता है अतः इस सीमा का पालन किया जाना चाहिए।

पंजीकरण श्रेणी

जैविक खेती में कृषकों के बढ़ते रूझान को ध्यान में रखकर निम्नानुसार फसल परिवर्तन की अवधि के अनुरूप पंजीकरण की श्रेणियों का निर्धारण किया जाता हैः

प्रथम वर्ष – पंजीयन प्रमाण–पत्र श्रेणी 'स'

द्वितीय वर्ष – पंजीयन प्रमाण–पत्र श्रेणी 'ब'

तृतीय वर्ष – पंजीयन प्रमाण–पत्र श्रेणी 'अ'

आधारभूत मानक

कृषक जो जैविक खेती करता है उसे निम्नानुसार मानकों का पालन करना होगाः

- किसी भी प्रकार के रसायनिक उर्वरक, पौध संरक्षण/कीट नाशक औषधि का उपयोग नहीं किया जाना चाहिए। पौध संरक्षण औषधि के रूप में सड़ा हुआ मट्ठा एवं गौ–मूत्र का उपयोग करना चाहिये।

- जैनेटिक इंजीनियरिंग से उत्पादित बीज का उपयोग नहीं किया जाना चाहिए
- फसल कटने के उपरांत अवशेषों को जलाया नहीं जाना चाहिए
- प्रतिरोधक/सहनशील किस्मों के उपयोग को प्राथमिकता दी जानी चाहिए
- फसल चक्र का पालन किया जाना चाहिए
- भूमि के तत्वों की आपूर्ति हेतु गोबर से तैयार किए गए जैविक खाद बायोगैस स्लरी, नाडेप कंपोस्ट, फास्फो कंपोस्ट, वर्मी कंपोस्ट, नीलहरित काई, एजोला आदि का उपयोग किया जाए
- शीघ्र खादें—मटका खाद, भभूत अमृत पानी, अमृत संजीवनी का उपयोग किया जाए
- बीज उपचार में जैविक औषधियों का उपयोग किया जाए
- व्यवसायिक स्तर पर तैयार नीम के उत्पाद, परजीवी, परभक्षी विषाणुओं का उपयोग कीट व्याधि नियंत्रण हेतु किया जाए
- नीम करंज की पत्तियां, नीम के तेल, निबोली आदि की प्रक्रिया उपरांत उपयोग पौध संरक्षण औषधियों के रूप में किया जाए।

अनुबंध की शर्ते

कृषक का यह दायित्व होगा कि अपने खसरा नंबर के सम्पूर्ण रकबे अथवा आंशिक क्षेत्र में जैविक खेती करेगा तथा वह उस भूमि में प्रति वर्ष खरीफ/रबी/जायद में लगाई जाने वाली फसलें जैविक पद्धतियों से ही बोयेगा तथा निम्नलिखित शर्तों का पालन करेगा।

- भूमि के तत्वों की आपूर्ति, कीट व्याधि, खरपतवार नियंत्रण में या किसी प्रकार के नियंत्रण में, किसी प्रकार के रसायनों (रसायनिक खाद/दवा) का उपयोग नही करेगा।
- कृषि विभाग के मार्गदर्शन में फसल चक्र अपनाया जाना चाहिए।
- जैविक फसलों के उत्पादन में काम आने वाले स्प्रे पंप अलग रखना होगा तथा इसका उपयोग रसायनिक दवाओं आदि के छिड़काव में नहीं किया जाना चाहिए।
- खसरे के संपूर्ण रकबे में जैविक खेती न करने की स्थिति में खेत के अन्दर विभाजन रेखा स्वरूप तीन मीटर चौड़ी पट्टी में किसान अन्य फसल बोयेगा ताकि अन्य फसलों पर रसायनों का प्रभाव जैविक खेती पद्धति से बोई गई फसल पर न पड़े।
- पंजीयन हेतु आवेदन के साथ राशि रू. 25/— प्रति हेक्टेयर की दर से ग्राम सभा में जमा करना होगा।

- खरीफ फसल हेतु 15 मई, रबी फसल हेतु 30 सितम्बर एवं जायद फसल हेतु 15 फरवरी आवेदन देने की अंतिम तिथि होगी।
- प्रथम वर्ष के उत्पादित बीज का उपयोग द्वितीय वर्ष करना होगा, अर्थात् जैविक खेती में उत्पादित बीज ही उपयोग किया जाना चाहिए।
- फसल कटाई उपरांत किसी भी प्रकार की मिलावट (अन्य किस्में, जिन्स, धूल–मिट्टी) नहीं होना चाहिये।
- भण्डारण में रसायनों का प्रयोग नहीं किया जाना चाहिए।
- विभिन्न मौसम में बोई जाने वाली फसल के पंजीकरण हेतु अलग–अलग आवेदन देना होगा। पंजीयन क्रमांक में परिवर्तन नहीं होगा, किन्तु पंजीयन शुल्क देना होगा।
- आवेदन निरीक्षण के समय वरिष्ठ कृषि विकास अधिकारी/समिति द्वारा दिए गए निर्देशों का पालन करना अनिवार्य होगा।

पंजीयन प्रक्रिया

कृषक को अनुबंध एवं आवेदन पत्र निर्धारित प्रारूप 1 एवं 2 में ऋण पुस्तिका की छाया प्रति के साथ ग्राम सभा को दो प्रतियों में प्रस्तुत करना होगा, इसकी एक प्रति ग्रामसभा की कृषि समिति की अनुशंसा सहित वरिष्ठ कृषि विकास अधिकारी को दी जाएगी।

ग्राम सभा की कृषि स्थाई समिति एक पृथक पंजी प्रारूप 3 के अनुसार तैयार करेगी। इसमें प्रत्येक कृषक के लिए अलग–अलग पृष्ठ आवंटित किये जायेंगे तथा आवेदन पत्र प्राप्त होने पर प्रविष्टियां पूर्ण की जाएँगी इसका संधारण क्षेत्र के ग्रामीण कृषि विस्तार अधिकारी द्वारा किया जाएगा। वरिष्ठ कृषि विकास अधिकारी विकास खण्ड स्तर पर जैविक खेती की पंजी का संधारण निर्धारित प्रारूप 4 में करेंगे।

निरीक्षण

अ) ग्राम सभा– ग्राम सभा की कृषि समिति का यह दायित्व होगा कि वह फसल अवधि में प्रत्येक माह में एक बार फसल का अवलोकन करें एवं जैविक खेती पंजी में अपनी टिप्पणी अंकित करें

ब) वरिष्ठ कृषि विकास अधिकारी–

- फसल बुआई के उपरांत निरीक्षण, विकास खण्ड के वरिष्ठ कृषि विकास अधिकारी द्वारा किया जाएगा।
- निरीक्षण में समस्त शर्तों का पालन करते हुए फसल की बुबाई की गई है इसका सत्यापन होगा।

- निरीक्षण के दौरान ग्राम सभा की कृषि स्थायी समिति के अध्यक्ष/सदस्य की उपस्थिति अनिवार्य होगी।
- वरिष्ठ कृषि विकास अधिकारी के निरीक्षण के दौरान कृषि समिति, कृषक एवं ग्रामीण, कृषि विस्तार अधिकारी के संयुक्त हस्ताक्षर से प्रारूप 4 के अंतर्गत प्रमाण–पत्र प्राप्त करेंगे।
- वरिष्ठ कृषि विकास अधिकारी अन्य श्रोतों से यह सुनिश्चित करेंगे कि कृषक ने किसी भी प्रकार के रसायनों का उपयोग नहीं किया है।
- कृषक द्वारा किस जैविक खाद या औषधि का उपयोग किस मात्रा में किया गया है इसका विवरण क्षेत्र के ग्रामीण कृषि विस्तार अधिकारी अपनी पंजी में रखेंगे।
- ग्रामीण कृषि विस्तार अधिकारी की इस पंजी पर निरीक्षण के दौरान टिप्पणी वरिष्ठ कृषि विकास अधिकारी अंकित करेंगें।
- वरिष्ठ कृषि विकास अधिकारी द्वारा निरीक्षण के दौरान दिए गए निर्देशों का पालन अनिवार्य होगा।
- निर्धारित मापदण्डों के अनुरूप प्रक्रिया का पालन न करने की स्थिति में कृषि समिति एवं वरिष्ठ कृषि विकास अधिकारी प्रमाणीकरण हेतु बाध्य नहीं होंगे।
- निरीक्षण टिप्पणी जैविक खेती पंजी में कृषक के खाते में दी जायगी।

फसल कटाई प्रयोग

पंजीकृत कृषकों के खेतों में फसल कटाई प्रयोग निर्धारित प्रकिया के अनुरूप ग्रामीण कृषि विस्तार अधिकारी संपादित करेंगे। इस अवसर पर कृषि समिति के कोई न कोई सदस्य की उपस्थिति अनिवार्य होगी। जैविक खेती पंजी में निर्धारित प्रारूप में परिणाम फसल कटाई प्रयोग के आधार पर अंकित किये जायेंगे। फसल कटाई के प्रयोग परिणाम एवं वास्तविक उत्पादन के आंकड़े की सूचना ग्रामसभा की कृषि समिति, वरिष्ठ कृषि विकास अधिकारी को देगी। वरिष्ठ कृषि विकास अधिकारी प्राप्त आंकड़ो का अंकण जैविक खेती पंजी में कृषक के खाते में करेंगे।

जैव उत्पाद का भण्डारण

कृषको को जैव उत्पाद को संभाल कर अन्य फसल के बीजों से अलग सुरक्षित स्थान में भण्डारण करना होगा। भण्डारण में किसी प्रकार के रसायन का उपयोग नहीं किया जाना चाहिए।

प्रमाण–पत्र

वरिष्ठ कृषि विकास अधिकारी निरीक्षण के आधार पर संबंधित कृषक को पंजीयन प्रमाण–पत्र जारी करने की अनुशंसा प्रारूप 5 के अनुरूप करेंगे। ग्राम की कृषि समिति, पूर्ण संतुष्टि उपरांत, कृषक को जैव उत्पाद पंजीयन प्रमाण–पत्र प्रदान करेगी।

निर्यात संभावनायें एवं प्रक्रिया

भारत शासन द्वारा निर्धारित मापदण्डों, जो कि जैविक खेती पर केन्द्र सरकार द्वारा गठित टास्क फोर्स की अनुशंसाओं में दिया गया है, उनका पालन जैव उत्पाद के निर्यात में किया जाना चाहिए। भारत सरकार द्वारा अधिकृत एजेंसियों/संस्थाओं के द्वारा प्रमाणीकरण का कार्य संपादित किया जाता है। जैविक खेती करने वाले कृषकों की जानकारी कृषि की बेबसाइट पर प्रसारित की जाती है। अधिकृत निर्यातक संस्थायें अंतर्राष्ट्रीय मापदण्डों के अनुरूप उत्पाद का क्रय करने हेतु स्वतंत्र होती हैं। मूल्य निर्धारण का कार्य उपभोक्ता/संस्थायें एवं उत्पादकों द्वारा स्वयं किया जाता है।

प्रमाणीकरण प्रक्रिया के बहुस्तरीय व जटिल प्रलेखन आवश्यकता एवं इस पर आने वाला व्यय अधिकांश लघु किसानों के वहन क्षमता से भी अधिक होता है, यही कारण है कि न केवल स्थानीय बाजार में जैविक उत्पाद उपलब्धता में बाधा आ रही है, अपितु जैविक खेती आंदोलन की प्रगति में बहुत बड़ी बाधा के रूप में उभरा है। इस असमानता को दूर करने और जैविक प्रतिभूति (गारंटी) पद्धति को सर्वसुलभ बनाने हेतु स्थानीय बाजार व लघु उत्पादक समूहों के लिये अनेक वैकल्पिक प्रतिभूति प्रणालियाँ विकसित की गई हैं। भारत सरकार के कृषि मंत्रालय के कृषि एवं सहकारिता विभाग के अंतर्गत, राष्ट्रीय जैविक खेती केन्द्र द्वारा जैविक प्रतिभूति प्रणाली (पी.जी.एस. इंडिया) का गठन किया गया है। सभी वैकल्पिक प्रणालियों को सामूहिक रूप से सहभागिता जैविक प्रतिभूति प्रणाली (पी.जी.एस) के नाम से जाना जाता है। पी.जी.एस जैविक आश्वासन प्रक्रिया में सभी उत्पादकों व अन्य भागीदारों की सक्रिय सहभागिता उसका मूल आधार है।

सहभागिता जैविक प्रतिभूति प्रणाली (पी.जी.एस.) चिन्ह व विशिष्ट प्रमाणीकरण पहचान कोड निर्गत करना

भारत की सहभागिता जैविक प्रतिभूति प्रणाली (पी.जी.एस.–इंडिया) भारत सरकार कृषि मंत्रालय कृषि एवं सहकारिता विभाग, राष्ट्रीय जैविक खेती केन्द्र द्वारा जैविक उत्पादों को चिन्ह व विशिष्ट प्रमाणीकरण पहचान कोड को निर्गत करने हेतु अधिकृत संस्था है, जो कि जैविक उत्पादन हेतु पी.जी.एस. राष्ट्रीय मानक को तय करने के काम को बखूबी कर रही है।

प्रादेशिक परिषद द्वारा प्रमाणीकरण स्वीकृति प्राप्त होने पर स्थानीय समूह सभी सदस्यों को अलग–अलग प्रमाण पत्र वेबसाइट के माध्यम से छाप सकता है तथा अपने उत्पादों के पैकेट या उनके थैलों पर स्वीकृत पी.जी.एस. चिन्ह लगाकर उनका विपणन कर सकता है। प्रत्येक किसान के प्रमाण पत्र में एक विशिष्ट पहचान कोड अंकित होगा जिसमें उस समूह व संबंधित प्रादेशिक परिषद की पहचान निहित होगी। प्रत्येक प्रमाण पत्र में उस किसान की कुल जोत, ली गई फसलों व प्रमाणित उत्पादों का विवरण भी परिशिष्ट रूप में अंकित होगा। विभिन्न उत्पादों की कितनी मात्रा का उत्पादन व प्रमाणीकरण किया गया है इसकी जानकारी पी.जी.एस.–इंडिया वेबसाइट पर उपलब्ध होगी। प्रत्येक प्रमाण पत्र निर्णय स्वीकृति की तिथि से 12 महीने तक प्रभावी होगा। अगली साराश शीट जमा करने और निर्णय स्वीकृति के बाद नया प्रमाण पत्र जारी किया जायेगा जिसको वैधता जारी करने की तिथि से 12 माह तक होगी। इस प्रकार हर बार सारांश शीट जमा करने एवं प्रमाणीकरण निर्णय स्वीकृत होने पर प्रमाणीकरण की वैधता निरंतर बढ़ती रहेगी। पीजीएस चिन्ह प्रमाणीकरण उत्पादों पर विशिष्ट पहचान कोड सहित अंकित करना होगा। उपभोक्ता इस विशिष्ट पहचान कोड को वेबसाइट में डालकर उत्पाद व समूह की पूर्ण जानकारी, प्रमाणीकरण स्तर, उत्पादन प्रणाली, पुनरीक्षण व निगरानी जाँच रिपोर्ट इत्यादि को देख सकेंगे।

पी.जी.एस. जैविक तथा पी.जी.एस. परिवर्तन अधीन उत्पादों हेतु अलग–अलग चिन्ह हैं। पी.जी.एस.–इंडिया प्रणाली में वस्तुओं पर निम्नानुसार अलग–अलग चिन्ह लगाये जायेंगे।

पी.जी.एस. जैविक

पी.जी.एस. चिन्ह प्रयोग शर्ते

पी.जी.एस. प्रमाणित उत्पादों पर पी.जी.एस. चिन्ह, विशिष्ट पहचान कोड सहित तभी लगाया जा सकता है जब वह उत्पाद उत्पादक समूह या उत्पादक किसान द्वारा या उसकी देखरेख में पैक किया गया हो। यदि उत्पाद की पैकिंग उत्पादन क्षेत्र से दूर किसी अन्य स्थान या पैक हाउस में की जा रही है तो भी यह सुनिश्चित किया जाना आवश्यक है कि पूरी प्रक्रिया समूह की देखरेख में हो और इस बात का पूरा ध्यान रखा जाये कि जैविक उत्पाद अन्य उत्पादों के साथ न मिल पाये। चिन्ह का प्रयोग उत्पाद की केवल उतनी ही मात्रा पर किया जाना चाहिये जिसकी जानकारी प्रादेशिक परिषद को दी गई है और वेबसाइट पर डाली गई है। बिना विशिष्ट पहचान कोड के चिन्ह का प्रयोग नहीं किया जायेगा। प्रमाणीकृत जैविक तथा परिवर्तन कालावधि उत्पादों पर अलग–अलग चिन्हों का प्रयोग किया जायेगा।

पी.जी.एस. चिन्ह

पी.जी.एस. जैविक (पूर्णतया प्रमाणित जैविक उत्पाद) तथा पी.जी.एस. हरित (पी.जी. एस. कार्यक्रम के अंतर्गत परिवर्तन कालावधि उत्पाद) के चिन्ह चित्र 13.1 में दर्शाए गए हैं।

पी.जी.एस.–जैविक	पूर्णतया प्रमाणित जैविक उत्पाद
पी.जी.एस.–हरित	पी.जी.एस. कार्यक्रम के अंतर्गत परिवर्तनकालावधि उत्पाद

PGS-INDIA ORGANIC

PGS-INDIA GREEN

चित्र 13.1: पी.जी.एस. जैविक एवं पी. जी. एस. हरित उत्पाद चिन्ह

जैविक उत्पादन हेतु पी. जी. एस. राष्ट्रीय मानक

सामान्य आवश्यकतायें

आवास प्रबंधन

आवास प्रबंधन जैविक प्रबंधन प्रणाली का महत्वपूर्ण अंग है तथा जैविक में परिवर्तन का सर्वप्रथम चरण है। सभी जीवों के लिये उपयुक्त जीवन–यापन अवस्थायें सुनिश्चित करने, जैविक खाद हेतु उपयुक्त मात्रा में पौध अवशिष्ट प्राप्त करने तथा विभिन्न प्रकार के पौधों व वृक्षों द्वारा जैव विविधता कायम करने हेतु यह आवश्यक है कि मेड़ों पर तथा अन्य खाली स्थानों पर विभिन्न प्रकार के पौधों, वृक्षों व झाड़ियों को लगाकर विभिन्न जीव रूपों हेतु आवास का निर्माण किया जाये। इन पौधों में नत्रजन स्थिरीकरण का पौधों के लिये विशिष्ट स्थान होना चाहिए। मेड़ों पर लगाये गये नत्रजन स्थिरीकरण पौधे/झाड़ियाँ न केवल जैविक बाड़ का काम करेंगी बल्कि जैविक रूप से स्थिरीकृत नत्रजन के साथ–साथ जमीन की गहराइयों से शोषित अन्य पोषक तत्व भूमि की ऊपरी सतह पर उगने वाले पौधों को प्रदान करेंगी। ये पौधे अनेक प्रकार के मित्र कीटों व पक्षियों को आवास तथा आश्रय का काम भी करेंगे, आवश्यकता होने पर वर्षा जल संरक्षण हेतु जल संग्रहण गड्ढ़ों व तालाबों का भी निर्माण किया जा सकता है।

फसल विविधता

जैविक प्रबंधन में फसल विविधता दूसरा सबसे महत्वपूर्ण पहलू है जिससे न केवल कीट व व्याधि प्रबंधन में मदद मिलती है, अपितु मिट्टी का संतुलित पोषण भी सुनिश्चित होता

है। फसल विविधता अनेक प्रकार की मिश्रित फसलों, सह फसलों, अंतर्फसलों तथा फसल चक्र में दलहनी फसलों को प्रमुखता देकर प्राप्त की जा सकती है। ट्रैप फसलों या अवरोधक फसलों के प्रयोग से भी विविधता में बढ़ोत्तरी होती है।

पशुधन समन्वयन

जैविक कृषि पशुधन से प्राप्त गोबर व मूत्र की लगातार उपलब्धता पर आधारित है। अतः प्रयास किये जाने चाहिये कि फसल उत्पादन व पशुपालन प्रक्रियाएं साथ–साथ चलें और उनमें उचित समन्वय हो।

परिवर्तन कालावधि

पी.जी.एस. जैविक मानकों के पूर्ण अनुपालन में जो सनय लगता है उसे परिवर्तन कालावधि कहते हैं। दूसरे शब्दों में यह वह समय है जो एक पारंपरिक कृषि फार्म को पूरी तरह पी.जी.एस. जैविक फार्म में बदलने में लगता है। इस कालावधि में पूरे फार्म व उसकी प्रक्रियाओं को जिसमें फसल उत्पादन व पशुधन पालन शामिल हैं, को पूर्णतः जैविक प्रबंधन के अंतर्गत लाया जाता है। पी.जी.एस. जैविक प्रबंधन में आंशिक परिवर्तन तथा समानांतर उत्पादन वर्जित है। ऐसे खेतों में जो कृषि हेतु नये हैं या जिननें पूर्व में पारांपरिक खेती की जा रही थी, परिवर्तन कालावधि प्रतिबंधित रसायनों के अंतिम प्रयोग तिथि से या पी जी एस शपथ लेने की तिथि से (जो भी बाद में हो) 24 से 36 महीनों की होगी। यदि केवल कम आयु की ऋतु फसलें ली जानी हो तो कालावधि 24 महीने की तथा यदि स्थायी बागवानी फसलें हों तो यह कालावधि 36 महीने की होगी। यदि किसी किसान द्वारा अपनी पूरी जोत एक साथ जैविक प्रबंधन के अंतर्गत लाना संभव न हो तो प्रादेशिक परिषद चरणबद्ध तरीके से परिवर्तन की अनुमति दे सकती है। परंतु ऐसी अवस्था में यह सुनिश्चित करना होगा कि वह किसान, समूह का सदस्य बनने के 24 महीने के अंदर अपनी पूरी जोत जैविक प्रबंधन के अंतर्गत ले आये। यदि पूर्व के तीन वर्षों से उस खेत में किसी भी प्रतिबंधित रसायन का उपयोग नहीं किया गया है और समूह के सभी सदस्य इस बात से संतुष्ट हैं कि पूर्व में उस खेत में रसायन उपयोग का कोई इतिहास नहीं है तो वे सामूहिक रूप से निर्णय लेकर परिवर्तन कालावधि को घटाकर 12 महीने तक सीमित कर सकते हैं। पशुधन के मामलों में परिवर्तन कालावधि कम से कम 12 महीने की होगी और इस अवधि में पशुओं को केवल जैविक चारा एवं जैविक दाना ही देना होगा और समूह के अन्य सदस्यों को आश्वस्त करना होगा कि सभी मानक आवश्यकताओं की पिछले 12 महीनों से अनुपालना की जा रही है। यदि तृतीय पक्ष प्रमाणीकरण (राष्ट्रीय जैविक उत्पादन कार्यक्रम के अंतर्गत) प्रक्रिया के अधीन कार्यरत कोई उत्पादक समूह (आंतरिक नियंत्रण प्रणाली समूह) या ऐसे समूहों के कुछ सदस्य पी.जी.एस. प्रक्रिया में शामिल होना चाहते हैं तो उनका प्रमाणीकरण स्तर, जो प्राधिकृत प्रमाणीकरण संस्था द्वारा दिया गया है और उस वक्त वैध है तो वह उसी

रूप/स्तर पर जारी रहेगा बशर्ते वह सदस्य या शामिल होने वाले समूह के सभी सदस्य पी.जी.एस. की मानक आवश्यकताओं को पूर्ण करते हों, उसे सिद्ध करने के लिये उनके पास सभी वांछित प्रालेख हों तथा प्रादेशिक परिषद (जब वे एक नया समूह बनायें) या वर्तमान पी.जी.एस. स्थानीय समूह सदस्य (यदि वे वर्तमान पी.जी.एस. स्थानीय समूह में शामिल हों) उनके अनुपालना स्तर से पूर्णतया संतुष्ट हों।

संदूषण नियत्रंण

सभी जैविक उत्पादन इकाइयों को प्राकृतिक या दुर्घटनावश संदूषण से बचाने के प्रभावी उपाय करने चाहिये (जैसे प्रतिबंधित रसायन संदूषण जल प्रवाह द्वारा या हवा द्वारा)। सभी जैविक फार्मों या इकाइयों को या तो जैविक बाड़ लगाकर या उपयुक्त अवरोधक क्षेत्र से अलग कर सुरक्षित किया जाना चाहिए। सभी जैविक फार्मों को पास के खेतों से निकले संदूषित जल प्रवाह से भी सुरक्षित रखना आवष्यक है। इसके लिए जैविक खेतों के चारो ओर ऊँची मेड़ और जल बहाव हेतु बचाव नालियों का निर्माण किया जा सकता है।

मृदा एवं जल सरंक्षण

भूक्षरण, मृदा लवणीकरण, जल के अधिक व अनुपयुक्त प्रयोग तथा सतह जल एवं भूजल को संदूषण व क्षरण से बचाने के लिए सभी वांछित प्रयास किये जाने चाहिये। वनस्पति को काटकर एवं जलाकर साफ करना तथा भूसे को जलाना जैसी प्रक्रियाओं को न्यूनतम स्तर तक सीमित किया जाना चाहिए। खेती हेतु जंगल नष्ट करने जैसी प्रक्रियायें निषिद्ध हैं।

फसल उत्पादन हेतु मानकीय आवश्यकताएं

बीज एवं पौध चयन

चयनित बीज/पौध व रोपणी इत्यादि ऐसी प्रजाति की होनी चाहिए जो स्थानीय मिट्टी, वातावरणीय परिस्थितियाँ तथा जैविक प्रबंधन के अनुकूल हों, कीट एवं व्याधि प्रतिरोधी हों तथा संभव हो तो जैविक उद्‌गम की हों। यदि जैविक प्रबंधन से उत्पन्न बीज उपलब्ध न हों तो पारंपरिक कृषि में उगाये ऐसे बीज जिन्हें किसी भी प्रकार के रसायनों से उपचारित न किया गया हो, प्रयोग किये जा सकते हैं। अनुवांशिकी परिवर्तित बीज, परागकण तथा परिवर्तित अनुवांशिकी के पौधों या उनके बीज या रोपण अंगों का प्रयोग पूर्णतः प्रतिबंधित है।

उर्वरीकरण

फार्म से ही प्राप्त सूक्ष्मजीवीय, पौध या पशुओं से प्राप्त जैव अपघटनशील पदार्थ उर्वरीकरण प्रक्रिया के प्रमुख अंग हैं। हरी खाद, अंतरफसल तथा दलहनी फसलों के साथ

फसल परिवर्तन को पूरी फसल उत्पादन योजना में अभिन्न अंग के रूप में शामिल किया जाना चाहिये। फार्म के बाहर से या क्रय कर लाये गये जैविक खादों (जैव अपघटनीय सूक्ष्म जैविक, पौध व पशु मूल आधारित) का भी प्रयोग किया जा सकता है बशर्ते उनके उत्पादन में किसी भी प्रकार के प्रतिबंधित रसायनों का प्रयोग न किया गया हो। सूक्ष्मजीवीय उत्पाद जैसे बायोफर्टिलाइजर (जैव उर्वरक), बायोडायनेमिक उत्पाद, प्रभावी सूक्ष्म जीव (ई.एम.) इत्यादि का प्रयोग किया जा सकता है। ऐसे जैविक उत्पाद जो राष्ट्रीय जैविक उत्पादन कार्यक्रम के अधीन प्राधिकृत प्रमाणीकृत संस्थाओं द्वारा जैविक खेती में उपयोग हेतु स्वीकृत हैं, को भी बिना किसी अन्य स्वीकृति के (स्थानीय समूह की) प्रयोग किया जा सकता है। खनिजिक उर्वरक अपने प्राकृतिक रूप में चूर्ण बनाकर पूरक पोषको के रूप में प्रयोग किये जा सकते हैं। किसी प्रकार के संश्लेषित रसायनिक उर्वरकों का सीधे या अपरोक्ष रूप में प्रयोग पूर्णतः प्रतिबंधित है।

कीट व्याधि एवं खरपतवार नियत्रंण तथा वृद्धिकारकों का प्रयोग

नाशीजीव, प्रतिरोधी प्रजातियों का चयन, उपयुक्त फसल चक्र, हरी खाद, संतुलित पोषण, जल्दी बुआई, आच्छादन भौतिक, यांत्रिक व जैविक नियंत्रण (जैसे नाशी कीट परजीवी व भक्षियों का प्रयोग), नाशीकीटों के जीवन चक्र में व्यवधान करना तथा नाशीकीट शत्रुओं (मित्र कीटों) का संधारण नाशीजीव प्रबंधन प्रक्रिया के प्रमुख अंग हैं।

असाधारण परिस्थितियों में जब अति आवश्यक हो मिट्टी का ताप द्वारा निर्जीवीकरण प्रक्रिया का प्रयोग किया जा सकता है। सूक्ष्म जैविक नाशीजीव नियंत्रक (जैसे बायोपैस्टीसाइड) का प्रयोग किया जा सकता है। बाजार से क्रय किये गये ऐसे सूक्ष्म जैविक या वानस्पतिक उत्पाद जिन्हे राष्ट्रीय जैविक उत्पादन कार्यक्रम द्वारा प्राधिकृत प्रमाणीकृत संस्थाओं द्वारा जैविक खेती में उपयोग हेतु स्वीकृत किया गया है, को भी प्रयोग किया जा सकता है। सभी संश्लेषित व रसायनिक खरपतवार नाशकों, फफूँदीनाशकों, कीटनाशकों या अन्य रसायनिक उपादान जैसे वृद्धि नियंत्रक हारमोन तथा संश्लेषित रंगों का प्रयोग पूर्णतः प्रतिबंधित है। परिवर्तित अनुवांशिकी जीवों या उनके उत्पादों का भी प्रयोग पूर्णतः वर्जित हैं।

मशीन, उपकरण, औजार व भंडारण पात्र

कृषि में काम आने वाले सभी मशीन, उपकरण, औजार व भंडारण पात्र को जैविक प्रक्रिया में प्रयोग से पूर्व अच्छी प्रकार धोकर साफ कर लेना चाहिये। जैविक उत्पादों के भंडारण व परिवहन हेतु सभी बोरियों, थैलों या पात्रों को साफ कर यह सुनिश्चित कर लेना चाहिये कि उनमें कोई भी रसायनिक संदूषण नहीं है और उनका प्रयोग पूर्व में पारम्परिक उत्पादों के भंडारण में नहीं किया गया है। ऐसे सभी बैग या पात्रों पर "केवल जैविक" स्पष्ट रूप से अंकित होना चाहिए।

भंडारण तथा परिवहन

जैविक उत्पाद पारम्परिक उत्पादों के साथ न मिल पाये, इसका पूरा इंतजाम किया जाना चाहिये। भंडारण में किसी भी प्रकार के रसायनिक भंडारण कीटनाशियों का प्रयोग पूर्णतः वर्जित है। जैविक उत्पादों के भंडारण में प्राकृतिक तथा पारंपरिक उपायों का प्रयोग किया जा सकता है। कार्बन डाई आक्साइड व नाइट्रोजन जैसी निष्क्रिय गैसों का भंडारण प्रक्रिया में प्रयोग किया जा सकता है।

पशुधन उत्पादन हेतु मानकीय आवश्यकताएँ

परिवर्तन आवश्यकताएँ

पशुधन सहित पूरे फार्म को निर्धारित कालावधि में जैविक में परिवर्तित किया जाना चाहिये। पी.जी.एस. के अंतर्गत आंशिक परिवर्तन तथा समानांतर उत्पादन निषिद्ध है। सभी प्रकार के पशुओं के लिये (मुर्गियों को छोड़कर) कम से कम परिवर्तन कालावधि 12 महीने है। मुर्गी पालन (अंडे व मांस हेतु) में दो दिन आयु के चूजों को केवल जैविक खाद्य पर ही पाला जाना चाहिए।

पालन अवस्थाएं एवं वातावरण

पशुधन प्रबंधन में यह सुनिश्चित किया जाना चाहिए कि जिस वातावरण में उन्हें पाला जा रहा है उसमें उनके घूमने–फिरने के लिए पर्याप्त स्थान हो वहाँ ताजी हवा, धूप व जल का प्रबंध हो तथा आराम हेतु उचित स्थान हो। सभी पशुओं को तेज धूप, वर्षा तथा आंधी से बचाना चाहिए। अंगभंग किसी भी रूप में नहीं किया जाना चाहिये, परंतु इसके कुछ अपवाद हो सकते हैं जैसे बंध्याकरण, पूंछ काटना, सींग हटाना, रिंगिंग तथा म्यूलसिंग।

प्रजातियाँ एवं उनका प्रजनन

प्रजातियाँ स्थानीय वातावरण के अनुकूल होनी चाहिए। प्रजनन प्रक्रियाएँ संबंधित पशुओं की प्राकृतिक आदतों के अनुरूप होनी चाहिये तथा उनके अच्छे स्वास्थ्य को सुनिश्चित करने वाली हों। प्रजनन तकनीक प्राकृतिक होनी चाहिए। कृत्रिम गर्भाधान किया जा सकता है। उत्तेजना पैदा करने वाले हारमोन का प्रयोग वर्जित है, दवाओं द्वारा उत्प्रेरित जन्म प्रक्रिया को तब तक नहीं अपनाना चाहिए जब तक कि चिकित्सक की सलाह पर पशु की जीवन रक्षा के लिये ऐसा करना जरूरी न हो। परिवर्तित अनुवांशिकी की प्रजातियों का प्रयोग वर्जित है।

पशु पोषण

सभी पशुओं को अच्छी गुणवत्ता का जैविक चारा ही खिलाया जाना चाहियें। सभी प्रकार का चारा या खाद्य किसान के स्वयं के जैविक खेत या स्थानीय समूह के अन्य सदस्यों के जैविक खेत से प्राप्त होना चाहिये या जंगल के उन क्षेत्रो से लिया गया हो, जहाँ प्रतिबंधित रसायनों का प्रयोग न किया गया हो। जैविक पशु खाद्य उत्पादन इकाइयों के उत्पाद प्रयोग किये जा सकते हैं। जैविक पशुधन प्रबंधन में रंगों व रंग उत्पन्न करने वाले पदार्थों का प्रयोग निषिद्ध है। पशुओं के खाद्य या चारे में निम्न पदार्थों का किसी भी रूप में प्रयोग नहीं किया जाना चाहियेः

- संश्लेषित वृद्धिकारक या उत्प्रेरक हारमोन
- संश्लेषित क्षुधावर्धक
- प्रसंस्करण प्रक्रिया में परिरक्षकों का प्रयोग
- कृत्रिम रंग उत्पन्न करने वाले रसायन
- यूरिया
- कृषि पशुओं के सहायक उत्पाद
- गोबर, बीट या अन्य जैविक खादों या मल के उत्पाद (चाहे वे प्रसंस्कृत किये हों)
- ऐसे खाद्य जो साल्वेंट (हैक्सेन) एक्सट्रेक्शन से प्राप्त हों (जैसे सोया तथा सरसों की खली)
- किसी भी प्रकार के रसायनों के योग से बने उत्पाद
- शुद्ध अमीनो अम्ल तथा परिवर्तित अनुवांशिकी के जीव व उनके उत्पाद
- विटामिन, सूक्ष्ममात्रिक तत्व तथा अन्य पोषण पूरक पदार्थ उनके प्राकृतिक स्वरूपों में तभी प्रयोग किये जाने चाहिये जब वे उपयुक्त मात्रा व गुणवत्ता में उपलब्ध हों।

पशु दवाएँ

बीमारी उपचार चयन में पशुओं की भलाई, सर्वप्रथम विचार विषय होना चाहिए। प्राकृतिक उपचार प्रक्रियाएं तथा दवाएं जैसे आयुर्वेदिक, होम्योपैथेक, यूनानी तथा एक्यूप्रैशर इत्यादि को प्राथमिकता देनी चाहिए। अन्य कोई विकल्प उपलब्ध न होने की दशा में वेटेनरी दवाओं का प्रयोग किया जा सकता है। ऐसी अवस्थाओं में जहाँ वेटेनरी दवाओं का प्रयोग किया गया हो वहाँ उन्हें प्रस्तावित सीमा से दुगने समय तक उत्पादन प्रक्रिया से बाहर रखना चाहिये। निम्न पदार्थों का प्रयोग वर्जित हैः

- संश्लेषित वृद्धि उत्प्रेरक
- कृत्रिम उद्‌गम के ऐसे उत्पाद/पदार्थ जो उत्पादन या उत्प्रेरण या प्राकृतिक वृद्धि को रोकने में प्रयोग किये जायें।
- उत्तेजना उत्पन्न करने वाले हारमोन (उन परिस्थितियों को छोड़कर जहाँ प्रजनन संबंधी विकारों को नियंत्रित किया जाना हो तथा उनकी आवश्यकता चिकित्सक द्वारा जरूरी बताई गई हों)।
- ऐसे सभी टीके प्रयोग किये जा सकते हैं जो उस क्षेत्र की प्रचलित बीमारियों के विरूद्ध रोकथाम हेतु हों या उस क्षेत्र में उन बीमारियों के होने की आशंका हो। विधि द्वारा प्रस्तावित सभी टीकों का प्रयोग किया जा सकता है। ऐसे टीके जो परिवर्तित अनुवांशिकी से बनाये गये हों उनका प्रयोग वर्जित है।

मधुमक्खी पालन हेतु मानक आवश्यकताएँ

चूँकि मधुमक्खी पालन, पशु पालन प्रक्रिया का ही अंग है अतः जैविक पशु पालन के सामान्य सिद्धांत मधुमक्खी पालन पर भी लागू होते हैं। इनके अतिरिक्त निम्न आवश्यकताओं का अनुपालन भी अपेक्षित है:

- मधुमक्खी के छत्ते, प्राकृतिक पदार्थों से बने होने चाहिये तथा उनमें कोई विशाक्तता नहीं होनी चाहिए।
- सभी छत्तों व बक्सों को जैविक प्रबंधन वाले खेतो में या ऐसे प्राकृतिक स्थानों या जंगलों में रखा जाना चाहिए जहाँ किसी भी प्रकार के प्रतिबंधित रसायनों का प्रयोग न किया गया हो।
- मधुमक्खी पालन में किसी प्रकार की वेटेनरी दवाओं या ऐन्टीबायोटिक का प्रयोग नहीं किया जाना चाहिये। ऐसे पदार्थ जिनमें प्रतिबंधित रसायनों का प्रयोग किया हो, मधुमक्खियों के साथ कार्य करते समय नहीं प्रयुक्त करने चाहिए।
- नाशीजीव व व्याधियों की रोकथाम तथा छत्तों के निर्जीवीकरण में जिन पदार्थों का उपयोग किया जा सकता है वे हैं कास्टिक सोडा, लैक्टिक, आक्सेलिक, एसिटिक तथा फार्मिक अम्ल, गंधक, ईथरिक तेल तथा बेसिलस थुरेन्जिनसिस इत्यादि।

खाद्य प्रसंस्करण, रखरखाव तथा भंडारण हेतु मानकीय आवश्यकता

सामान्य आवश्यकताएं

कोई भी खाद्य प्रसंस्करण प्रक्रिया, रखरखाव तथा भंडारण चाहे वे फार्म पर हों, फार्म से दूर हों या किराये पर ली गई सुविधाओं में हों, पी.जी.एस. आश्वासन प्रणाली के अंर्तगत

प्रमाणीकृत किये जा सकते हैं बशर्ते पूरी प्रक्रिया पर समूह का नियंत्रण हो और/या समूह की निगरानी में हो तथा प्रसंस्करण या भंडारण किये जाने वाले पदार्थ समूह का स्वयं का उत्पादित उत्पाद हो। आवश्यकता होने पर अनेक पी.जी.एस. स्थानीय समूह मिलकर एक संघ बना सकते हैं तथा प्रसंस्करण, ग्रेडिंग, पैकिंग, भंडारण तथा परिवहन इत्यादि मिल–जुलकर कर सकते हैं। संबंधित प्रादेशिक परिषद इस प्रकार के संघों द्वारा प्रसंस्करण, रखरखाव व भंडारण हेतु वांछित दिशानिर्देश जारी कर सकते हैं।

भंडारण

सभी जैविक उत्पाद तब तक एक साथ भंडारण व परिवहन नहीं किये जाने चाहिए जब तक कि वे भली–भाँति पैक न हों, उन पर जैविक चिन्ह न लगा हो और अजैविक पदार्थों से भौतिक अवरोध द्वारा अलग–अलग न किये गये हों। भंडारण व परिवहन में यह सुनिश्चित करना आवश्यक है कि किसी भी अवस्था में जैविक पदार्थ अजैविक पदार्थों के न तो सीधे संपर्क में आयें और न उनका मिश्रण होने पाये। इसी प्रकार यह भी सुनिश्चित किया जाना चाहिये कि पूरी प्रक्रिया में जैविक पदार्थ किसी भी प्रकार के प्रतिबंधित रसायनों के संपर्क में भी न आने पायें। जैविक भंडारण में सभी प्रकार के संश्लेषित परिरक्षकों, रसायनों तथा धूम्र उत्पाद इत्यादि का प्रयोग वर्जित है। भंडारण में जिन प्रक्रियाओं का प्रयोग किया जा सकता है वे हैं नियंत्रित तापमान, ठंडा करना, शून्य से नीचे तापमान पर रखना, सुखाना, भौतिक उपायों द्वारा नमी नियंत्रण तथा नत्रजन या कार्बन डाई आक्साइड जैसी निष्क्रिय गैसों से धूम्र उपचार। फलों को पकाने हेतु इथिलीन गैस का प्रयोग किया जा सकता है।

संघटक योजक तथा प्रसंस्करण सहायक

- सभी संघटक तथा योजक, कृषि मूल के तथा पी.जी.एस. प्रमाणित होने चाहिए।
- जल तथा नमक, बिना किसी प्रतिबंध के उपयोग किये जा सकते हैं।
- सूक्ष्मजैविक तथा किण्वन प्रक्रिया उत्पादों के माध्यम जैविक उत्पादों से बना होना चाहिये।
- उद्योगों में बने सूक्ष्म जीव सूत्र, टीका लगाने या सूक्ष्म जीव बीज रूप में प्रयोग हेतु उपयोग किये जा सकते हैं।
- ऐसे मामलों में जहाँ कृषि मूल के जैविक संघटक उपलब्ध न हों या कुछ संघटक गैर कृषि मूल के हों तो राष्ट्रीय जैविक उत्पादन कार्यक्रम में निहित दिशानिर्देशों के अनुसार कार्य करें। ऐसे सभी मामलों में संघटकों की मात्रा कुल उत्पाद की मात्रा के 5% से अधिक (जल व नमक को छोड़कर) नहीं होनी चाहिये।

- परिवर्तित अनुवांशिकी के जीव व उनके उत्पादों का प्रयोग वर्जित है।
- रसायन मूल के सभी खनिज, विटामिन तथा इसी प्रकार के अन्य संघटको का प्रयोग वर्जित है।

प्रसंस्करण

- जैविक प्रसंस्करण हेतु प्रयुक्त सभी मशीनों, उपकरणों व औजारों को अच्छी तरह धोकर संदूषण मुक्त किया जाना चाहिये।
- सभी प्रसंस्करण मशीन तथा छलनी सहायक भी संदूषण मुक्त होने चाहिये और उनसे ऐसे किसी भी पदार्थ का स्राव नहीं होना चाहिये जो जैविक निष्ठा को प्रभावित कर सकें।
- जैविक व अजैविक उत्पाद आपस में न मिल पायें या संदूषित न कर पायें इसकी पूरी सावधानी रखनी चाहिए।
- राष्ट्रीय जैविक उत्पादन कार्यक्रम के अंतर्गत प्रमाणित प्रसंस्करण उद्योग इकाइयों की मदद ली जा सकती है।
- पी.जी.एस. जैविकीकरण के अंतर्गत जो प्रक्रियाएं स्वीकृत हैं वे हैं यांत्रिक, भौतिक, जैविक, धुआं करना, अर्क निकालना, अवक्षेपीकरण तथा छनाई।
- अर्क निकालने की प्रक्रिया में जल, ईथेनोल, पौध तथा पशु तेल, सिरका, कार्बन–डाई–आक्साइड, नाइट्रोजन तथा कार्बोक्सालिक अम्ल का प्रयोग किया जा सकता है। उपरोक्त सभी द्रव घोलक खाद्य स्तर के होने चाहिए।
- सभी प्रकार के अणु–प्रकाशन का प्रयोग वर्जित है।

पैकिंग तथा लेबेल लगाना

- पैकिंग पदार्थ उत्पाद के जैविक गुण को प्रभावित नहीं करने वाला होना चाहिये।
- पैकिंग पर पी.जी.एस. समूह विवरण, पी.जी.एस. चिन्ह तथा विशिष्ट पहचान कोड स्पष्ट रूप से अंकित होना चाहिये।
- एकल संघटक उत्पाद के उत्पादन में सभी मानक आवश्यकताएं पूरी होने पर तथा समूह द्वारा उसे पी.जी.एस.–जैविक घोषित किये जाने पर उस उत्पाद पर पी.जी. एस. जैविक चिन्ह लगाया जा सकता है।
- परिवर्तन कालावधि उत्पाद जब सभी मानक आवश्यकताओं को पूरा कर समूह द्वारा पी.जी.एस. हरित घोषित कर दिये हों उन पर पी.जी.एस. हरित चिन्ह लगाया जा सकता है।

- मिश्रित या प्रसंस्कृत उत्पादों के मामले में यदि उसका 95% भाग पी.जी.एस. जैविक संघटकों से बना है तो उस पर पी.जी.एस. जैविक चिन्ह लगाया जा सकता है। यदि जैविक संघटकों का परिमाण 95 से 70 प्रतिशत के बीच है तो उत्पाद पर "पी.जी. एस. –जैविक संघटकों से बना" अंकित किया जा सकता है परंतु उस पर पी.जी. एस. चिन्ह नहीं लगाया जा सकता है।
- केवल पी.जी.एस. स्थानीय समूह तथा उनके द्वारा अधिकृत पी.जी.एस. समूह संघ उन उत्पादों पर पी.जी.एस. चिन्ह लगा सकता है जो समूह या संघ के सीधे उत्पादों से तथा उनके निरीक्षण में प्रसंस्कृत किये गये हों।

परिभाषाएँ

बफर क्षेत्रः जैविक उत्पादन इकाई या क्षेत्र के चारो ओर एक ऐसा उभय क्षेत्र जो कि जैविक व अजैविक क्षेत्र को स्पष्ट रूप से अलग करता हो तथा यह सुनिश्चित करता हो कि अजैविक क्षेत्र से कोई भी प्रतिबंधित पदार्थ जैविक क्षेत्र में न पहुच पाये।

मिलावटः दुर्घटनावश, असावधानी या जानबूझकर जैविक व अजैविक उत्पादों का मिश्रण

संदूषणः जैविक उत्पाद या जैविक क्षेत्र में ऐसे प्रतिबंधित पदार्थों द्वारा प्रदूषण जो उस उत्पाद या क्षेत्र को जैविक प्रमाणीकरण हेतु अनुपयुक्त कर दें।

परिवर्तनकालावधिः अजैविक क्षेत्र को जैविक क्षेत्र में परिवर्तन हेतु वांछित समय

विविधताः अनेक प्रकार के पौधों, वृक्षों व झाड़ियों इत्यादि का समावेश कर तथा एक ही समय विभिन्न प्रकार की फसलें उगाकर जैव विविधता का निर्माण।

आवास प्रबंधनः ऐसे प्रबंधन उपाय व प्रक्रियाएँ जिनसे संबंधित क्षेत्र में सभी प्रकार के जीव जन्तुओं व पौधों हेतु आदर्श प्रकृतिपरक जीवन यापन सुनिश्चित किया जाये।

आइफोम : जैविक कृषि आंदोलन का अंतर्राष्ट्रीय परिसंघ।

सहायक संस्थाये : स्थानीय समूह द्वारा नामित ऐसी संस्था जो उन्हें पीजीएस प्रक्रिया के परिचालन, प्रबंधन, डाटा प्रबंधन तथा वेबसाइट प्रचालन में सहायता करे।

स्थानीय समूहः सहभागिता प्रतिभूति प्रणाली हेतु स्थानीय किसानों का समूह जो पीजीएस–इंडिया कार्यक्रम के मानक व दिशानिर्देशों के अनुरूप मिल–जुलकर कार्य करे।

पशुधनः ऐसे सभी पालतू जीव व पशु जैसे गाय भैंस, बैल, घोड़ा, बकरी, सुअर, भेड़, मुर्गी, बत्तख, मधुमक्खी इत्यादि जिन्हें खाद्य उत्पादन हेतु या खाद्य उत्पादन में सहायता हेतु पाला जाता है। जंगलों से शिकार कर लाए पशु व प्राकृतिक जल स्रोतों (जैसे नदी, झील व समुद्र) से पकड़ी गई मछलियाँ इस परिभाषा के अंतर्गत नहीं आती हैं।

समांतत उत्पादनः एक ही इकाई, क्षेत्र या फार्म पर जैविक व अजैविक विधि द्वारा समान उत्पादन, प्रजनन, प्रसंस्करण व भंडारण।

आंशिक परिवर्तनः एक ही इकाई या फार्म के कुछ क्षेत्र का जैविक उत्पादन अधीन होना व शेष क्षेत्र का अजैविक उत्पादन अधीन या परिवर्तन कालावधि के अधीन होना।

पी.जी.एस. एन.ए.सी. : पी जी एस राष्ट्रीय सलाहकार समिति, भारत सरकार के कृषि एवं सहकारिता विभाग के अंतर्गत।

❒❒❒

अध्याय 14

पारम्परिक एवं जैविक कृषि हेतु लाभकारी योजनायें

भारत सरकार द्वारा परम्परागत एवं जैविक कृषि को बढ़ावा देने हेतु कई योजनायेँ कार्यान्वित की जा रही हैं, जिसमें कृषक भाइयों को प्रोत्साहित करने हेतु समुचित अनुदान की व्यवस्था की गई है, परिणाम स्वरूप हमारा देश भारत यथा शोघ्र पारम्परिक एवं जैविक खेती का अग्रदूत बनने जा रहा है। यह बड़े ही गौरव की बात है कि विश्व के दो तिहाई से ज्यादा पारम्परिक एवं जैविक खेती में लगे हुए कृषक भारतीय है। परम्परागत कृषि विकास योजना (पी के वी वाई), जैविक कृषि एवं सोयल हेल्थ कार्ड स्कीम (एसएचसी) जैसी योजनायें पारम्परिक एवं जैविक कृषि को गति प्रदान कर रही है। भारत सरकार का लक्ष्य है कि आगामी 3 वर्षों के दौरान परम्परागत एवं जैविक कृषि के अंतर्गत 2 लाख हेक्टेयर तक क्षेत्र प्रमाणित किया जा सके। सामान्य अभिरूचि एवं जानकारी हेतु महत्त्वपूर्ण योजनाओं का संक्षिप्त विवरण दिया जा रहा है।

1. परम्परागत कृषि विकास योजना (पी के वी वाई)
2. जैविक कृषि
3. उत्तरपूर्वी क्षेत्र के लिए जैविक वैल्यू चेन विकास मिशन (एम ओ वी सी डी एन ई आर)
4. बारानी क्षेत्र विकास प्राधिकरण
5. कृषि वानिकी उपमिशन
6. सोयल हेल्थ कार्ड स्कीम (एसएचसी)
7. समेकित मधुमक्खी पालन विकास केन्द्र, उत्कृष्टता केंद्रों (आई बी डी सी/सी ओ ई एस) की स्थापना/स्वीकृति
8. प्रधान मंत्री कृषि सिंचाई योजना (पी एम के एस वाई)–सूक्ष्म सिचाई
9. राष्ट्रीय कृषि विकास योजना (आर.के.वी.वाई.)
10. पौध किस्मों के संरक्षण एवं किसानों के अधिकार (पी पी वी एफ आर)
11. राष्ट्रीय खाद्य सुरक्षा मिशन (एन एफ एस एम)

12. धान के परती क्षेत्रों में फसल सघनीकरण
13. प्रधान मंत्री फसल बीमा योजना (पी एम एफ बी वाई)
14. राष्ट्रीय कृषि विपणन योजना
15. राष्ट्रीय कृषि बाजार (ई–नाम)
16. नेफेड एवं उसकी प्रमुख उपलब्धियां
17. कम ब्याज पर कर्ज
18. कृषि में कौशल विकास
19. युवाओं को कृषि की ओर आकृष्ट करना और उन्हें उसमें बनाए रखना (आर्या)
20. मेरा गाँव मेरा गौरव
21. वर्ष 2022 तक कृषि आय को दुगुना करने के लिए समिति

1. परम्परागत कृषि विकास योजना (पी के वी वाई)

परम्परागत कृषि विकास योजना (पी के वी वाई) की शुरुआत 2015 में हुई। इस परियोजना के अंतर्गत किसान समूहों का गठन, किसानों का एकत्रीकरण, भूमि को जैव कृषि में परिवर्तन करने, वर्मीकंपोस्ट इकाई की स्थापना और जैव उत्पादों पर लेबल अथवा ब्रांड निशान लगाने के लिए सहायता प्रदान करना है। साथ ही साथ जैविक उत्पादों के संग्रहण एवं बाजार तक परिवहन के लिए प्रत्येक समूह को रू० 1,20,000 वित्तीय सहायता प्रदान करना है । यह भी सुनिश्चित करना कि समूह के प्रत्येक किसान को 3 वर्ष की अवधि के दौरान 5,000 रू० प्रति हैक्टेयर की वित्तीय सहायता प्रदान की जायेगी। योजना का लक्ष्य यह निर्धारित किया गया है, कि 20 हैक्टेयर के 10,000 जैविक क्लस्टरों को विकसित किया जाये ताकि 3 वर्षों के दौरान 2 लाख हेक्टेयर तक प्रमाणित क्षेत्र को कवर किया जा सके। अभी तक 9,186 क्लस्टर बनाए जा चुके हैं।

2. जैविक कृषि

भारत सरकार द्वारा परम्परागत संसाधनों, अनुकूल पर्यावरण हितैषी, कम लागत वाले प्रौद्योगिकी के साथ साथ लाभकारी जैविक खेती को बढ़ावा देने हेतु कई कार्यक्रम संचालित किए जा रहे हैं। वर्ष 2011–14 के अनुपात में वर्ष 2014–17 के दौरान जैविक खेती के क्षेत्रफल में 176% वृद्धि हुई। 350 किसान उत्पादन संगठनों (एफपीओ) के जरिये 2.5 लाख हेक्टेयर में जैविक खेती को बढ़ावा दिया जाएगा। परम्परागत कृषि विकास योजना के तहत, सरकार दक्ष विपणन एवं जैविक खेती की क्षमता का उपयोग करने के लिए क्लस्टर आकार

को 20 हेक्टेयर से 1000 हेक्टेयर (पूर्वोत्तर राज्यों के लिए जैविक मूल्य श्रृंखला विकास मिशन के तहत 500 हेक्टेयर से 1000 हेक्टेयर) तक बढ़ाएगी।

3. उत्तरपूर्वी क्षेत्र के लिए जैविक वैल्यू चेन विकास मिशन (एम ओ वी सी डी एन ई आर)

केन्द्रीय क्षेत्र की यह योजना वर्ष 2015–16 से 2017–18 तक 3 वर्षों के लिए रुपये 400 करोड़ के परिव्यय के साथ 11 जनवरी, 2016 को शुरू की गई थी। यह योजना असम, अरूणाचल प्रदेश, मणिपुर, मेघालय, मिजोरम, नागालैण्ड, सिक्किम तथा त्रिपुरा के उत्तर पूर्वी पर्वतीय क्षेत्रों में राजकीय एजेंसी के माध्यम से लागू की गई है। इसके अंतर्गत 3 वर्षों में 0.5 लाख हेक्टेयर क्षेत्र शमिल किया जाना है। इस योजना के अन्तर्गत अच्छी प्रगति करते हुए अब तक 2321 किसान समूह व 8 किसान उत्पादक संगठनों का निर्माण किया जा चुका है।

4. बारानी क्षेत्र विकास प्राधिकरण

राष्ट्रीय बारानी क्षेत्र प्राधिकरण (एन आर ए ए) को अन्य अधिदेशों के अतिरिक्त, बारानी कृषि के लिए ज्ञान के भंडार के रूप में कार्य करने के लिए पुनर्जीवित किया गया है। 150 सर्वाधिक संवेदनशील सूखाग्रस्त जिलों के लिए कार्य योजनाओं को अक्टूबर 2017 तक तैयार किया जाएगा एवं उपयुक्त कदम उठाए जाएंगे।

5. कृषि वानिकी उपमिशन

किसानों की आय को बढ़ाने और जलवायु अनुकूलता के लिए राष्ट्रीय कृषि वानिकी नीति तैयार की गई। वर्ष 2016–17 के दौरान ''हर मेड़ पर पेड़'' के लक्ष्य के साथ एक समर्पित योजना ''राष्ट्रीय कृषि वानिकी परियोजना'' की शुरूआत की गई। विपणन वर्ष 2016–17 में 50 करोड़ रूपए के केन्द्रीय हिस्से का बजट आवंटित हुआ। कृषि वानिकी उपमशिन (एस.एम.ए.एफ.) के तहत सहायता के लिए ट्रान्सिट विनिमयन की छूट है। 13 राज्यों (2016–17 में 8 एवं 2017–18 में 5) ने इस विनिमय में छूट प्रदान की है। अन्य राज्यों को भी इसके लिए प्रेरित किया जा रहा है। कृषि वानिकी को बढ़ावा देने के लिए पर्याप्त धनराशि उपलब्ध करवाई गयी है।

6. सॉयल हेल्थ कार्ड स्कीम (एसएचसी)

मृदा परीक्षण के आधार पर फसलों को पोषक तत्वों की संतुलित प्रबंधन हेतु, खेत स्तर पर मिट्टी परीक्षण के लिए राष्ट्रव्यापी कार्यक्रम फरवरी, 2015 में शुरू किया गया था। इस

कार्यक्रम के तहत देश के सभी भूधारी किसानों को हर दो वर्ष में सॉयल हेल्थ कार्ड जारी किये जाएंगे। जिससे मृदा की उर्वरता एवं उत्पादकता को बनाए रखने मे सहायता मिलेगी।

7. समेकित मधुमक्खी पालन विकास केन्द्र, उत्कृष्टता केंद्रों (आई बी डी सी/सी ओ ई एस) की स्थापना/स्वीकृति

समन्वित मधुमक्खी विकास केंद्र 2015–16 एवं 2016–17 के दौरान एनबीबी द्वारा 10 आईडीबी हरियाणा (बागवानी विभाग, कुरूक्षेत्र), नई दिल्ली (आई ए आर आई, पूसा), बिहार (के वी के, पिपराकोठी), पंजाब (पी ए यू, लुधियाना), मध्य प्रदेश (केवीके, मुरैना), उत्तर प्रदेश (आई आई वी आर, वाराणसी), मणिपुर (सी एयू , इम्फाल), उत्तराखंड (के वी के, देहरादून), जम्मू एवं कश्मीर (एस के यू, ए एस टी, श्रीनगर) और तमिलनाडु (टी एन एयू, कोयम्बटूर) स्थापित/अनुमोदित किये गये। जिससे परम्परागित फसलों में परागण की सुविधा प्राप्त होगी। सफल ब्रांड का मधु, दूध सहकारिता के माध्यम से मधु के संग्रहण और विपणन के लिए दिल्ली में आरंभ किया गया है। एनबीबी के द्वारा दूध फेडरेशन के साथ दो अन्य राज्यों (गुजरात और राजस्थान) में इस पहल को आगे विस्तारित किया गया है।

8. प्रधान मंत्री कृषि सिंचाई योजना (पी एम के एस वाई)–सूक्ष्म सिचाई

प्रत्येक बूंद से अधिक फसल के उद्देश्य की प्राप्ति के लिए वर्तमान सरकार द्वारा अधिक धनराशि देकर अधिक क्षेत्रफल को सिंचित किया गया है। सूक्ष्म सिंचाई हेतु 2011–14 के दौरान रूपये 3699.45 करोड़ तथा 2014–17 के दौरान 4510.55 करोड़ राशि जारी की गई है जो 22% ज्यादा है। 2014–17 के दौरान सूक्ष्म सिंचाई क्षेत्र (ड्रिप सिंचाई और स्प्रिंकलर) में साल दर साल वृद्धि दर्ज हुई है।

9. राष्ट्रीय कृषि विकास योजना (आर.के.वी.वाई.)

कृषि और संबद्ध क्षेत्र में निवेश और उत्पादकता को बढ़ावा देने के लिए राज्य को और अधिक अवसर प्रदान करने के लिए सरकार ने वर्ष 2014–15 में संशोधित राष्ट्रीय कृषि विकास योजना शुरू की है। दलहनों एवं तिलहनों के लिए चावल की खाली भूमि लक्षित कर उप स्कीम आर.के.वी.वाई. के अंतर्गत एक विशेष स्कीम के रूप में वर्ष 2016–17 में आरंभ की गयी है। इस उप स्कीम के लिए आवंटित राशि 50 करोड़ रुपये है। मृदा अम्लता, क्षारता और लवणता की समस्या से संबंधित एक उप स्कीम समस्या ग्रस्त मृदा का सुधार आरकेवीवाई के अन्तर्गत वर्ष 2016–17 से शुरू की गयी है। इस उप स्कीम के लिए आवंटित राशि 50 करोड़ रुपये है। कृषि के समेकित विकास के लिए सार्वजनिक–निजी भागीदारी के अन्तर्गत महाराष्ट्र तथा कनार्टक ने वर्ष 2014–15 से 2016–17 के दौरान 5 परियोजनाएं शुरू की हैं। सूखा प्रभावित राज्यों में पशुओं की चारा संबंधी जरूरतों को पूरा

करने के लिए आरकेवीवाई के अन्तर्गत वर्ष 2014–15 के दौरान अतिरिक्त चारा विकास कार्यक्रम शुरू किया गया था। वर्ष 2014–15, 2015–16 और 2016–17 के दौरान राज्यों के लिए 78.14 करोड़ रुपये आवंटित किए गए हैं।

10. पौध किस्मों के संरक्षण एवं किसानों के अधिकार (पी पी वी एफ आर)

भारत ने जैव विविधता को पौध किस्म और कृषक अधिकार अधिनियम, 2001 के प्रावधानों के अनुरूप ही किसानों के पारम्परिक किस्मों एवं पौध प्रजनकों के अधिकारों को पंजीकरण के माध्यम से संरक्षित करने हेतु प्राधिकरण की स्थापना नवम्बर, 2005 में नई दिल्ली में की गई है। प्राधिकरण की भूमिका, वनस्पति अनुवांशिक संसाधनों के महत्व, इनके संग्रह और दस्तावेजीकरण, पी पी वी एफ आर की समीक्षा, प्रजनकों और किसानों के अधिकार, पौध किस्मों के पंजीकरण तथा विशेष रूप से व्युत्पन्न किस्मों के पंजीकरण, पंजीकरण के लाभ, समर्पण और प्रमाणपत्र के निरसत्रण और पुनःप्रमाणन तथा पी पी वी एफ आर की प्रक्रियाओं तथा रजिस्टर में सुधार पर चर्चा करने की है। पी पी वी एफ आर अधिनियम, 2001 के तहत पंजीकृत किस्मों और आवेदन में वर्ष 2011–14 के मुकाबले वर्ष 2014–17 में 120 प्रतिशत की वृद्धि दर्ज की गई। पी पी वी एफ आर अधिनियम, 2001 के तहत पंजीकृत किस्मों में वर्ष 2011–14 के मुकाबले वर्ष 2014–17 में 164 प्रतिशत की वृद्धि दर्ज की गई। सरकार ने दिनांक 15 जून, 2015 की राजपत्र अधिसूचना 495 (अ.सा.) के माध्यम से यह निर्णय लिया कि नगद अवार्ड की राशि केन्द्रीय सरकार ने 'प्लांट जिनोम सेवियर' के लिए नगर इनाम की राशि को 1.00 लाख से बढ़ाकर 1.50 लाख रू. तथा किसान के पुरस्कार की राशि को शून्य से बढ़ाकर 1.00 लाख रू. कर दी। पी पी वी व एफ आर अधिनियम के अन्तर्गत किसानों के वार्षिक शुल्क में कमी सरकार ने दिनांक 15 जून, 2015 की राजपत्र अधिसूचना सा.आ. 1598 (अ.सा.) के माध्यम से किसानों के वार्षिक शुल्क को 2000 रू. से घटाकर 10 रू. कर दी। हाल ही में पौध किस्मों के संरक्षण एवं किसानों के अधिकार प्राधिकरण की तीन नई शाखा कार्यालय स्थापित करने का अनुमोदन किया गया है पहला पालमपुर (हिमाचल प्रदेश) में, उत्तरी पहाड़ी राज्यों के लिए दूसरा पुणे (महाराष्ट्र) में मध्य और पश्चिमी राज्यों के लिए और तीसरा शिवमोगा (कर्नाटक), दक्षिणी राज्यों के लिए है।

11. राष्ट्रीय खाद्य सुरक्षा मिशन (एन एफ एस एम)

राष्ट्रीय विकास परिषद (एन डी सी) के तहत खाद्य सुरक्षा मिशन के संकल्प को पूरा करने हेतु वर्ष 2007–08 में राष्ट्रीय खाद्य सुरक्षा मिशन (एन एफ एस एम) योजना शुरू की गई है। दलहन को वर्ष 2010 में इस मिशन के अंतर्गत लाया गया है। केन्द्र प्रायोजित इस योजना के अंतर्गत 29 राज्यों के 638 जिलों में एन एफ एस एम दाल, 25 राज्यों के 194 जिलों में एन एफ एस एम चावल, 11 राज्यों के 126 जिलों में एन एफ एस एम गेहूँ और

देश के 28 राज्यों के 265 जिलों में एन एफ एस एम मोटा अनाज लागू की गई है ताकि चावल, गेहूँ, दालों, मोटे अनाजों के उत्पादन और उत्पादकता को बढ़ाया जा सके। एन एफ एस एम के अंतर्गत किसानों को बीजों के वितरण (एच वाई वी/हाईब्रिड), बीजों के उत्पादन (केवल दालों के), आई एन एम और आई पी एम तकनीकों, संसाधन संरक्षण प्रौद्योगिकियों/ उपकणों, प्रभावी जल प्रयोग साधन, फसल प्रणाली जो किसानों को प्रशिक्षण देने पर आधारित है, को लागू किया जा रहा है।

12. धान के परती क्षेत्रों में फसल सघनीकरण

धान की परती भूमि वाले क्षेत्रों को खेती के अंतर्गत लाने के लिए रबी 2016 से आर के वी वाई के अंतर्गत ''दलहन के लिए पूर्वी भारत में चावल की परती भूमि वाले क्षेत्रों को लक्षित करना'' नामक विशेष स्कीम की शुरूआत की गई है। जिसका उद्देश्य धान के परती क्षेत्र आकलन तथा 6 राज्यों में रबी दलहन के लिए फसल सघनता को बढ़ाना है।

13. प्रधान मंत्री फसल बीमा योजना (पी एम एफ बी वाई)

प्रधान मंत्री फसल बीमा योजना (पी एम एफ बी वाई) में सभी खाद्यान्न, तिलहन और वार्षिक वाणिज्यिक/बागवानी फसलें शामिल हैं। इस योजना में फसल उपज के सभी जोखिमों–फसल बुआई के पूर्व, फसल के दौरान तथा फसल कटाई के बाद के सभी जोखिम को शामिल किया गया है। इस योजना के अंतर्गत ओलावृष्टि, भूस्खलन और जलभराव से हुए नुकसान के लिए प्रत्येक खेत स्तर पर क्षति का आंकलन की व्यवस्था की गई है। फसल कटाई से अधिकतम 14 दिन की अवधि में चक्रवात/चक्रवात वर्षा एवं बेमौसम बारिश के विशेष आपदा के कारण हुए फसल नुकसान की क्षतिपूर्ति की भी व्यवस्था की गई है। इस योजना के अंतर्गत प्राकृतिक आपदा के कारण संरक्षित बुआई के लिए बीमित राशि 25 प्रतिशत तक का अग्रिम भुगतान का भी प्रावधान किया गया है। फसल बीमा की प्रीमियम का दर एक मौसम में एक ही तय की गई है और यह खरीफ ऋतु के लिए 2.0 प्रतिशत एवं रबी के लिए 1.5 प्रतिशत है। साथ ही साथ वार्षिक बागवानी फसलों के लिए बीमा की प्रीमियम 5.0 प्रतिशत (अधिकतम) है। बीमा की जानकारी युक्त पावती रसीद सहित एक पाकेट आकार का फोलियो जो पालिसी दस्तावेज के रूप में भी काम करेगा, रबी 2016–17 से वितरित किया जा रहा है। पहली बार रबी 2016 से किसानों को पावती वितरित की जा रही है। 2011–14 में खरीफ मौसम की तुलना में 2014–17 में ऋणी व गैर ऋणी किसानों के कुल आच्छादन में 56.5 प्रतिशत की वृद्धि दर्ज की गई है, उल्लेखनीय है कि गैर ऋणी किसानों के आच्छादन में 239 प्रतिशत की वृद्धि हुई है। 2011–14 रबी मौसम की तुलना में 2014–17 में ऋणी व गैर ऋणी किसानों के कुल आच्छादन में 35 प्रतिशत की वृद्धि। उल्लेखनीय है कि गैर ऋणी किसानों के आच्छादन में 128.5 प्रतिशत की वृद्धि हुई है।

14. राष्ट्रीय कृषि विपणन योजना

राष्ट्रीय कृषि विपणन योजना (ई–ए नए एम) की शुरूआत 14/04/2016 को की गई थी। इस योजना से राष्ट्रीय स्तर पर ई–विपणन मंच की शुरूआत हो सकेगी और ऐसा बुनियादी ढांचा तैयार होगा जिससे देश के 585 नियमित बाजारों में मार्च 2018 तक ई–विपणन की सुविधा हो सकेगी। अब तक 13 राज्यों के 455 बाजारों को ई–एनएएम से जोड़ा गया है। यह नवाचार विपणन प्रक्रिया बेहतर मूल्य दिलाने, पारदर्शिता लाने और प्रतिस्पर्धा कायम करने में मदद करेगी, जिससे किसानों को अपने उत्पादों के लिए बेहतर पारिश्रमिक मिल सकेगा और 'एक राष्ट्र एक बाजार' की दिशा में आगे बढ़ा जा सकेगा।

15. राष्ट्रीय कृषि बाजार (ई–नाम)

14 अप्रैल, 2016 को बाबा साहेब डा. भीमराव अम्बेडकर के 125वें जन्म दिवस के उपलक्ष्य पर माननीय प्रधानमंत्री ने 8 राज्यों के 21 मंडियों में ई–नाम की पायलट परियोजना का शुभारंभ किया। राष्ट्रीय कृषि बाजार (ई–नाम) योजना, देश की 585 विनियमित थोक मंडियों को एक ई–प्लेटफार्म से जोड़ने के लिए 200 करोड़ के प्रारंभिक आवंटन के साथ 1 जुलाई, 2015 को अनुमोदित की गई। अब तक 13 राज्यों की 417 मंडियों को ई–नाम के साथ एकीकृत किया गया है। 16 राज्यों की 542 मंडियों को ई–नाम के साथ जोड़ने के लिए सैद्धांतिक रूप से मंजूरी दी गई है । ई–नाम पर व्यापार के लिए जांच करने में सुविधा हेतु 69 जिंसों के लिए मानक मापदंड विकसित किये गये हैं। 15 मई, 2017 तक 19,803 करोड़ रुपये के 83.57 लाख टन कृषि उत्पाद ई–नाम पर विपणित किये गये है। इसके अलावा 45,45,850 किसान, 89,934 व्यापारी और 46,411 कमीशन एजेंट ई–नाम प्लेटफार्म पर पंजीकृत किए गये हैं। संबंधित पोर्टल अंग्रेजी, हिन्दी, गुजराती, मराठी, तेलगू और बंगाली में उपलब्ध है। इसका मोबाइल ऐप भी विकसित किया गया हैं।

16. नेफेड एवं उसकी प्रमुख उपलब्धियां

कपास, दालों और तिलहनों के 16 चिन्हित कृषि वस्तुओं की खरीद के लिये नेफेड एक केंन्द्रीय नोडल एजेंसी है। वर्ष 2016–17 के दौरान नेफेड ने 877222.1 मैट्रिक टन दालों की उच्चतम खरीदारी की और विगत दो दशकों में उच्चतम् रूपये 132.7 करोड़ का सर्वोच्च सकल लाभ दर्ज किया। 2011–14 के दौरान की तुलना में नेफेड द्वारा वर्ष 2014–17 में दालों, तिलहनों एवं अन्य वस्तुओं की खरीद में काफी सुधार हुआ। वर्ष 2011–14 के बीच 270352 की तुलना में वर्ष 2014–17 के दौरान खरीद से 373071 किसान लाभान्वित हुए जो कि 172% अधिक है। वर्ष 2011–14 में रूपये 5472.37 करोड़ की तुलना में वर्ष 2014–17 में व्यवसाय में रूपये 6953.4 करोड़ की वृद्धि हुई जो कि 27% अधिक है।

17. कम ब्याज पर कर्ज

सरकार 3 लाख रुपये तक के अल्प अवधि फसल ऋण पर 3 प्रतिशत दर से ब्याज रियायत प्रदान करती है। वर्तमान में किसानों को 7 प्रतिशत प्रतिवर्ष की ब्याज दर से ऋण उपलब्ध है जिसे तुरन्त भुगतान करने पर 4 प्रतिशत तक कम कर दिया जाता है। ब्याज रियायत योजना 2016–17 के अंतर्गत, प्राकृतिक आपदाओं की स्थिति में किसानों को राहत प्रदान करने के लिए 2 प्रतिशत की ब्याज रियायत पहले वर्ष के लिए बैंकों में उपलब्ध रहेगी।

18. कृषि में कौशल विकास

कृषि, सहकारिता एवं किसान कल्याण विभाग के वर्ष 2016–17 के दौरान पहली बार आईसीएआर के विस्तार प्रभाग और भारतीय कृषि कौशल परिषद् के सहयोग से आरकेवीवाई द्वारा कौशल प्रशिक्षण कार्यक्रम आयोजित किया गया है। वर्ष 2016–17 के दौरान कौशल प्रशिक्षण के लिए भारतीय कृषि कौशल परिषद (एएससीआई) द्वारा 100 केवीके और 8 प्रशिक्षण संस्थानों को मान्यता दी गई है। वर्ष 2016–17 के दौरान 216 कौशल प्रशिक्षण आयोजित करने के लिए रुपये 3.52 करोड़ स्वीकृत किये गये, जिसमें से 206 प्रशिक्षण कार्यक्रम आयोजित किये गये। कृषि एवं संबद्ध क्षेत्र में कौशल प्रशिक्षण के लिए एएससीआई ने 168 क्वालीफिकेशन पैक (क्यूपीएस) विकसित किये हैं।

19. युवाओं को कृषि की ओर आकृष्ट करना और उन्हें उसमें बनाए रखना (आर्या)

विभिन्न कृषि, समवर्गी एवं सेवा क्षेत्र उद्यमों के लिए ग्रामीण क्षेत्रों में युवाओं को आकृष्ट करना और उन्हें सशक्त बनाना इस परियोजना का प्रमुख लक्ष्य है। इस हेतु प्रसंस्करण, मूल्य संवर्धन, विपणन एवं नेटवर्किंग उद्यमशीलता विकास और वेल्यू चेन प्रबंधन पर जोर रहेगा। इस प्रशिक्षण कार्यक्रम में 25 राज्यों में 25 कृषि विज्ञान केन्द्रों के माध्यम से प्रति जिला 200–300 युवाओं को प्रशिक्षित किया जाता है।

20. मेरा गाँव मेरा गौरव

पहचान किए गए 5 गाँवों के साथ कार्य कर रहा 4 कृषि वैज्ञानिकों का दल किसानों को ज्ञान, कौशल और सूचना में सहायता, चेतावनियां और परामर्श समय पर जारी करता है। साथ ही साथ आदानों, सेवा प्रदाताओं आदि के संबंध में सूचना प्रदान करना, गाँवों का विकास करने के लिए विभिन्न विभागों और संगठनों के साथ सामंजस्य स्थापित करना आदि मेरा गाँव मेरा गौरव योजना के प्रमुख लक्ष्य हैं।

21. वर्ष 2022 तक कृषि आय को दुगुना करने के लिए समिति

देश में बड़ी संख्या छोटे और सीमांत किसानों की है, ऐसे में खेती को सुगम बनाना सबसे बड़ी चुनौती है। इसी बात को ध्यान में रख कर वर्ष 2022 तक किसानों की आमदनी दोगुनी करने के लिए केंद्र ने कृषि क्षेत्र में बड़े सुधारों हेतु अप्रैल में एक समिति का गठन किया था। समिति कृषि उत्पादों की बाजार तक पहुंच और खेती से जुड़े पशुपालन, मुर्गी पालन और मत्स्य पालन जैसे क्षेत्रों पर ज्यादा ध्यान केंद्रित करने पर भी गौर कर रही है। किसानों की आय बढ़ाने के लिए कई कदम उठाए जाएंगे, जिनमें जैविक खेती, फसलों का बीमा और बाजार सुधार जैसे कदम शामिल हैं. किसानों की आय बढ़ाने वाली अन्य योजनाओं में मिट्टी का स्वास्थ्य कार्ड, नीम की कोटिंग वाली यूरिया, परम्परागत कृषि विकास योजना और प्रधानमंत्री कृषि सिंचाई योजना शामिल है। इलेक्ट्रॉनिक एग्रीकल्चर मार्केट स्कीम (ई–एनएएम), प्रधानमंत्री फसल बीमा योजना, राष्ट्रीय कृषि विकास योजना, अल्पकालिक कृषि ऋण पर 3 फीसदी ब्याज अनुदान, नेशनल मिशन ऑन ऑयलसीड्स एंड ऑयल पाम और बागवानी के समन्वित विकास का मिशन जैसी योजनायें शामिल है। समिति का दायित्व किसानों की आय दोगुनी करने के लिए व्यवहारिक उपाय सुझाना है, जिन्हें केंद्र और राज्य सरकारों के साथ ही किसानों के लिए भी अपनाना आसान हो।

❑❑❑

अध्याय 15

जैविक कृषि एवं जैव विविधता संरक्षण

जैविक कृषि, जो कि परम्परागत तरीके से सदियों से चली आ रही है, उसमें समय के साथ–साथ नित नए आयाम जुड़े हैं। परंतु मूलभूत सिद्धांत में कोई परिवर्तन नही आया है। आज भी जैविक कृषि उत्पादन व्यवस्था में प्रायः उपयोग किए जाने वाले सभी संसाधन प्राकृतिक ही होते हैं। इस प्रकार की खेती में कीटनाशकों और उर्वरकों का उपयोग वर्जित होता है, इस लिए यह कृषि प्रणाली जैव विविधता के लिए फायदेमंद हो सकती है। आम तौर पर यह पाया गया है कि जैविक खेती/परम्परागत खेती की मृदा में जैव संसाधन आधुनिक तरीके से की जा रही खेती की तुलना में 30% अधिक समृद्ध होता है। जैव विविधता पर जैविक खेती का प्रभाव रसायनिक खेती की तुलना में हमेशा सकारात्मक ही पाया गया है। जैविक खेती में रसायनिक खेती की तुलना में शुरुआत में उपज थोड़ा कम होती है, परंतु उत्पाद गुणवत्ता से भरपूर होते हैं। प्राचीन कृषि पद्धतियों में, किसानों के पास न तो प्रौद्योगिकी थी और न ही प्रचुर मात्रा मे मानवशक्ति हो थी जिसका बुरा प्रभाव जैव–विविधता पर पड़ सके, जबकि कृषि उत्पादन भी क्रमशः बढ़ रहा था आजकल, सामान्य कृषि प्रणाली में कृषि रसायनो एवं कीटनाशकों का उपयोग आम तौर पर उच्च पैदावार बनाए रखने के लिए किया जा रहा हैं, ऐसे में, अधिकांश कृषि प्रणाली एक फ़सली हो गई है जो कि वनस्पति या जीव–जन्तु सह–अस्तित्व की विपुलता को कम करती है। आधुनिक जैविक खेती पद्धति में पशु खाद, फसल चक्र, बहु फसली प्रणाली का प्रयोग होता है (क्योकि जैविक खेती कीटनाशकों को शामिल करने के पक्ष में नहीं है) जो कि जैव विविधता को विकसित करने का मौका प्रदान करता है।

खाद्य और पोषण सुरक्षा के लिए जैव विविधता

कृषि जैव विविधता का उपयोग फसल किस्मों और पशुओं के नस्लों की उत्पादकता में सुधार के लिए वैज्ञानिक प्रजनन कार्यक्रमों में किया जा सकता है। हम तर्क देते हैं कि यह उत्पादकता में वृद्धि के लिए अधिक से अधिक योगदान कर सकती है। इस हेतु इसका समुचित प्रबंधन एवं टिकाऊ ढंग से उपयोग तो हमारा पुनीत कर्तव्य है, इतना ही नही साथ–साथ भविष्य के दृष्टिकोण से संरक्षण, इसके पर्यावरण अनुकूल और टिकाऊ विकास के लिए जरूरी हैं। भोजन, मानव की बुनियादी आवश्यकताओं मे से एक है इसको पूरा करने के लिए जैव विविधता आवश्यक है, परंतु कई प्राकृतिक और मानव निर्मित कारणों

से दिन प्रति दिन प्राकृतिक अनुवांशिक विविधता मे कमी आ रही है, इन प्राकृतिक संसाधनों की रक्षा के लिए तत्काल कदम की आवश्यकता है। जैविक या पारम्परिक खेती कृषि–जैव विविधता को बचाए रखने में महत्वपूर्ण भूमिका निभा रही है।

जैव विविधताः एक अमूल्य धरोहर

कृषि–जैव विविधता विभिन्न कृषि–जलवायु क्षेत्र में विशेष कृषि–पारिस्थितिकि तंत्र में अति विशिष्ट हो जाती है, जो पौधों के अनूठे जीन पूल की संरचना करते हैं, जिसमें लैंड रेस, आदिम रूपों और फसल के पौधों, सजावटी और औषधीय पौधों के जंगली रिश्तेदारों और चारा प्रजातियां आदि प्रमुख हैं। आदि काल से भारत जैव विविधता का धनी रहा है। भारतीय कृषि अनुसाधान परिषद द्वारा प्रकाशित पुस्तक 'भारत में कृषि का इतिहास' में कुल 49 देशी और छोटे फसलों की सूचना मिलती है. इसमें 5 अनाज और छोटे अनाज, 4 दालों, 1 तेल वाली फसल, 9 सब्जियां, 5 कंद फसलें, 11 फलों, 5 प्रजातियों, 1 चीनी उपज संयंत्र, 7 फाइबर फसल और 1 औषधीय पौधे वाली फसल शामिल हैं। इसके अलावा, उच्च पौधों के बीज, 47 से अधिक परिवारों में लगभग 141 प्रजातियां स्थानीय होने की जानकारी दी हैं।

भारतीय उपमहाद्वीप को जैव विविधता का "हिंदुस्तानी केंद्र" कहा जाता है क्योकि यह फसल की उत्पत्ति के विश्व के आठ मेगा केंद्रों में से एक है। पूर्वी हिमालय को दुनिया में जैव विविधता के 18 "हॉटस्पॉट" में से एक माना जाता है। भारत की भौगोलिक स्थिति एवं विभिन्न जलवायु स्थितियों के कारण यहाँ पर कृषि–जलवायु परिस्थितियों का आनंद मिलता है जो सदियों से विभिन्न वनस्पतियों और जीवों के विकास में महत्वपूर्ण भूमिका निभाते रहे हैं। यही कारण है कि यहाँ पर पर्याप्त मात्रा में जैव विविधता मौजूद है। इसकी सांस्कृतिक विविधता एवं आगंतुकों द्वारा भारत में नई नई जीवों, वनस्पतियों का समावेश, इसकी विविधता को और समृद्ध करने में महत्वपूर्ण भूमिका निभाती रही है। आज भी कई इलाकों में प्रचुर फसल लैंड रेस और परम्परागत/किसानों की किस्म प्रचलित हैं। ये बेहतर जीन के एक अमूल्य जैवनिधि का निर्माण करते हैं जो पौधों के प्रजनकों द्वारा बेहतर फसल किस्मों के विकास के लिए आवश्यक है।

भारत में प्रचुर मात्रा में पायी जाने वाली फसलों में चावल, गेहूँ, जौ, अरहर, चना, मोटे अनाज, मूँग, उर्द, कुलथी, चावल, तिल, चारा घास, भिंडी, बैगन, ककड़ी, खरबूजे, नींबू, केला और पौधे, कटहल, आम, जामुन, जूट, कपास, अदरक, हल्दी, काली मिर्च, दालचीनी और इलायची आदि हैं। कई छोटे फलों में विविधता भी होती है, जैसे कि जामुन और जंगली रूबस, रिब्स, जुगलन्स, पियर्स और प्रूनस की कई प्रजातियां। औषधीय पौधों के लिए भारत के विशाल अनुवांशिक संसाधन आधार को दुनिया भर में जाना जाता है। भारत में औषधीय पौधों के उपयोग का एक प्राचीन इतिहास है (कम से कम 4000 वर्ष पूर्व चिकित्सक

संस्कृति के साथ)। आज भी देश की कम से कम 70 प्रतिशत जनसंख्या, औषधोय प्रयोजनों के लिए देश में जड़ी बूटियो एवं वानस्पतिक दवाइयों के लिए 7,000 से अधिक पौधों पर निर्भर है।

देश की स्थानिक पौधों की धरोहर को नई प्रजातियों/रूपों के साथ सम्पूर्ण किया गया है, जो कि धीरे–धीरे राष्ट्रीय सीमाओं को पार कर चुके हैं और विदेशों में पेश किए गए हैं। इन प्रजातियों को समय के साथ प्राकृतिक बनाया गया था, और पिछली कुछ शताब्दियों से अलग–अलग क्षेत्रों में पाये जाने वाली फसलों को भारत में आत्मसात किया गया, एवं भारतीय जैव संसाधनो का विविधीकरण हुआ। इस क्रम मे मुगल, पुर्तगाली और ब्रिटिश अपने साथ इस देश में नई फसल लेकर आए जो कि आज भारतीय कृषि का अभिन्न अंग बन गया है। इनमें से प्रमुख हैं सेब, नाशपाती, आड़ू, खुबानी, अंगूर, बादाम, खजूर, मक्का, आलू, शकरकंद, टमाटर, सेम, प्याज, लहसुन, मिर्च और मसूर। अरब से संभवतः लौंग, धनिया, जीरा और सौंफ़ लाया गया, जबकि ब्रिटिश द्वारा कॉफी, कोको, काजू, लीची, स्ट्रॉबेरी और ब्लूबेरी की खेती की शुरुआत की गई। चाय को चीन से और लैटिन अमेरिका से रबर और अनानास को लाया गया था।

जैविक कृषि जैव विविधता के लिए लाभदायक

कृषि भूमि उपयोग के तुलनात्मक अध्ययनों में पाया गया है, कि जैव संसाधन की विविधता एवं प्रचुरता, रसायनिक खेती की अपेक्षा जैविक खेती में ज्यादा पायी जाती है। जैविक खेतों में जैव संसाधन की विविधता औसतन 30% अधिक पायी गई है। रसायनिक खादों एवं कीटनाशकों के प्रयोग पक्षियों, तितलियों, मृदा केंचुओं, मकड़ियों, वनस्पति, और स्तनधारियों को विशेष रूप से प्रभावित करते हैं। हालांकि बड़े खेतों में पारम्परिक खेतों की तुलना में कीटनाशकों को अधिक उदारतापूर्वक और कुछ मामलों में बड़ी मात्रा में इस्तेमाल किया जाता है। यह भी देखा गया है कि बहुत सारे खरपतवार प्रजाति लाभकारी कीड़ों को आकर्षित करते हैं जो मृदा के गुणों को सुधारते हैं। मृदा में पाये जाने वाले सूक्ष्म जीव मृदा की प्राकृतिक उर्वरा शक्ति की वृद्धि करते है, जबकि आज कि आधुनिक कृषि में इसका नितांत अभाव होता है। मृदा जैविक विविधता विशेषकर सूक्ष्मजीव जैसे माइकोराइजा में वृद्धि के कारण उच्च पैदावार दर्ज की गई है।

जैव विविधता का कृषि पर प्रभाव

जैविक खेती से जैव विविधता के स्तर को बढ़ाया जा सकता है, जो मनुष्यों के लिए एक प्राकृतिक पूंजी का काम करता है। अधिकांश जैविक खेतों में पाए जाने वाली अधिकांश प्रजातियां खेतों मे प्रयोग होने वाले मानवीय आदान (जैसे उर्वरक, कीटनाशक) की मात्रा को कम करके मृदा उत्पादकता को बरकरार रख कर कृषि स्थिरता का साधन बनती हैं।

जैविक खेती से जैविक विविधता को बढ़ावा मिलता है, जिससे कम पैदावार का खतरा कम हो जाता हैं। यह पाया गया है कि पक्षी प्रजातियों की समृद्धि और आबादी आमतौर पर जैविक कृषि प्रणालियों में अधिक होती है, जिसे जैव विविधता को बढ़ावा देने के लिए तार्किक और आर्थिक रूप से देखा जा सकता है।

जैव कृषि का केंचुआ पर प्रभाव

अध्ययनों से पता चलता है कि जैविक और सामान्य खेती के तरीकों को अपनाने से सामान्य खेती की तुलना मे जैविक खेती मे केंचुए की आबादी और विविधता लगभग दोगुना हो जाती है। केंचुए की आबादी और विविधता किसी भी प्रक्षेत्र की उर्वरता एवं उत्पादकता का पैमाना माना जाता है। उपजाऊ एवं जैव कृषि भूमि मे केंचुए की आबादी रसायनिक कृषि की अपेक्षा ज्यादा होती है। केंचुए मृदा की उर्वरा शक्ति एवं वायु संचार को सुगम बनाते हैं।

जैविक खेती एवं पक्षी

पक्षी समूह जैविक कृषि पद्धतियों से सबसे ज्यादा लाभ उठाते हैं इसलिए जैविक खेती न केवल पक्षियों के लिए फायदेमंद हैं, अपितु पक्षी भी जैविक खेती के लिए आर्थिक रूप से बहुत फायदेमंद होता है। कई पक्षी प्रजातियाँ भोजन तथा प्रवास के लिए प्रक्षेत्र पर निर्भर करते हैं। ऐसे में पक्षियों की आबादी खेत की प्राकृतिक गुणवत्ता पर निर्भर करती है। जैविक खेतों की अधिक प्राकृतिक विविधता पक्षी प्रजातियों के लिए बेहतर आवास प्रदान करती है, और विशेष रूप से लाभप्रद होती है। एक अध्ययन में पाया गया है, कि लगभग सभी पक्षी प्रजातियों का जैविक खेती में विविधिता एवं जनसंख्या दोनों में वृद्धि होती है। विशेषकर तब, जब क्षेत्र, एक प्रवासन क्षेत्र के भीतर स्थित होता है। जैविक खेती में पक्षी की आबादी और विविधता में सुधार होता है, तथा प्रजातियों की आबादी को बड़े पैमाने पर बढ़ावा मिलता है।

कीट पतंगे एवं जैविक खेती

व्यवसायिक खेती की अपेक्षा जैविक कृषि पद्धतियों में कीट एवं पतंगो की विविधता एवं प्रचुरता दोनों मे वृद्धि पायी गई है, यहाँ तक कि जैविक फार्मों पर मकड़ी की प्रजातियों मे समान्य खेतों की तुलना में उच्च विविधता पायी जाती है। जैविक खेती मे बीट्‌ल प्रजातियों के कीट की जनसंख्या घनत्व एवं विविधता व्यवसायिक कृषि से ज्यादा पायी जाती है। जनसंख्या एवं प्रजातियों और विविधता का समग्र निष्कर्ष यह है कि जैविक खेतों में उच्च स्तर की खरपतवार की प्रजातियों की भरमार होती हैं, जहां पर बीट्‌ल प्रजातियों के कीट आसानी से बढ़ सकते हैं।

मृदा सूक्ष्मजीवी एवं जैविक खेती

जैविक खेती में जीवाणु और कवक की विविधता एवं प्रचुरता दोनों में वृद्धि, सामान्य खेती की अपेक्षा ज्यादा पायी जाती है। हरी खाद एवं जैव खाद के उपयोग के कारण जैविक खेतों मे जीवाणु और कवक का स्तर बढ़ जाता है। जबकि दूसरी ओर, सूत्रकृमि जनसंख्या/विविधता उनके प्राथमिक भोजन की उपलब्धता पर निर्भर करती थी। एक रोचक जानकारी यह भी है जीवाणु–भोजी सूत्रकृमि जनसंख्या एवं विविधता जैविक खेती में ज्यादा पायी जाती है, क्योकि जैविक खेत में जीवाणु की संख्या सामान्य से ज्यादा होती है। वहीं पर दूसरी ओर कवकभोजी सूत्रकृमि की जनसंख्या एवं विविधता, व्यवसायिक कृषि प्रक्षेत्र मे बहुतायत मे पायी जाती है।

जैविक खेती एवं स्तनधारी जैव विविधता

खेती के तरीके एवं स्तनपायी आबादी और उसकी विविधता पर अध्ययन में पाया गया कि छोटे स्तनपायी जनसंख्या घनत्व और विविधता कृषि पद्धतियों पर निर्भर नहीं थी, हालांकि कुल गतिविधि जैविक खेतों में अधिक थी क्योंकि जैविक फार्मों पर छोटे स्तनधारियों के लिए अधिक भोजन संसाधन उपलब्ध थे। सामान्य खेतों की तुलना मे जैविक खेतों में स्तनधारी प्रजातियों की गतिविधि और भोजन उपलब्धता जैविक खेतों में दोगुने से अधिक पायी गई यहाँ तक कि प्रजातियों की विविधता की समृद्धि जैविक खेतों में अधिक थी।

जैविक कृषि एवं वानस्पतिक जैव विविधता

जैविक/पारम्परिक कृषि एवं रसायानिक कृषि पद्धतियों के बीच गैर–फसली वनस्पति जैव विविधता की तुलना करने के लिए किए गए सभी अध्ययनों से यह निष्कर्ष निकलता है कि जैविक खेतों में आसपास रसायानिक कृषि प्रक्षेत्रों की तुलना मे वनस्पति जैव विविधता बहुतायत मे पायी गई। इन अध्ययनों से यह भी पता चला है कि जैविक खेती में विशेष रूप से चौड़े पत्ते वाले खरपतवार की प्रजातियाँ ज्यादा पायी गईं लेकिन सकरी पत्तियों वाली कई घास प्रजातियों की उपस्थिति सामान्य बनी रही, क्योंकि खरपतवारनाशी की कमी या गैर–मौजूदगी थी। जहाँ पर बुवाई के बाद खरपत्वार निकालने की समुचित व्यवस्था न हो और जमीन भी मध्यम ऊँचाई वाली हो, वैसे जैविक प्रक्षेत्रों की खरपतवार आबादी ज्यादा पायी जाती है। अगर हम किसी भूखंड पर रसायनिक या व्यवसायिक खेती छोड़ कर पुनः जैविक खेती करें तो अक्सर घास की संख्या एवं विविधिता में वृद्धि अवश्यम्भावी है, क्योंकि खरपतवारनाशी एवं कीटनाशकों का प्रयोग इसमें वर्जित होता है। जैविक खेतों पर पायी जाने वाली प्राकृतिक पौधे की प्रजातियां वर्ष–दर–वर्ष भिन्न हो सकती हैं क्योंकि इनकी उपलब्धता फसल चक्र एवं प्रत्येक फसल की रसायनिक जरूरतों के आधार पर नई फसल–खरपतवार प्रतियोगिता के आधार से तय होती है।

जैव विविधता में वृद्धि से कृषि में लाभ के अवसर

मृदा एवं मृदाजीवों पर जैविक शोध ने यह सिद्ध किया है कि जैविक खेती की प्रणाली के लिए जैव विविधता लाभकारी साबित होती है। विभिन्न प्रकार के जीवाणु और कवक की प्रजातियाँ पौधों के पदार्थ और जानवरों के अवशेषों को पोषक तत्वों में बदल देते हैं, जिससे मृदा की फसल उत्पादकता में आशातीत वृद्धि होती है। जिससे न केवल स्वस्थ पैदावार मिलती है, परंतु उत्पादन लाभ भी मिलता है। इतना ही नहीं, मृदा में पाये जाने वाले ये सूक्ष्मजीव भविष्य की फसलों के लिए अधिक कृषि योग्य भूमि का सृजन भी करते हैं। जैविक कृषि क्षेत्र में रसायनिक/व्यवसायिक कृषि प्रक्षेत्र की तुलना में सूक्ष्म जीव समुदाय की बहुलता पायी जाती है, यह बात अध्ययन से बिलकुल साफ हो गई है।

आधुनिक कृषि में कृषकों द्वारा बेहतर किस्मों/अन्य तकनीकों को अपनाने तथा कृषि क्षेत्रों के विस्तार के कारण "प्राकृतिक" आवासों से विविधताएं नष्ट हो रही हैं, जिसके कारण इन अमूल्य संसाधनों के वैज्ञानिक प्रबंधन ने समय के साथ अधिक महत्व ग्रहण कर लिया है। इसके अलावा, जंगली प्रजातियां और रिश्तेदार फसल के पौधों में मूल्यवान जीन होते हैं, जो फसल सुधार कार्यक्रमों में अनुवांशिक संसाधनों के रूप में बहुत अधिक मूल्य के हैं। ये संसाधन नई संस्कृतियों के विकास में अनौखी भूमिका निभाते हैं और मौजूदा या फिर अन्य गुणों के अभाव में पुनर्गठन भी करते हैं।

जंगली प्रजातियों से विरासत में मिली रोग/कीट प्रतिरोध क्षमता को खेती के रूपों में स्थानांतरित करना आसान है। विभिन्न प्रमुख फसलों में सुधार के लिए वन्य जननद्रव्य (जर्मप्लाम्स) का उपयोग किया गया है।

वर्तमान युग मे पारम्परिक खेती/जैविक खेती/कार्बनिक खेती या टिकाऊ खेती, जैव विविधिता के संरक्षण के लिए बहुत जरूरी है, क्योंकि दोनों ही प्राकृतिक वातावरण में फलते फूलते हैं, दोनों ही एक दूसरे के पूरक हैं। दोनों का सहजीवन नैसर्गिक है, प्रकृति का यह अनुपम वरदान है, हमे इसे संजोकर आने वाली पीढ़ियों के लिए सुरक्षित रखना है।

❏❏❏

अध्याय 16

जलवायु परिवर्तन एवं परम्परागत जैविक कृषि

परिवर्तन प्रकृति का शाश्वत नियम है, शायद ये नियम कतिपय सभी क्षेत्रो मे लागू होता है, ये बात अलग है कि किसी वस्तुविशेष के सम्बन्ध में इसकी गति थोड़ी ज्यादा या कम हो। जलवायु में आ रहे बदलाव पर सारे दुनिया मे चर्चा हो रही है। कहीं सूखा, तो कही बाढ़, सुनामी, भूस्खलन, पहाड़ी नदियों में एकाएक सैलाब, भारी मात्रा मे जन पशुधन एवं फसलों की हानि का कारण बनता है। इतना ही नहीं, अपितु, पहाडों पर बर्फ और साथ ही साथ ध्रुवों पर हिम शैलों का तेज गति से पिघलना भी कुछ प्रमुख कारणो में से एक है। जलवायु में परिवर्तन और इसके परिणामों को मापने और अनुमान लगाने की कोशिश वैज्ञानिकों द्वारा भी अनवरत जारी है।

जलवायु परिवर्तन एक सतत प्रक्रिया

जलवायु में परिवर्तन एक सतत प्रक्रिया है, जो कि आनादि काल से चली आ रही है। जैसा कि हमें ज्ञात है कि हमारी धरती लाखों साल पहले आग का गोला मात्र थी और कालंतर में ये धीरे–धीर ठंडी हुई और ठोस रूप मे आयी। लेकिन आज भी इसके केन्द्र में गैस और द्रव मौजूद है, जिसे हम लोग लावा कहते हैं। ज्वालामुखी जब फटता है तो यही गैस और द्रव लावा, पूरे वायुमंडल पर छा जाता है। पृथ्वी पर जीवन के लक्षण तभी पनपे जब इस ग्रह पर जीवन योग्य तापमान के साथ साथ अन्य आवश्यक अनुकूलन संभव हो सका। इस आकाश गंगा में विशेष कर अपने सौर मंडल में सिर्फ यही एक मात्र ग्रह है, जो जीवन के अनुकूल पाया गया, बाकी के ग्रह पर या तो तापमान अनुकूल नहीं है या हवा, पानी या कुछ भी जीवन के अनुकूल नही है। अब सवाल ये उठता है कि हमारी धरती का तापमान हमेशा बना कैसे रहता है? होता ये है कि जब सूर्य की रोशनी पृथ्वी पर आती है तो धरती गरम होती है और ये किरणें पुनः धरती से टकराने के बाद वापस जब अंतरिक्ष में जाने लगती है तब वायुमंडल की परते उन्हे रोकती है और इस तरह से इस धरती का तापमान लगातार स्थिर बना रहता है। और तापमान जलवायु को बनाये रखने के लिये एक जरूरी अवयव है।

वैश्विक तापमान मे वृद्धि का जलवायु परिवर्तन में योगदान

सामान्य परिस्थितियों में इस धरती का तापमान एक सीमा में ही रहता है। पर्यावरण में लगातार हो रहे प्रदूषण के कारण ही हमारी पृथ्वी का औसत तापमान लगातार बढ़ता जा रहा है। ये सिलसिला औद्योगिक क्रांति से शुरु हआ जो कि अठारहवीं सदी की देन है, विकास के क्रम मे हमने प्रकृति के साथ खिलवाड़ किया और परिणाम सामने है। ग्लोबल वार्मिंग में हमारे द्वारा उत्सर्जित गैसों का बहुत बड़ा हाथ है, जिसे हम "ग्रीन हाउस गैस" कहते हैं, और ये उत्सर्जन लगातार बढ़ता ही जा रहा है। वायुमंडल में ओजोन परत कमजोर पड़ रही है तथा कहीं–कहीं तो टूट भी गयी है जिससे कि हानिकारक गैसें धरती पर न केवल आ रही है बल्कि इस धरा का तापमान भी बढ़ा रही हैं, अपितु जलवायु में आ रहे बदलाव के लिये भी यही जिम्मेदार है।

विश्व का औसत तापमान लगातार बढ़ना चिंता का सबब बनता जा रहा है, क्योंकि औद्योगिक क्रांति के पहले मानव द्वारा उत्सर्जित गैसो की मात्रा कम होती थी जो कि वनस्पतियों द्वारा ही उपयोग में ले ली जाती थी। जीव–जंतु और वनस्पतियाँ धीमी गति से हो रहे परिवर्तन में संतुलन बैठाने में कामयाब रहीं थी और ये भी एक प्रमुख कारण था जो जीवधारी संतुलन बैठाने मे असमर्थ हुये, आज इस धरती से विलुप्त हो गये। नैसर्गिक संतुलन में बाधा उत्पन्न होने के कारण ही ये विषम परिस्थिति पैदा हुई है। हालांकि वैज्ञानिकों का ध्यान इस तरफ भी गया और विश्वस्तर पर शोध कार्य शुरु हुआ और परिणामों की व्याख्या हर सम्भव दृष्टिकोण से की जाने लगी ताकि समय रहते ये अपनी सीमा को पार न कर पायें। उसके समुचित और टिकाऊ उपाय भी सुझाये जाने लगे हैं ताकि जीवन के लिये मुश्किल को कम किया जा सके।

जलवायु परिवर्तन का पर्यावरण पर प्रभाव

कुछ वर्ष पहले की तुलना मे आजकल वर्षा की मात्रा व तीव्रता मे परिवर्तन आया है, जो कि आज की अपेक्षा ज्यादा होती है और सर्दियो के मौसम में भी ठंड, कुहासा और शीतलहर भी पहले की तुलना में ज्यादा बढ़ा है। इस तरह की स्थिति ने हमारे पर्यावरण को भी बुरी तरह से प्रभावित किया है। आप देखिये बहुत सारे पशु–पक्षी जो हमारे घर–आँगन, खेतों एवं खलिहानो में पाये जाते थे आज विलुप्त से होते जा रहे हैं, क्योंकि ये निरीह प्राणी जलवायु परिवर्तन के साथ सामंजस्य बैठाने में असफल रहे।

कृषि पर जलवायु परिवर्तन का प्रभाव

विपरीत मौसम की मार से तो कोई विरला ही बच पाता है, जलवायु परिवर्तन के प्रभाव से कोई भी अछूता नहीं है। नवीनतम शोध के आंकड़े बताते है कि अगर तापमान मे 2.0° सेंटीग्रेड की बढ़ोतरी होती है तो जो हमारी प्रमुख फसलें जैसे कि धान, गेहूँ और ज्वार

की पैदावार पर बुरा असर पड़ना लाजिमी है। कम अवधि की एवं पत्तियों वाली फसलें कम प्रभावित हो सकती है परंतु सबसे बुरा प्रभाव लम्बी अवधि की फसलों पर पड़ने की सम्भावना जतायी जा रही है। जैव संसाधन की कमी से या यों कहें कि आनुवंशिक संकीर्णता के कारण पूर्व में भी कई भयावह परिणाम भुगतने पड़े है, क्योकि जब भी मौसम विपरीत हुआ कोई न कोई रोग बीमारी या कीड़ों के प्रकोप से सारी की सारी फसल नष्ट होते देखी गयी है क्योकि विपरीत जलवायु में रोग बीमारी या कीड़ों की सहनशीलता सामान्य फसलों एवं पशुधन से ज्यादा होता है। इसलिये बीमारियों या कीड़ों का वार विपरीत जलवायु में ज्यादा भयानक होता है। उदाहरण के तौर पर सन् 1850 में आयरलैंड के भीषण अकाल का कारण ही आलू की पूरी फसल का चौपट हो जाना था, 1954 में गेहूँ की फसल में तने का गेरूई रोग था तो 1970 मे अमेरिका में मक्का की पूरी फसल दक्षिणी मक्का गलन की भेंट चढ़ गयी थी जो की मौसम और फसल के दुश्मन के दोहरे मार के कारण इतिहास में अमिट निशान छोड़ गये।

जैव सम्पदा के विलोप में जलवायु परिवर्तन की भूमिका

मनुष्य ने इस धरती पर पैर जमाते ही पेट पूजा की बात शुरु कर दी थी। आदिमानव शिकार की खोज मे भटकता था और लाखों वर्ष इसी में बिता दिये परंतु मानव इतिहास में आज के करीब 10–12 हजार साल पहले क्रान्ति आयी और खेती का सूत्रपात हुआ। कृषि की शुरुआत मध्य एशिया की नदी घाटियों से शुरू हुई मानी जाती है। स्थिरता के साथ मानव सभ्यता भी विकसित हुई। जहाँ तक जैव सम्पदा का प्रश्न है, ये किसी भी राष्ट्र की अमूल्य धरोहर होती है और इनकी उपेक्षा नहीं की जानी चाहिये। विश्वव्यापी सर्वेक्षण से पता चला है कि जैव सम्पदा विलोप वहाँ पर ज्यादा हुआ है, जहाँ पर जैव विविधता बहुतायत में है और हमारा देश भारत भी सौभाग्य से इसी श्रेणी में आता है। अपने यहाँ पर नाना किस्म के जीव–जंतु एवं वनस्पतियाँ पायी जाती है, एक अनुमान के अनुसार यहा पर 50,000 किस्म की वनस्पतियों की प्राजातियाँ पायी जाती है। बीसवीं सदी पिछले 1000 वर्षों में सबसे ज्यादा गर्म थी और पिछली शताबदी में नब्बे का दशक सबसे ज्यादा गर्म था। वैज्ञानिकों का अनुमान है कि सन् 2050 मे इस धरती का तापमान 2.7° सेंटी ग्रेड (औसत से ज्यादा) बढ जायेगा। इतना ही नही यदि समुचित उपाय समय पर नहीं किये गये तो सन 2080 तक इस धरती का तापमान 3.8° सेंटी ग्रेड तक बढ सकता हैं। जैव सम्पदा के ह्रास में बहुत सारे कारण हो सकते हैं, परंतु जलवायु परिवर्तन की अहम भूमिका से इंकार नहीं किया जा सकता है। आज करीब 2000 प्रजातियो के पेड़–पौधे संकटग्रस्त हैं।

जलवायु परिवर्तन का मानव जीवन पर असर

जब जरा सा मौसम में बदलाव आता है तो हमें उससे सामंजस्य बिठाने में कुछ समय तो लग ही जाता है तब आप ही कल्पना कीजिये जब हमारा जलवायु अकल्पनीय गति से

परिवर्तनशील होगा तो हमें और ज्यादा तालमेल बिठाने की जरूरत पडेगी या यूँ कहें पड़ रही है। इसका सीधा सा उदाहरण है लोगो को नित और लगातार नयी बीमारियों से जूझना जिससे लोगों की उत्पादन क्षमता पर बहुत ही बुरा प्रभाव पड़ता है।

जलवायु परिवर्तन एवं खाद्य सुरक्षा

खेती और पशुपालन हमारी खाद्य सुरक्षा से जुडा हुआ है और हमारी जनसंख्या दिन दूनी और रात चौगुनी बढ रही है, कृषि पर जलवायु परिवर्तन के होने वाले प्रभाव से आहार, आजीविका व समग्र अर्थव्यवस्था पर नकारात्मक प्रभाव पड़ता है। छोटे व सीमांत किसान चरवाहों व मछली उद्योग पर भी प्रभाव पड़ता है।

जलवायु परिवर्तन एवं पारम्परिक कृषि

हमारे दूरदर्शी मार्गदर्शकों ने न केवल सही निर्णय लिये बल्कि उच्च स्तर पर सही दिशा निर्देश दिये गये। हमने बहुत सारी नई तकनीकों का आविष्कार किया है साथ ही साथ नयी प्रजातियों का विकास अनवरत किया जा रहा हैं, जो कि मौसम और जलवायु परिवर्तन को न केवल सह सके अपितु अपनी उत्पादन क्षमता को भी बरकरार रख सकने में सक्षम हो। विगत वर्षों (2014–2017) के दौरान जैविक कृषि के अंतर्गत 18.64 लाख हैक्टेयर क्षेत्रफल, सुव्यवस्थित सिंचाई के अंतर्गत 24.22 लाख हैक्टेयर, एस आर आई चावल की खेती के अंतर्गत 8.12 लाख हैक्टेयर व 7.18 लाख हैक्टेयर अतिरिक्त क्षेत्रफल को खेती योग्य भूमि में रोपण के अंतर्गत लाया गया। अधिक कार्बन डाइ ऑक्साइड़ निर्धारण क्षमता वाले 57 नए जीनोटाइप को चिन्हित किया गया है। 55 नई जलवायु अनुकूल किस्में जारी की गई हैं। राशन संतुलन कार्यक्रम के अंतर्गत 21.66 लाख दुधारू पशुओं को शामिल किया गया है।

सूखा प्रबंधन जलवायु परिवर्तन का प्रबंधन

सभी श्रेणी की सहायता मापदंड़ 1.5 गुना बढ़ाए गए हैं। मानकों में परिवर्तन कर किसानों को 50% फसल हानि के स्थान पर केवल 33% फसल हानि पर ही आपदा राहत के तहत सहायता। किसानों की मृत्यु होने पर प्रदान की जाने वाली वित्तीय सहायता 1.5 से बढ़ाकर 4 लाख कर दी गई। प्राकृतिक आपदाओं के कारण प्रभावित व्यक्तियों को राहत सहायता देने के लिए पहली बार यू टी–डी आर एफ फंड़ रूपये 50 करोड़ रखा गया है। वर्ष 2011–2014 की तुलना में वर्ष 2014–17 में राज्यों को प्राकृतिक आपदा निधियों का आबंटन में 82 प्रतिशत की वृद्धि दर्ज की गई है। 2011–2014 में स्वीकृत रूपये 9068.72 करोड़ की तुलना में 2014–17 में रूपये 29194.00 करोड़ की मंजूरी दी गई, जो कि 221 प्रतिशत अधिक है। जबकि कर्नाटक, केरल और पैंडेचरी प्रदेशों के लिए यह विचाराधीन है।

❑❑❑

अध्याय 17

आदर्श समेकित जैविक खेती मॉडल

भूमि और जल दो महत्वपूर्ण एवं सीमित प्राकृतिक संसाधन हैं, जिनके अत्यधिक और अंधाधुंध दोहन के कारण गुणवत्ता में ह्रास हो रहा है। साथ ही साथ लगातार बढ़ती जनसंख्या के पोषण हेतु सीमित संसाधनों से ज्यादा उत्पादन करने की चुनौती भी हमारे देश के समक्ष है।

यद्यपि हरित क्रांति के उपरान्त, रसायनिक खादों के अत्यधिक उपयोग, कीटनाशकों एवं अन्य गुणवत्ता वाले उपादानों के प्रयोग से फसल का उत्पादन बढ़ा, परन्तु इससे मिट्टी, पशुधन एवं मानव के स्वास्थ्य में गिरावट आयी, जल एवं पर्यावरण का प्रदूषण बढ़ा और उत्पादन में स्थाई वृद्धि नहीं हो पायी। रसायनिक खादों व कीटनाशकों के अत्यधिक प्रयोग का दुष्परिणाम अब हमारे देश में महसूस किया जा रहा है और कृषि उत्पादन में दीर्घकाल तक स्थाई वृद्धि प्राप्त करने हेतु जैविक खाद व जैविक कीटनाशी के प्रयोग पर बल दिया जा रहा है। प्रत्येक वर्ष विश्व भर में लगभग 10 लाख लोग कीटनाशी जहर से बुरी तरह प्रभावित होते हैं और 20 हज़ार लोग मौत के मुँह में समा जाते हैं। साथ ही साथ फसल में भी लगभग 15 हज़ार करोड़ की क्षति होती है। यह तथ्य जैविक खेती की आवश्यकता को इंगित करता है। यद्यपि मशीनीकरण में वृद्धि होने के कारण, बोझ ढोने वाले जानवरों के उपयोग व इनसे उपलब्ध गोबर में भारी कमी आयी है, फिर भी दुधारू पशुओं को पाल कर और जैविक खेती को अपनाकर उत्पादन में स्थाई वृद्धि लाना संभव है।

जैविक कृषि व्यवस्था का मुख्य उद्देश्य मानव एवं पर्यावरण को संयोजित करके किफायती एवं स्थाई कृषि उत्पादन व्यवस्था बनाना है। जैविक खेती में स्थायित्व लाने की दिशा में एक महत्वपूर्ण भूमिका निभा सकती है। जैविक खेती की व्याख्या इस प्रकार भी की जा सकती है जैसे फार्म एक जीव हो और उसके विभिन्न अवयव जैसे मिटटी, खनिज, जैविक पदार्थ, सूक्ष्म जीव, कीट, पशु और मानव आपस में मिलकर सम्बन्ध एवं स्थाई सरकार बनाएं।

स्वस्थ मिट्टी बनाये रखने के लिए, पर्यावरण व जल प्रदूषण कम करने के लिए एवं स्थाई तौर पर हमारे देश के गरीब किसानों की आय व जीविकोपार्जन में वृद्धि हेतु, एक एकड़ में समेकित जैविक खेती का मॉडल यहाँ प्रस्तुत किया गया है। एक एकड़ भूमि में, विभिन्न कृषि संबधी क्रियाकलापों जैसे पशुधन, बायो गैस संयंत्र, वर्मी कम्पोस्ट, अन्न, चारा,

फल, सब्जियाँ, फूल, मशरूम, मधुमक्खी पालन व अजोला आदि को इस प्रकार से समायोजित किया गया है कि एक क्रिया कलाप का उत्पाद दूसरे के लिए उपादान बने और बर्बादी न हो।

रसायनिक खादों एवं कीटनाशकों का अत्यधिक उपयोग न केवल मिटटी, मानव एवं पशु के स्वास्थ्य पर बुरा प्रभाव डालता है वरन भू जल उपयोगिता एवं पर्यावरण को भी प्रभावित करता है, अतः इस व्यवस्था को कम किया जा रहा है और जैविक खाद एवं कीट नाशकों के उपयोग को बढ़ावा दिया जा रहा है। हमारे देश में जैविक पदार्थ विपुल मात्रा में उपलब्ध हैं। देश में प्रति वर्ष लगभग 2800 लाख टन गोबर, 2730 लाख टन फसल अवशेष, 2850 लाख टन कम्पोस्ट और 63510 लाख घन मीटर घरेलू कूड़ा करकट उत्पन्न होता है। इसके पुनः उपयोग द्वारा भारत वर्ष में जैविक खेती को बढ़ावा दिया जा सकता है।

एक एकड़ जैविक खेती के मॉडल के घटक

एक एकड़ प्रक्षेत्र में जैविक खेती करने के लिए अवयवों का इस प्रकार चुनाव किया गया है, कि एक क्रिया कलाप का उपोत्पाद (बाइ प्रॉडक्ट) दूसरे क्रिया कलाप के लिए आदान बन जाये और इस प्रकार अपव्यय कम हो। तालिका 17.1 में एक एकड़ जैविक खेती के मॉडल में विभिन्न क्रिया कलापों में क्षेत्रफल का आवंटन दर्शाया गया है।

तालिका 17.1: एक एकड़ जैविक खेती के मॉडल में विभिन्न क्रिया कलापों में क्षेत्रफल का आवंटन

मॉडल अवयव	क्षेत्रफल (वर्ग मीटर)
भंडार कक्ष	100
बायो–गैस संयंत्र	50
गौशाला	100
चारा फसल	1000
वर्मी कम्पोस्ट शेड	50
खाद्यान्न फसलें	1250
फल	500
सब्जियाँ	750
फूल	100
मशरूम	75
अज़ोला टैंक	25
कुल	4000

पशुधन

100 वर्ग मीटर क्षेत्रफल की गौशाला में 300 किलो वज़न वाली दो गायें प्रस्तावित हैं। इन गायों को प्रति दिन प्रति गाय 3 किलो सूखा चारा, 20 किलो हरा चारा और 6 किलो दानों की आवश्यकता होगी। इस प्रकार पूरे एक वर्ष में 2.2 टन सूखा चारा, 14.6 टन हरा चारा और 4.4 टन दाने की आवश्यकता होगी। इन गायों से प्रति दिन 15 लीटर दूध, 50 किलो गोबर एवं 14 लीटर गौ मूत्र मिलेगा। इसकी मात्रा एक वर्ष में लगभग 4350 लीटर दूध, 18.25 टन गोबर व 5110 लीटर गौ मूत्र हो जायेगी। चित्र 17.1 (i) एवं (ii) में गौशाला एवं गौमूत्र एकत्रीकरण की व्यवस्था दर्शायी गई है।

चित्र 17.1 (i): गौशाला

चित्र 17.1 (ii): गौ मूत्र एकत्रीकरण

बायो–गैस संयंत्र

दो घन मीटर क्षमता वाले बायो गैस संयंत्र (चित्र 17.2) में 50 किलो गोबर प्रति दिन डालने पर एक वर्ष में 18.25 टन गोबर की आवश्यकता होगी जिसका निर्वात किण्वन द्वारा 25 प्रतिशत ठोस पदार्थ बायो गैस (कार्बन डाई ऑक्साइड, हाईड्रोजन, हाईड्रोजन सल्फाइड मिश्रण) और 75 प्रतिशत ठोस पदार्थ घोल (स्लरी) में परिवर्तित हो जाएगा इस प्रकार लगभग 10 टन बायो गैस स्लरी 80 प्रतिशत नमी के साथ प्रति वर्ष बायो गैस संयंत्र से उपलब्ध होगी। जिसमें 1.5–2.0 प्रतिशत नत्रजन, 1.0 प्रतिशत स्फुर और 1.0 प्रतिशत पोटाश होगा।

चित्र 17.2: बायो–गैस संयंत्र

वर्मी–कम्पोस्ट

पचास वर्ग मीटर क्षेत्र में एक वर्मी कम्पोस्ट संयंत्र प्रस्तावित है। वर्मी कम्पोस्ट बनाने के लिए विभिन्न गड्ढों जैसी संरचना बनाकर इसमें फार्म अवशेष जैसे फसल अवशेष और पशु गोबर/(50: 50) स्लरी एवं केंचुआ, ऐईसीना फ़ोइटिडा विभिन्न स्तरों में रखते हैं। केंचुआ इसे खाते हैं और जो विष्टा करते हैं, वही वर्मी कम्पोस्ट होता है। वर्मी कम्पोस्ट 30 से 45 दिनों के अंदर बनकर तैयार हो जाता है। यह वर्मी कम्पोस्ट ही मूलतः जैविक खाद है, जो अन्न, फल, फूल, सब्जियों एवं चारा फसलों के लिए पोषण का प्रमुख श्रोत हैं। इसमें सभी वे पोषक तत्व जैसे (नत्रजन, स्फुर, पोटाश, आयरन, कोबाल्ट, सिलिकॉन, कॉपर, सल्फर, मैग्नीशियम, कैल्शियम, सोडियम, मेगनीज़, जिंक, बोरोन, क्लोरीन आदि), जो पौधे की वृद्धि के लिए आवश्यक हैं, उपलब्ध होते हैं। चित्र 17.3 (i) में केंचुआ ऐईसीना फ़ोइटिडा व चित्र 17.3 (ii) में फसल अवशेष व वर्मी कम्पोस्ट को दर्शाया गया है।

चित्र 17.3 (i): केंचुआ ऐईसीना फ़ोइटिडा

चित्र 17.3 (ii): फसल अवशेष व वर्मी कम्पोस्ट

खाद्यान्न फसलें

1250 वर्ग मीटर क्षेत्रफल में धान/गेहूँ/गरमा मक्का फसल चक्र प्रस्तावित है। पूरे फसल चक्र को 300 किलोग्राम नत्रजन की आवश्यकता मानते हुए, 1250 वर्गमीटर क्षेत्रफल के लिए 37.5 किलोग्राम नत्रजन की आवश्यकता होगी। यदि केवल 1.5 प्रतिशत नत्रजन वर्मी–कम्पोस्ट में माना जाए तो 2.5 टन वर्मी–कम्पोस्ट की आवश्यकता पूरे फसल चक्र को होगी। यदि प्रति हेक्टेयर धान, गेहूँ और मक्का का उत्पादन क्रमशः 4.0 टन, 3.0 टन व 4.5 टन व प्रति हेक्टेयर धान का भूसा, गेहूँ का भूसा और मक्के के चारे का उत्पादन क्रमशः 6 टन, 4.6 टन व 7 टन माना जाए तो 500 किलोग्राम धान, 375 किलोग्राम गेहूँ, 562 किलोग्राम मक्का (कुल 1.43 टन खाद्यान्न) और 750 किलोग्राम धान का भूसा, 575 किलोग्राम गेहूँ का भूसा एवं 875 किलोग्राम मक्का का चारा (कुल 2.2 टन सूखा चारा) 1250 वर्ग मीटर क्षेत्रफल से प्राप्त होगा। चित्र 17.4 (i) में धान चित्र 17.4 (ii) में गेहूँ व चित्र 17.4 (iii) में गरमा मक्का को दर्शाया गया है।

चित्र 17.4 (i): धान

चित्र 17.4 (ii): गेहूँ

चित्र 17.4 (iii): गरमा मक्का

चारा फसलें

1000 वर्ग मीटर क्षेत्रफल में खरीफ में नैपिअर घास, रबी व गरमा में बरसीम व लोबिया की नैपियर के साथ अंतरवर्ती खेती प्रस्तावित है। इस 1000 वर्ग मीटर के क्षेत्रफल से 10 टन नैपिअर घास, 1.5 टन लोबिया और 3.5 टन बरसीम (कुल 15 टन हरा चारा) प्राप्त किया जा सकता है। इन चारा फसलों के लिए 1 टन वर्मी कम्पोस्ट की आवश्यकता होगी। चित्र 17.5 में चारा फसलें दर्शायी गई हैं।

चित्र 17.5: चारा फसलें

फल वाली फसलें

500 वर्ग मीटर क्षेत्रफल में 65 पौधे प्रत्येक केले व पपीते (चित्र 17.6 (i) व 17.6 (ii)) के प्रस्तावित हैं। यदि केले को प्रति पौधा 20 किलोग्राम एवं पपीते को प्रति पौधा 15 किलोग्राम वर्मी–कम्पोस्ट दिया जाये, तो 2.275 टन वर्मी कम्पोस्ट की आवश्यकता होगी। यदि प्रति पौधा 75 किलो पपीता एवं 15 किलो केला की सामान्य उपज मान ली जाय तो कुल 4875 किलो पपीता और 975 किलो केला प्राप्त होगा।

चित्र 17.6 (i): केला

चित्र 17.6 (ii): पपीता

सब्जियाँ

750 वर्ग मीटर क्षेत्रफल में लौकी, आलू और भिंडी प्रस्तावित हैं। इन सब्जियों के लिए 15 टन प्रति हेक्टेयर प्रति फसल के अनुसार कुल 3.375 टन वर्मी कम्पोस्ट की आवश्यकता होगी। इससे 550 किलो लौकी, 1180 किलो आलू एवं 800 किलो भिंडी प्राप्त हो सकती है। चित्र 17.7 में खेत में लगी लौकी को दर्शाया गया है।

चित्र 16.7: लौकी

फूलों की खेती

100 वर्ग मीटर क्षेत्रफल मे गेंदा व ग्लेडिओलस प्रस्तावित हैं। इन फूलों के लिए 600 किलो वर्मी कम्पोस्ट की आवश्यकता होगी। समेकित जैविक खेती मॉडल के दृष्टिकोण से यह घटक महत्वपूर्ण है। चित्र 17.8 में गेंदा व ग्लेडिओलस की खेती को दर्शाया गया है।

चित्र 17.8: गेंदा व ग्लेडिओलस

मशरूम

75 वर्ग मीटर क्षेत्रफल के एक कमरे में मशरूम का उत्पादन प्रस्तावित है सामान्यतः एक किलोग्राम शुद्ध मशरूम का उत्पादन करने के लिए 1 किलोग्राम धान के पुआल की जरूरत पड़ती है। 1 किलोग्राम मशरूम के उत्पादन में लगभग 50 रूपये खर्चा आता है और यह 200 रुपये प्रति किलोग्राम के हिसाब से बिक जाती है। चित्र 17.9 में मशरूम को दर्शाया गया है।

चित्र 17.9: मशरूम

मधुमक्खी पालन

मधुमक्खी पालन एक किफ़ायती व्यवसाय है जिसमें कम खर्चा और कम जगह की आवश्यकता होती है। पहले साल में मधुमक्खी के बक्से खरीदने में खर्चा आता है, इसके उपरांत सामान्य प्रशिक्षण प्राप्त करके किसान इससे लाभ ले सकते हैं। चित्र 17.10 में मधुमक्खी पालन को दर्शाया गया है।

चित्र 17.10: मधुमक्खी पालन

अज़ोला टैंक

अजोला एक जलीय फर्न है और धान में नत्रजन स्थिरीकरण में महत्वपूर्ण भूमिका निभाती है। यह एक टेंक में आसानी से पैदा की जा सकती है। अजोला में 3.5 प्रतिशत नत्रजन और अन्य पदार्थ होते हैं। यदि धान में अजोला का जैविक खाद के रूप में उपयोग होता है, तो लगभग 5 से 15 प्रतिशत उत्पादन में वृद्धि होती है। इस मॉडल में 25 वर्ग मीटर क्षेत्रफल अजोला उत्पादन के लिए आवंटित किया गया है। चित्र 17.11 में आज़ोला टैंक को दर्शाया गया है।

चित्र 17.11: अज़ोला टैंक

एक एकड़ समेकित जैविक खेती मॉडल में आदान एवं उत्पाद घटकों का विवरण तालिका 17.2 में दर्शाया गया है।

तालिका 17.2: एक एकड़ समेकित जैविक खेती मॉडल में आदान एवं उत्पाद घटकों पर एक नज़र

मॉडल अवयव	**क्षेत्रफल (वर्ग मी.)**	**अन्य उत्पाद टन प्रति वर्ष)**	**आदान/वर्मी कम्पोस्ट (प्रति वर्ष)**	**आवंटित क्षेत्र से उत्पाद (प्रतिवर्ष)**
पशुधन (दो गाय)	100	सूखा चारा 2.2 टन हरा चारा 14.6 टन दाना 4.4 टन	गोबर 18.25 टन गौ मूत्र 5110 लीटर दूध 4350 लीटर	-
बायो-गैस संयंत्र	50	गोबर 18.25 टन	बायो-गैस स्लरी 10 टन	-
वर्मी कम्पोस्ट	50	बायो-गैस स्लरी 10 टन केंचुआ 75000 फसल अवशेष 10 टन	वर्मी कम्पोस्ट 9.75 टन	-
खाद्यान्न फसलें (धान-गेहूँ-मक्का)	1250	वर्मी कम्पोस्ट 2.5 टन	धान पुआल 750 किलोग्राम गेहूँ का भूसा 575 किलोग्राम मक्का का चारा 875 किलोग्राम सूखा चारा 2.2 टन	धान 500 किलोग्राम गेहूँ 375 किलोग्राम मक्का 562 किलोग्राम कुल अन्न 1.437 टन
चारा फसलें (नेपियर-बरसीम-लोबिया)	1000	वर्मी कम्पोस्ट 1 टन	-	नेपियर 10 टन बरसीम 3.5 टन लोबिया 1.5 टन कुल 15 टन
फल (पपीता, केला)	500	वर्मी कम्पोस्ट 2.275 टन	-	पपीता 4875 किलोग्राम केला 975 किलोग्राम

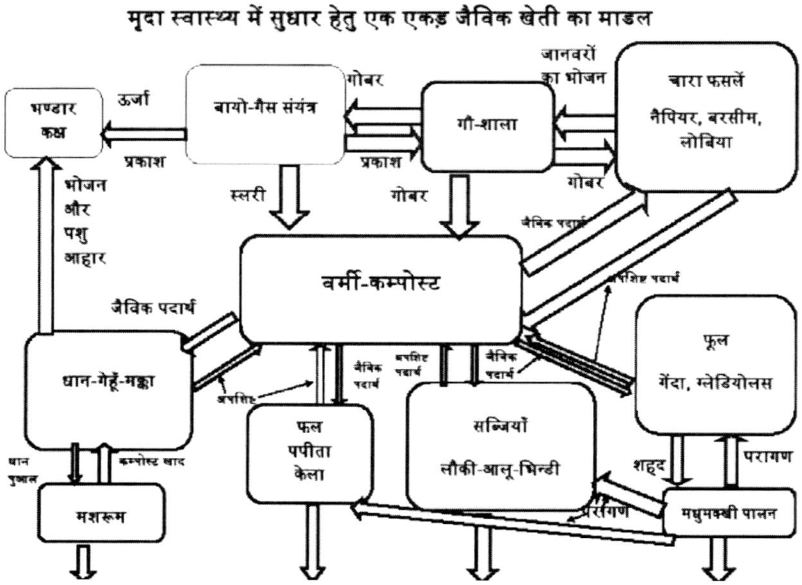

चित्र 17.12: समेकित जैविक खेती द्वारा किसान की आय व जीविकोपार्जन में वृद्धि

निष्कर्ष

एक एकड़ के लिए समेकित जैविक खेती का मॉडल (जिसका सिद्धांत रेखाचित्र द्वारा चित्र 17.12 में दर्शाया गया है) से यह पाया गया कि दो गाय जिनसे 18.25 टन गोबर एवं 5110 लीटर गौ मूत्र प्रति वर्ष प्राप्त होता है। इसको फार्म से प्राप्त होने वाले फसल अवशेष व जैविक अपशिष्ट के साथ मिलाने पर 9.75 टन वर्मी कम्पोस्ट प्राप्त होगा, जो खाद्यान्न, चारा फसलें, फल, सब्जियाँ और फूलों की पोषण की आवश्यकता की पूर्ति करेगा। इसके अतिरिक्त मधुमक्खी पालन व मशरूम उत्पादन ऐसे व्यवसाय हैं, जो किसानों के आय व जीविकोपार्जन में सुधार लायेंगे। इस अध्ययन से यह भी पता चलता है, कि जैविक खेती से न केवल स्थाई उत्पादन और उच्च पोषक तत्व वाले खाद्यान्न का उत्पादन होगा, वरन मिट्टी, पशुधन एवं मानव के स्वास्थ्य में सुधार होगा और संसाधनों का पुनः उपयोग दक्षता के साथ होगा।

❑❑❑

अध्याय 18

एक एकड़ में जैविक कृषि कैसे करें?

क) जैविक खाद (एक एकड़ खेत के लिए)

1. एक ड्रम में नीचे लिखी पाँच चीजों को आपस में मिल लें।
   - 15 किलो गोबर (गाय का, बैल का या भैंस का)
   - 15 लीटर मूत्र (गाय का, बैल का या भैंस का)
   - 1 किलो गुड़ (किसी भी तरह का, जो सड़ गया हो तथा उपयोग का न हो तो ज्यादा अच्छा)
   - 1 किलो पिसी हुई दाल या चोकर (किसी भी तरह का, उपयोग का न हो तो ज्यादा अच्छा)
   - 1 किलो मिट्टी (किसी भी पुराने पेड़ के नीचे की पीपल, बरगद इत्यादि)
2. अब इसे 15 दिन तक छाँव में रखें और रोज सुबह शाम एक बार इसे मिला दें।
3. 15 दिन बाद इसमें 200 लीटर पानी मिला दें, अब आपकी खाद तैयार हो गयी, जो एक एकड़ खेत के लिए काफी है।
4. इस जैविक खाद को हर 21 दिन के बाद खेत में डाल सकते हैं।
5. अगर खेत खाली है, तो सीधे खेत में इसे छिड़क दें और अगर फसल खड़ी है तो पानी के साथ पटा दें।

यह जैविक खाद आपके रसायनिक खाद (यूरिया इत्यादि) से 6 गुना ज्यादा ताकतवर है। इस जैविक खाद की कोई एक्सपायरी डेट नहीं होती है। इस जैविक खाद को इस्तेमाल करने से खेत को पानी की कम जरुरत पड़ती है।

ख) जैविक जंतु नाशक (एक एकड़ खेत के लिए)

1. एक ड्रम में नीचे लिखी चीजों को मिला कर उबालें।

- 20 लीटर मूत्र (गाय का, बैल का या भैंस का)
- 2.5 किलो नीम के पत्ते या निम्बोली पीस कर मिलाएं
- 2.5 किलो सीताफल के पत्ते पीस कर मिलाएं
- 2.5 किलो आकड़ा (आक, अकौवा, अर्क मदार) के पत्ते को पीस कर मिलाएं
- 2.5 किलो धतूरे के पत्ते को पीस कर मिलाएं
- 2.5 किलो बेल पत्र के पत्ते को पीस कर मिलाएं

2. इस घोल को खूब उबालें, उबालते समय इसमें करीब 0.5 किलो तम्बाकू का पाउडर मिला दें।
3. खूब उबल जाये तो इसे ठंडा करके छान लें।
4. अब इसे बोतल में या किसी और बर्तन में रख लें।
5. अब जब भी इसका इस्तेमाल करना हो तो इसमें 20 गुना पानी मिला कर छिड़कें।
6. छिड़कने के 3 दिन के अंदर सभी कीट मर जायेंगे।

जिस खेत में यूरिया, डी.ए.पी. आदि डाला जाता है, कीट उसी खेत में जाते हैं, आप जितना ज्यादा यूरिया, डी.ए.पी. डालेंगे कीट उतने ज्यादा आएंगे। इसलिए सबसे पहले रसायनिक खाद डालना बंद करें खेत में कीट आना कम होते जाएंगे।

ग) बीजोपचार करने का तरीका (1 किलो बीज के लिए)

1. एक ड्रम में नीचे लिखी चीजों को मिलाएं।
   - 1 किलो गोबर (गाय का, बैल का या भैंस का)
   - 1 लीटर मूत्र (गाय का, बैल का या भैंस का)
2. अब इसमें 100 ग्राम कलई चूना मिलाना है, उसका तरीका है: 100 ग्राम कलई चूना को 2 से 3 लीटर पानी में डालकर रात भर छोड़ दें। सुबह में जब चूना फूल जाये तो चूना और उसके पानी को घोल लें।
3. अब ड्रम में जिसमें गोबर और मूत्र मिला हुआ है, उसमें चूने का घोल मिला दें और इसे अच्छे से घोलें।
4. अब कोई भी बीज जिसका उपचार करना हो उसे इस घोल में मिला कर रात भर (3 से 6 घंटे) छोड़ दें।

5. सुबह में बीज को घोल से निकाल लीजिए, और इसे छाँव में सुखा लीजिए।
6. अब आपका बीज तैयार है इसे खेत में बो दीजिए।

इस उपचारित बीज से आपको उत्पादन ज्यादा मिलेगा और संस्कारित बीज पर कीट आसानी से नहीं लगेगा।

घ) जैव उर्वरकों की प्रयोग विधि

राइजोबियम, एजोटोबेक्टर, एजोस्पीरिलम व स्फुर विलयकारी सूक्ष्म जीवों को निम्न विधियों से प्रयोग किया जा सकता है।

- बीज उपचार– एक पैकेट (200 ग्रा.) जैव उर्वरक का आधा लीटर पानी और 50 ग्राम गुड़ में घोल बनाकर 10–12 किग्रा के साथ अच्छी तरह मिलाकर किसी छायादार स्थान में सुखाने के तुरंत बाद ठंडे समय (सुबह) में बुवाई करें।
- पौध (रोपणी) उपचार– धान, सब्जियों की पौध या गन्ना, आलू आदि के टुकड़े जिन्हें बीज के रूप में काम लिया जाना है, उनमें एक से तीन किग्रा (5–15 पैकेट) जैव उर्वरक को लगभग 50 लीटर पानी के घोल में 5–10 मिनट तक डुबोकर रोपाई करें।
- भूमि उपचार– इस विधि में 100–125 किग्रा अच्छी सड़ी गोबर की खाद या कम्पोस्ट में 10–12 किग्रा जैव उर्वरक मिलाकर खेत की तैयारी के समय भूमि में मिलाएं। खड़ी फसल में भी जैव उर्वरक का प्रयोग किया जा सकता है। इसके लिए सिंचाई से पहले या बाद में जैव उर्वरक को साफ व भुरभुरी मिट्टी में मिलाकर समान रूप से खड़ी फसल में बिखेर दें।

अच्छी जैविक खाद तैयार करने के लिए निम्नलिखित बातों का ध्यान देना आवश्यक है:

1. जैविक खाद बनाने के लिए पौधों के अवशेष, गोबर, जानवरों का बचा हुआ चारा आदि सभी वस्तुओं का प्रयोग करना चाहिए।
2. जैविक खाद बनाने के लिए 10 फुट लम्बा, 4 फुट चौड़ा व 3 फुट गहरा गड्ढा करना चाहिए। सारे जैविक पदार्थों को अच्छी तरह मिलाकर गड्ढ़े को भरना चाहिए तथा उपयुक्त पानी डाल देना चाहिए।
3. गड्ढ़े में पदार्थों को 30 दिन के बाद अच्छी तरह पलटना चाहिए और उचित मात्रा में नमी रखनी चाहिए। यदि नमी कम है तो पलटते समय पानी डाला जा सकता है। पलटने की क्रिया से जैविक पदार्थ जल्दी सड़ते हैं और खाद में पोषक तत्वों की मात्रा बढ़ती है।

4. इस तरह यह खाद 3 महीने में बन कर तैयार हो जाती है।

5. खेत में खाद डालकर शीघ्र ही मिट्टी में मिला देना चाहिए। ढेरियों को खेत में काफी समय छोड़ने से नत्रजन की हानि होती है जिससे खाद की गुणवत्ता में कमी आती है। गोबर की खाद में नत्रजन की मात्रा कम होती है और उसकी गुणवत्ता बढ़ाने के लिए अनुसंधान कार्य की आवश्यकता है।

6. जैविक खाद में स्फुर की मात्रा बढ़ाने के लिए रॉक फास्फेट का प्रयोग किया जा सकता है। 100 किलाग्राम गोबर में 2 किलोग्राम रॉक फास्फेट आरम्भ में अच्छी तरह मिलाकर सड़ने दिया जाता है। तीन महीने में इस खाद में स्फुर की मात्रा लगभग 3 प्रतिशत हो जाती है। इस विधि से स्फुर की घुलनशीलता बढ़ती है और विभिन्न फसलों में रसायनिक स्फुर युक्त खादों का प्रयोग नहीं करना पड़ता।

7. अगर खाद बनाते समय केंचुओं का प्रयोग कर लिया जाए तो यह जल्दी बनकर तैयार हो जाती है और इस खाद में नत्रजन की मात्रा अधिक होती है। खाद बनाते समय फास्फोटिका का एक पैकेट व एजोटोबैक्टर जीवाणु खाद का एक पैकेट एक टन खाद में डाल दिया जाए तो स्फुर को घुलनशील बनाने वाले जीवाणु व एजोटोबैक्टर जीवाणु पनपते हैं और खाद में नत्रजन व स्फुर की मात्रा आधिक होती है। इस जीवाणुयुक्त खाद के प्रयोग से पौधों का विकास अच्छा होता है। इस तरह वैज्ञानिक विधियों का प्रयोग करके अच्छी गुणवत्ता वाली जैविक खाद बनाई जा सकती है जिसमें ज्यादा लाभकारी तत्व उपस्थित होते हैं।

इसके प्रयोग से भूमि की उर्वरा शक्ति बढ़ाई जा सकती है। जैविक खाद किसानों के यहाँ उपलब्ध संसाधनों के प्रयोग से आसानी से बनाई जा सकती है। रसायनिक खादों का प्रयोग कम करके और जैविक खाद का अधिक से अधिक प्रयोग करके हम अपने संसाधनों का सही उपयोग कर कृषि उपज में बढ़ोत्तरी कर सकते हैं और जमीन को खराब होने से बचा सकते हैं।

□□□

अध्याय 19

देशी तरीके से करें नीलगाय से फसलों की सुरक्षा

कृषि एवं बागवानी फसलों पर नीलगाय का आक्रमण दिन प्रति दिन बढ़ता ही जा रहा है। पहले नीलगाय यदा–कदा अपने प्राकृतिक वातावरण से भूलवश भटक कर ग्रामीण परिवेश में आ जाती थीं। परन्तु अब ये प्रायः दिखाई पड़ने लगी हैं नीलगाय मूलतः रात्रिचर प्राणी हैं, और फसलों पर इनका आक्रमण संध्या या तड़के भोर मे होता था, परन्तु अब प्राकृतिक जंगलों में तेजी से कमी होने के कारण नीलगायों का दिन में भी दिखना बहुत आम बात हो गयी है। हालत यह है कि नीलगाय के दर्शन कहीं भी एवं कभी भी हो जाते हैं। नीलगाय का आक्रमण फसल को किसी भी अवस्था में तहस–नहस करने की क्षमता रखता है। जिन क्षेत्रों मे नीलगाय का प्रकोप होता है वहाँ पर जरा सी लपरवाही होने पर सारी मेहनत पर पानी फिर जाता हैं, ध्यान देने योग्य बात यह है कि नीलगाय का आतंक नित नये–नये कृषि क्षेत्रों में बढता ही जा रहा है। चित्र 19.1 में नीलगाय खेत में स्वछंद विचरण करती हुई दीख रही हैं। यहाँ कृषि एवं बागवानी को नीलगाय आक्रमण से बचाव के उपाय पर चर्चा की गयी है।

चित्र 19.1: खेत मे स्वछंद विचरण करता हुआ नीलगाय का झुण्ड

नीलगाय के प्राकृतिक आवास की सुरक्षा

नीलगाय प्राकृतिक तौर पर प्रायः चारागाह या कृषि आयोग्य भूमि एवं विरले वनों में पाये जाते थे, परन्तु विकास का अन्धानुकरण से चारागाह वन एवं आयोग्य भूमि दिन–दूने

एवं रात चौगुने रफ्तार से विलुप्त होते जा रहे हैं, जिससे विवश हो कर नीलगाय गावों एवं शहरों की तरफ पलायन करने लगी हैं। यदि हम थोड़ा सा सचेत हो जायें और उनके प्राकृतिक आवास की सुरक्षा करके उनके प्राकृतिक आवास उसी तरह प्रदान कर दें, तो उनका गाँवो एवं मानव बस्ती की ओर पलायन रुक जायेगा, और हमारी फसल नीलगाय के प्रकोप से बच जायेगी। साथ ही साथ इस प्रजाति को संरक्षण भी मिल जायेगा। यह एक सशक्त तरीका है, जिसमें बहुत सारा समय पैसा एवं संयम की जरुरत होगी अतः इस विधि का प्रयोग निहायत ही जरुरी है। इसमें साथ ही साथ अन्य साधनों का प्रयोग उद्देश्य की पूर्ति मे गति प्रदान करता है।

कृषि प्रक्षेत्र की चारदीवारी

नीलगाय एक बहुत ही मजबूत फुर्तीली एवं तेज दौड़ने वाली चौपाया है। अतः फसल को बचाने के लिए सबसे अच्छा तरीका कृषि प्रक्षेत्र की चारदीवारी करना है। दीवारों की ऊँचाई कम से कम 7–8 फीट अवश्य ही रखे, क्योंकि यह जानवर 5–6 फीट की ऊँचाई बड़े ही आराम से लाँघ जाता है। यह तरीका थोड़ा खर्चीला हैं, इसलिए सभी किसान भाई इसे अपनाने में हिचकिचाते हैं। परन्तु ध्यान देने योग्य बात यह है कि इसमें सिर्फ एक बार ही निवेश करना पड़ता है, और फसलों को नीलगाय एवं अन्य आवारा जानवरों से दीर्घकालीन सुरक्षा मिल जाती है तथा उत्पादकता बढ़ाने मे कारगर होती है। यदि बिजली की व्यवस्था हो तो 220 वोल्ट का धारा प्रवाह करने से नीलगाय आवारा पशु एवं अन्य जगंली जानवरों को भी झटका लगता है। परिणामस्वरुप नीलगाय एवं अन्य जंगली पशु दुबारा उस प्रक्षेत्र पर नहीं आते हैं।

फसलों की पहरेदारी

फसल प्रक्षेत्र की चारदीवारी कराने में किसान भाई यदि किसी कारणवश असमर्थ हों तो वे जंगली फसलों की सुरक्षा स्वयं ही करें। ध्यान देने योग्य बात यह है कि नीलगाय का आक्रमण झुण्डों में एवं तडके सुबह या शाम को ही होता है। इस लिए फसल सुरक्षा की दृष्टि से तड़के सुबह तीन बजे से सूरज निकलने तक एवं शाम में सूरज डूबने के बाद एवं चाँदनी फैलने तक का समय बहुत ही महत्वपूर्ण है। नीलगाय के प्रकृति की विवेचना करने से यह ज्ञात होता है कि कृष्ण पक्ष में जब रातें ज्यादा काली होती हैं, तब इनका कहर अपेक्षाकृत थोड़ा ज्यादा ही हो जाता है, इसलिए इस समय खेतों की विशेष निगरानी की आवश्यकता होती है।

प्रशिक्षित कुत्तों को रखवाली में लगाना

जहाँ पर नीलगाय का आतंक प्रायः होता रहता है, वहाँ पर मानव द्वारा पहरेदारी में जरा सी चूक पूरे फसलावधि में की गयी मेहनत पर पानी फेर सकती है। अतः इस समस्या से बचने हेतु सबसे उत्तम तरीका प्रशिक्षण प्राप्त कुत्तों को रखवाली में लगाना है। ये कुत्ते प्रशिक्षण के बाद रखवाली के लिए प्रयोग किए जाते हैं एवं नीलगाय व आवारा पशु तथा अन्य जगंली जानवरों की जरा ही आहट पाते ही भौंकने लगते हैं, जिससे ये जानवरों का झुण्ड कुत्तों के शोर को सुन कर खुद भाग जाता है या किसान उन्हें खदेड कर प्रक्षेत्र से दूर कर देते हैं।

नीलगायों का जैविक रोकथाम

नीलगाय के आतंक से निजात पाने के लिए जैविक तरीका भी अपनाया जा सकता है। इस विधि में सारे नरों को पकड़ कर उनका बंधियाकरण रसायन के प्रयोग से प्राकृतिक या शल्य बिधि द्वारा किया जा सकता है। अगर जरुरत पड़े तो मादाओं को भी बाँझ बना कर उनकी जनसंख्या को एक निश्चित सीमा में रखा जा सकता हैं। ऐसा करने से कृषि को नीलगाय के आतंक से ही नहीं बचाया जा सकता है, बल्कि नीलगाय को भी पूर्णतया विलुप्त होने से बचाया जा सकता है। अत्याधिक आखेट के कारण बांग्लादेश से इस चौपाये का तो पूर्णतयः सफाया ही हो चुका है।

नीलगायों को उनके मूल परिवेश में भेजना

नीलगायों के आतंक से फसलों को बचाने का एक सुगम उपाय यह भी है कि सभी जानवरों को पकड़ कर दूर कहीं प्राकृतिक आवास में जैसे कि किसी जगंल या प्राकृतिक चारागाह मे छोड़ आयें, ऐसा करने से नीलगायों को अपना नैसर्गिक आवास एवं आहार दोनों मिल जाते हैं एवं फसलों को भी नुकसान नहीं पहुँचता है। इससे फसल एवं नीलगाय दोनों को संरक्षण मिलता है।

नीलगायों का बध

नीलगायों का आतंक यदि सारी हदें पार कर जाये, तो उनको उनकी उचित सँख्या को बरकरार रखते हुऐ, (एक नर पर 8 से 10 मादा प्रति पाँच वर्ग किलो मीटर) शेष सभी नील गायों का बध करना ठीक हो सकता है। परन्तु इस प्रक्रिया को अपनाने से पहले संबन्धित आधिकारी से आवश्यक प्रमाण पत्र अवश्य ही प्राप्त कर लें। क्योंकि नीलगाय को भी गाय जैसा संरक्षण भारत देश में प्राप्त है।

नीलगायों को मानव निर्मित चारागाह में छोडना

नीलगायों को पकड़ कर उनके निवास स्थान यथा जगंल एवं चारागाह आदि में छोड़ना यदि सभंव न हो तो मानव निर्मित चारागाहो एवंम, बाड़ा आदि में डाल देना चाहिए जो कि पहले से ही घेराबन्दी करके रखा गया हो ताकि नीलगाय उस घेरे या चारागाह से वापस दुबारा कृषि क्षेत्रों एवं ग्रामीण क्षेत्रों में भ्रमण न करें एवं फलस्वरुप नुकसान भी न कर सके।

पटाखे एवं आग जलाना

अनुभव में यह भी आया है कि नीलगायों का आक्रमण प्रक्षेत्र खेतों में कृष्ण पक्ष के दिनों मे ज्यादा होता है, जबकि शुक्ल पक्ष के समय थोड़ी राहत रहती है। अतः जैसे ही नीलगायों का झुण्ड या इक्का–दुक्का ही नजर आये तो, तुरन्त ही मशाल जलाकर उन्हें डरायें, विशेषकर शाम या रात के समय सूरज छिपने के बाद एवं निकलने से पहले ऐसा करने से, ये जानवर भयभीत हो जाते हैं, और डर कर उस क्षेत्र मे घूमना बन्द कर देते हैं। जैसे ही यह चौपाया दुबारा दिखाई पड़े विशेषकर झुण्डों में तब पटाखे जलाने पर यह जानवर डर कर भाग जाते हैं, और दुबारा उस क्षेत्र में काफी दिनों तक दिखाई नहीं पड़ते हैं।

समाजिक जागरुकता क्षेत्र में नीलगाय समिति

नीलगाय का प्रकोप सीमित क्षेत्र में नहीं होता है, बल्कि इसके आक्रमण से हजारों हेक्टेयर की फसल को क्षति पहुँचती है। इनके आक्रमण से एक साथ कई गाँव चपेट मे आ जाते हैं। अतः नीलगाय के विषय में जानकारी रखना, सबको जागरुक बनाना एवं नीलगाय समिति का गठन एक मील का पत्थर साबित हो सकता है। क्योंकि कहावत भी है कि जानकारी से ही बचाव सम्भव है एवं बचाव में ही निदान है।

देशी तकनीक को भी आजमायेँ एवं सुरक्षा पायें

मानव का पुतला बनाकर खेतों मे खड़ा करना

खेतों मे किसान भाई उचित अन्तराल पर बाँस की फट्टियों या लकडियों के सहारे से पुआल या घासफूस की सहायता से मानव पुतला बनाकर उसे पुराना कपड़ा पहना दें एवं मिट्टी का खराब घड़ा टांग दें, ताकि देखने में बिल्कुल मानव जैसा ही लगे, जिसे देखकर नीलगाय को मनुष्य की मौजूदगी का आभास होगा एवं खेत से भाग खड़ी होगी। ज्ञात हो कि नीलगाय की देखने एवं सुनने की क्षमता तो ठीक होती है, परन्तु उनके सूंघने की क्षमता उतनी अच्छी नहीं होती है। और इस विधि में नीलगाय के इसी कमजोरी का फायदा उठाया जाता हैं। नीलगाय मनुष्यों को देखकर ही दूर भाग जाते हैं और यही कारण है कि यह पहले दिन में एवं ग्रामीण क्षेत्रों में कम ही नजर आते थे।

गेंदा के पौधे मेड़ पर रोपना

गेंदा के पौधे भी रात में खाल या कपड़े लपेटे मानव आकृति की तरह ही दिखाई पड़ते हैं और उसके फूल मानव का भ्रम पैदा करते हैं। जिसके कारण नीलगाय उस खेत में भ्रमण नही करती हैं। अतः मेड़ पर उचित अन्तराल पे गेंदा का रोपण दलहन एव तिलहन की रबी फसलों में विशेष उपयोगी देखा गया है। गेंदा के फूल में कोई विशेष सुगन्ध नहीं होती है और न ही इस जानवर में तीव्र ध्राण क्षमता ही होती है। इन दोनो विशेषताओं के कारण ही यह विधि कारगर होती है। इस गेंदा के पौधे 4–5 फीट लम्बे अवश्य हों, साथ ही साथ स्वस्थ भी हों ऐसा होने पर पैाधे मानव जैसा ही लगते हैं।

नीलगाय के गोबर के घोल का फसलों पर छिड़काव

अनुभव में आया है कि जिन पौधों पर नीलगाय का गोबर लगा होता है, उनपर वो दुबारा विचरण नही करती हैं। इसी तथ्य को ध्यान में रख कर एक परीक्षण किया गया, उनके ही गोबर को घोल कर फसलों पर छिड़काव किया गया जिसका प्रभाव 10–15 दिनों तक देखा गया। अतः 10–15 दिनों के अन्तराल पर नीलगाय के गोबर के घोल का छिड़काव करें तो फसलो को नुकसान से बचाया जा सकता है।

जावा सिट्रोनेला एवं पाल्मा रोजा का प्रयोग

इसका प्रयोग फसल के चारों तरफ बाड़ के रूप में करते हैं। नीलगाय इसकी सुगंध से दूर भागते हैं, क्योंकि उनको इसकी गंध अच्छी नहीं लगती है। गलती से अगर ये इनके पत्तों को खाने का प्रयास करे तो उसके मुँह में धारदार पत्तियों के करण घाव बन जाते हैं, और वो दुबारा इस फसल की ओर मुड़कर भी नहीं देखते हैं।

सड़े अण्डे के घोल का प्रयोग

अनुभव में आया है कि वो अण्डे जो सड़ जाते हैं और खाने के योग्य नहीं रह जाते हैं, उन अण्डों का प्रयोग हम नीलगाय से फसलों को बचाने के लिए कर सकते हैं। इन अण्डों का प्रयोग घोल बनाकर खडी फसलों पर करें। एक छिड़काव से दूसरे छिड़काव के बीच 10–15 दिन का अन्तर रखें। सड़े अण्डे के बदबू के कारण नीलगाय फसलों के पास आना पसंद नहीं करती हैं, और फसल नीलगाय के प्रकोप से बच जाती है।

रसायन का उपयोग

नीलमणि नामक रसायन का उपयोग द्रव के रूप में किया जाता है। इसकी पैकिंग 50 मिली लीटर 100 मिली लीटर 200 मिली लीटर एवं 500 मिली लीटर में होती है।

रफूचक्कर नामक रसायन का प्रयोग धूल के रूप में होता है, एक पैकेट 25 किग्रा की होती है। इसका प्रयोग खड़ी फसल में करते है। इस रसायन का असर 10–15 दिनों तक बना रहता हैं।

नीलगाय का खेती के कार्यों में उपयोग

इतिहास गवाह है कि प्रशिक्षिण के माध्यम से विभिन्न प्रकार के जंगली जानवरों को मानव ने अपने बस में करके उनसे मनचाहा काम लिया है। इस कड़ी में नीलगाय अपवाद नहीं हो सकता हैं। हम नीलगायों को प्रशिक्षिण देकर उनकी ऊर्जा कृषि एवं अन्य उपयोग में ला सकते हैं। इनका प्रयोग हम खेतों की जुताई में एवं ढुलाई में कर सकते हैं। यदि हम ऐसा करने में सफल रहे तो नीलगाय का हम सदुपयोग कर सकेगें। इसके लिए इस चौपाये की धैर्य पूर्वक प्रशिक्षण की नितांत आवश्यकता है। इस चौपाये के प्रशिक्षण के मामले में मलेशिया में सफल प्रयोग हो चुका है। मलेशिया में इस जानवर का प्रयोग खेती के विभिन्न कार्यों में सफलता पूर्वक लिया जा रहा है।

नीलगाय की उपयोगिता

नीलगाय में सारी बुराइयां ही नही हैं, अपितु इनमें कुछ अच्छाइयां भी हैं। इसकी प्रमुख अच्छाई इसके द्वारा प्रदत उच्च गुणवतायुक्त मांस है, जिसके कारण चोरी छिपे इसका आखेट होता चला आ रहा है। भारतवर्ष के कुछ प्रान्तों के कुछ क्षेत्रों में ये प्राणी विलुप्त प्रायः हो गया है। बांग्लादेश में तो अब ये जानवर मात्र चिड़ियाघरों में ही शोभा बढ़ा रहे हैं।

❑❑❑

अध्याय 20

मधुमक्खी पालन

कृषि क्रियाएँ लघु व्यवसाय से बड़े व्यवसाय में बदलती ज रही हैं तथा कृषि और बागवानी उत्पादन बढ़ रहा है, जबकि कुल कृषि योग्य भूमि घट रही है। कृषि के विकास के लिए फसल, सब्जियां और फलों के भरपूर उत्पादन के अतिरिक्त दूसरे व्यवसायों से अच्छी आय भी जरूरी है। मधुमक्खी पालन एक ऐसा ही व्यवसाय है जो मानव जाति को लाभान्वित कर रहा है । यह एक कम खर्चीला घरेलू उद्योग है, जिसमें आय, रोजगार व वातावरण शुद्ध रखने की क्षमता है। यह एक ऐसा रोजगार है, जिसे समाज के हर वर्ग के लोग अपना कर लाभान्वित हो सकते हैं। मधुमक्खी पालन कृषि व बागवानी उत्पादन बढ़ाने की क्षमता भी रखता है। मधुमक्खियाँ मौन समुदाय में रहने वाली कीट वर्ग की जंगली जीव हैं, इन्हें उनकी आदतों के अनुकूल कृत्रिम गृह (हाईव) में पाल कर उनकी वृद्धि करने तथा शहद एवं मोम आदि प्राप्त करने को मधुमक्खी पालन या मौन पालन कहते है।

मधुः औषधीय गुण

मधु आदिकाल से एक महत्वपूर्ण औषधि के रूप में प्रयोग किया जाने वाला पदार्थ है, जो विभिन्न पौधों के फूलों से मधुमक्खियाँ एकत्र करती हैं। मधु में सामान्यतया ग्लूकोज (24–35 प्रतिशत), फ्रक्टोज (37–40 प्रतिशत) तथा पानी (17–23 प्रतिशत) के अलावा अन्य पदार्थ अधिक मात्रा में होता है। इसके अतिरिक्त खनिज पदार्थों मे लोहा, गधक, फास्फोरस, मैंगनीज आदि तथा विटामिनों में विटामिन ए, बी कॉम्प्लेक्स तथ कुछ मात्रा में प्रोटीन एवं कई प्रकार के अम्ल जैसे एसीटिक, साइट्रिक, ग्लूकोनिक, लैक्टिक भी पाये जाते हैं। इसके अलावा इसके अनेक औषधीय गुण होते हैं।

मधुमक्खी पालन

मधुमक्खी पालन कब से प्रारम्भ किया गया यह बताना अत्यन्त कठिन है, परन्तु हमारे इतिहास में वेदों के समय से ही शहद का प्रयोग देखा गया है। प्राचीन क ल में हमारे ऋषि मुनि यज्ञ, हवन इत्यादि में शहद का प्रयोग करते थे। आयुर्वेद में भी मधु के औषधीय गुणों का वर्णन मिलता है। मिश्र में लाशों को सुरक्षित रखने के लिए प्रयोग किए जाने वाले लेप में भी मधु के अंश प्राप्त हुए हैं। इससे यह स्पष्ट है कि मधु का उपयोग मनुष्य अत्यन्त प्राचीन

काल से कर रहा है। संभवतः मधुमक्खी पालन भी मधु की बढ़ती आवश्यकता की पूर्ति हेतु शुरु किया गया हो। भारतवर्ष में मधुमक्खी पालने का प्रयास सन् 1882 में बंगाल तथा 1884 में पंजाब में किया गया। मधु की प्राप्ति के लिये मधुमक्खियाँ पाली जातीं हैं। यह एक कृषि आधारित उद्योग है। मधुमक्खियाँ फूलों के रस को शहद में बदल देती हैं और उन्हें अपने छत्तों में जमा करती हैं। जंगलों से मधु एकत्र करने की परम्परा लंबे समय से लुप्त हो रही है। बाजार में शहद और इसके उत्पादों की बढ़ती मांग के कारण मधुमक्खी पालन अब एक लाभदायक और आकर्षक उद्यम के रूप में स्थापित हो चला है। मधुमक्खी पालन के उत्पाद के रूप में शहद और मोम आर्थिक दृष्टि से महत्वपूर्ण हैं।

शहद के अतिरिक्त मधुमक्खियाँ अन्य कई लाभों हेतु जानी जाती हैं, जिसमें मुख्य रुप से परागण का कार्य प्रमुख है। फल या बीज बनने के लिए पौधों में निषेचन की क्रिया का होना अत्यन्त आवश्यक है। कुछ फसलें जैसे कि धान, गेहूँ या स्वपरागित फसलें प्रायः अपने आप ही निषेचित हो जाती हैं, परन्तु कुछ फसलें जैसे कि मक्का, सरसों, मूली, गाजर, धनिया, प्याज, सेब, नाशपाती, आंड़ू, खुमानी, लीची, अमरुद, जामुन, आदि में निषेचन हेतु माध्यम जैसे हवा, पानी, कीटों, आदि की आवश्यकता होती है। इनमें कीट प्रमुख भूमिका निभाते हैं। इन कीटों में भी मधुमक्खी को सर्वश्रेष्ठ परागणकर्ता माना जाता है। मधुमक्खी के पिछले पैरों में परागण ले जाने वाली एक टोकरी होती है, जिसमें ये परागकण एकत्रित करती रहती हैं, एवं एक फूल से दूसरे फूल पर बैठते समय ये परागकण उस फूल पर चले जाते हैं और निषेचन की क्रिया पूर्ण होती है। निषेचन के द्वारा प्रायः फसलों में 30 से 500 प्रतिशत तक की वृद्धि देखी गयी है। परागण में सहायता के साथ–साथ मधुमक्खियाँ शहद, मोम व रायल जैली जैसे महत्वपूर्ण पदार्थ भी बनाती हैं। रालाभ या प्रोपोलिस व मधु विष भी इनसे प्राप्त होता है जो कि विभिन्न प्रकार के उत्पादों को बनाने तथा उपचार हेतु प्रयोग किया जाता है।

मधुमक्खी पालन के लाभ

1. पुष्परस व पराग का सदुपयोग, आय व स्वरोजगार का सृजन।
2. शुद्ध मधु, रायल जेली उत्पादन, मोम उत्पादन, पराग, मौनी विष आदि।
3. बगैर अतिरिक्त खाद, बीज, सिंचाई एवं सस्य प्रबन्ध के मात्र मधुमक्खी के मौन वंश को फसलों के खेतों व मेड़ों पर रखने से कामेरी मधुमक्खी के पर परागण प्रकिया से फसल, सब्जी एवं फलोद्यान में सबा से डेढ़ गुना उपज में बढ़ोत्तरी होती है।
4. मधुमक्खी उत्पाद जैसे मधु, रायल जेली व पराग के सेवन से मानव स्वस्थ एवं निरोगित होता है। मधु का नियमित सेवन करने से तपेदिक, अस्थमा, कब्जियत, खून की कमी, रक्तचाप की बीमारी नहीं होती है। रायल जेली का सेवन करने से ट्यूमर नहीं होता है और स्मरण शक्ति व आयु में वृद्धि होती है। मधु मिश्रित पराग का सेवन

करने से प्रास्ट्रेटाइटिस की बीमारी नहीं होती है। मौनी विष से गठिया, बताश व कैंसर की दवायें बनायी जाती हैं। बी–थिरैपी से असाध्य रोगों का निदान किया जाता है।

5. मधुमक्खी पालन में कम समय, कम लागत और कम ढांचागत पूंजी निवेश की जरूरत होती है।
6. कम उपजवाले खेत से भी शहद और मधुमक्खी के मोम का उत्पादन किया जा सकता है।
7. मधुमक्खियाँ खेती के किसी अन्य उद्यम से कोई ढांचागत प्रतिस्पर्द्धा नहीं करती हैं।
8. मधुमक्खी पालन का पर्यावरण पर भी सकारात्मक प्रभाव पड़ता है। मधुमक्खियाँ कई फूलवाले पौधों के परागण में महत्वपूर्ण भूमिका निभाती हैं। इस तरह वे सूर्यमुखी और विभिन्न फलों की उत्पादन मात्रा बढ़ाने में सहायक होती हैं
9. शहद एक स्वादिष्ट और पोषक खाद्य पदार्थ है। शहद एकत्र करने के पारम्परिक तरीके में मधुमक्खियों के जंगली छत्ते नष्ट कर दिये जाते हैं। इसे मधुमक्खियों को बक्सों में रख कर और घर में शहद उत्पादन कर रोका जा सकता है।
10. मधुमक्खी पालन किसी एक व्यक्ति या समूह द्वारा शुरू किया जा सकता है।
11. बाजार में शहद और मोम की भारी मांग है।

मधुमक्खियों द्वारा प्राप्त उत्पाद

1. मधु या शहदः पौधों के विशेष हिस्सों तथा फूलों में एक विशेष प्रकार की पादप ग्रन्थियां होती हैं, जिन्हें नेक्ट्रिस कहते हैं इनसे ही मधु का निर्माण होता है। यह रस पौधों के लिए बहुत उपयोगी नहीं है, अतः प्रयोग न होने के कारण वे इन्हें बाहर निकालते हैं। इस रस के कारण ही मधुमक्खियाँ व अन्य कीट पौधों की तरफ आकर्षित होते हैं। इस प्रकार मधुमक्खियों को इनसे शहद व पौधों के परागण में मदद मिलती है। स्पष्ट है कि मधुमक्खियाँ पौधों को किसी प्रकार की हानि नही पहुँचाती हैं। हजारों फूलों पर भ्रमण करके मधुमक्खियाँ अपने लार से मिलाती हैं, जिससे इसमें एक एन्जाइम (इन्वंर्टेज) इस रस में मिलता है। इन्वर्टेज सुक्रोज को ग्लूकोज एवं फ्रक्टोज में बदल देता है। इस शर्करा से अतिरिक्त पानी निकालने हेतु मधुमक्खियाँ इसे बार–बार अपने मुँह से निकालती व अंदर करती है इस प्रकार यह रस गाढ़े घोल में परिवर्तित हो जाता है, जिसे मधुमक्खियाँ मधुकोष्ठों में उगल देती हैं तथा पंखों से हवा कर इसमें से अतिरिक्त पानी को बाहर निकाल देती हैं। इस प्रकार मधु तैयार होता है। तैयार मधु को अन्ततः मोम से बंद कर दिया जाता है।

2. मोम : मधुमक्खियाँ मोम का स्रावण भी करती हैं जो कि उसके उदर के अंतिम चार खंडों पर उपस्थित चार जोड़ी मोम ग्रन्थि से निकलता है। मोम का प्रयोग प्रायः औषधि निर्माण, सौन्दर्य प्रसाधनों, मोमबत्ती तथा मोमी छत्ता धार बनाने में होता है।
3. रायल जैली : मधुमक्खियाँ विशेष परिस्थिति में रानी मधुमक्खी बनाते समय शिशुओं को रायल जैली खिलाती है। यह अत्यंत कीमती पदार्थ है, जिसका कई दवाइयों में प्रयोग किया जाता है।
4. प्रोपेलिस : यह गोंद जैसा पदार्थ है जो कि मधुमक्खी गृहों के फ्रेमों के उपर या बोरे से चिपका हुआ दिखायी देता है। यह पदार्थ मौन वंशों की कई बीमारियों से रक्षा करता है। इस प्रोपेलिस का प्रयोग प्रायः बीमारियों आदि को दूर करने में प्रयोग किया जाता है। यह रोगों से लड़ने की क्षमता बढ़ाता है।
5. परागकण : जब फूलों की कमी हो तो इसे कृत्रिम भोजन में मिलाकर दिया जाता है। इसे बेच कर भी लाभ प्राप्त कर सकते हैं।
6. मधु विष : वात, गठिया तथा लकवा आदि बीमारियों में मधु विष काफी लाभकारी माना गया है।
7. मधु वंश : उपरोक्त के अतिरिक्त एक मधु मक्खी पालक मधु मक्खी वंशों की बिक्री कर सकता है। आजकल रानी मक्खी के बिक्री का भी काफी चलन है। मधु मक्खी वंश व रानी मक्खी की बिक्री भी एक अच्छे व्यवसाय का रूप लेती जा रही है।

मधुमक्खी का जीवन चक्र एवं विकास प्रक्रिया

मधुमक्खी एक सामाजिक कीट है जो कि एक परिवार में रहता है। इस परिवार में मुख्य रूप से तीन प्रकार के सदस्य पाये जाते हैं यथा रानी (क्वीन) मक्खी, नर मक्खी या ड्रोन तथा श्रमिक मक्खी या वर्कर। रानी मक्खी परिवार की मुखिया होती है तथा मुख्यतः अंडे देकर वंशवृद्धि का कार्य करती है। एक छत्ते में केवल एक ही रानी मधुमक्खी रह सकती है, विशेष स्थिति में कुछ समय के लिए एक साथ दो रानी मक्खी भी साथ–साथ एक छत्ते में रह सकती हैं। छत्ते में नर या ड्रोन केवल मधु स्राव के समय में ही दिखते हैं इनका प्रमुख कार्य रानी से मैथुन करना है। मैथुन के पश्चात जब रानी का शुक्राणु कक्ष, शुक्राणुओं से पूर्ण रूप से भर जाता है तब इन नरों की आवश्यकता समाप्त हो जाती है ऐसी स्थिति में छत्ते की श्रमिक मक्खियाँ इन्हें छत्तें से बाहर कर देती हैं। आलसी व आकार में बड़े होने के कारण ये भूख के कारण कुछ ही दिनों में मर जाते हैं। मधुमक्खी परिवार की तीसरी सदस्य श्रमिक मक्खियाँ हैं। यह वास्तव में मादा मक्खियाँ हैं, परंतु इनमें जननांगों का समुचित विकास न हो पाने के कारण यह अण्डे देने में असमर्थ रहती हैं। छत्ते में ये मक्खियाँ विभिन्न प्रकार के कार्य करती हैं, जैसे छत्ते बनाना तथा पुराने कोष्ठकों की मरम्मत करना,

मधु तथा पराग को एकत्र करना, बच्चों को भोजन कराना, छत्ते की सफाई करना, छत्ते की सुरक्षा करना आदि। श्रमिक मक्खियाँ आकार में सबसे छोटी परन्तु संख्या में सर्वाधिक लगभग (20000–50000) तक पायी जाती हैं।

मधुमक्खी परिवार : एक परिवार में एक रानी कई हजार कमेरी तथा 100–200 नर होते है।

1. रानी : यह पूर्ण विकसित मादा होती है एवं परिवार की जननी होती है। रानी मधुमक्खी का कार्य अंडे देना है। अच्छे पोषण वातावरण में एक इटैलियन जाति की रानी एक दिन में 1500–1800 अंडे देती है। तथा देशी मक्खी करीब 700–1000 अंडे देती है। इसकी उम्र औसतन 2–3 वर्ष होती है।
2. कमेरी / श्रमिक : यह अपूर्ण मादा होती है और मौनगृह के सभी कार्य जैसे अण्डों बच्चों का पालन पोषण करना, फलों तथा पानी के स्त्रोतों का पता लगाना, पराग एवं रस एकत्र करना, परिवार तथा छत्तों की देखभाल, शत्रुओं से रक्षा करना इत्यादि इसकी उम्र लगभग 2–3 महीने होती है।
3. नर मधुमक्खी / निखट्टू : यह रानी से छोटी एवं कमेरी से बड़ी होती है। रानी मधुमक्खी के साथ सम्भोग के सिवा यह कोई कार्य नही करती सम्भोग के तुरंत बाद इनकी मृत्यु हो जाती है और इनकी औसत आयु करीब 60 दिन की होती है।

मधुमक्खी की विभिन्न अवस्थाओं की विकास अवधि तालिका 20.1 में वर्णित है।

तलिका 20.1: मधुमक्खी की विभिन्न अवस्थाओं की विकास अवधि

अवस्थायें	अंडा (दिनों में)	इल्ली (दिनों में)	प्यूपा (दिनों में)	कुल अवधि (दिनों में)
श्रमिक	3	6.0	12.0	21
नर	3	6.5	14.5	24
रानी	3	5.5	7.5	16

मधुमक्खियों के कार्यः छत्ते में रानी केवल अण्डे देने का कार्य करतो है तथा नर केवल रानी को निषेचित करने का कार्य करते हैं। शेष सभी कार्य श्रमिक मक्खियाँ ही करती हैं। श्रमिक मक्खियों में कार्य का स्पष्ट विभाजन होता है। जिनके आधार पर इन्हें भोजन कराने वाली या आया मक्खी, सुरक्षा करने वाली या सैनिक मक्खी, सफाई करने वाली, पराग तथा मधुरस एकत्र करने वाली मक्खी कहा जाता है। इनके अतिरिक्त कुछ मक्खियाँ छत्ते की सुरक्षा, वातानुकूलन आदि का कार्य करती हैं। ये मक्खियाँ खतरे की स्थिति में डंक मारने का कार्य भी करती हैं। प्रायः डंक मारने का कार्य केवल श्रमिक ही करती हैं तथा अपने

जीवन काल में यह केवल एक बार ही डंक मार सकती हैं क्योंकि इनका डंक मुड़ा होने के कारण डंक लगने के स्थान पर फंसा रहता है और मधुमक्खी द्वारा इसको निकालने के प्रयास में साथ–साथ उसका पूरा पाचन तंत्र, आमाशय सहित शरीर के बाहर आ जाता है फलस्वरुप ऐसी मक्खियाँ कुछ समय बाद मर जाती हैं।

मधुमक्खियों की किस्में : भारत में मुख्य रूप से मधुमक्खी की चार प्रजातियाँ पाई जाती हैः

1. छोटी मधुमक्खी (एपिस फ्लोरिया), भैंरो या पहाड़ी मधुमक्खी (एपिस डोरसाटा), देशी मधुमक्खी (एपिस सिराना इंडिका) तथा इटैलियन या यूरोपियन मधुमक्खी (एपिस मेलिफेरा)।
2. इनमें से एपिस सिराना इंडिका व एपिस मेलिफेरा जाति की मधुमक्खियों को आसानी से लकड़ी के बक्सों में पाला जा सकता है। देशी मधुमक्खी प्रतिवर्ष औसतन 5–10 किलोग्राम शहद प्रति परिवार तथा इटैलियन मधुमक्खी 50 किलोग्राम तक शहद उत्पादन करती हैं।

मौन पालन हेतु आवश्यक सामग्री

मौन गृहः मौन गृह का चुनाव मौन प्रजाति एवम् स्थान विशेष के आधार पर किया जाता है। एक कृत्रिम मौन गृह में प्रायः निम्न भाग पाये जाते हैं:

क) तलपट या बाटम बोर्ड : यह मौन गृह के सबसे नीचे का भाग होता है। इसी भाग पर शिशु कक्ष (ब्रूड चैम्बर) रखा जाता है इसके सामने वाले हिस्से पर लकड़ी का बना एक प्रवेश द्वार होता है जहाँ से मधुमक्खियाँ बाहर या अंदर आती–जाती हैं।

ख) शिशु–कक्ष : तलपट के ठीक ऊपर शिशु कक्ष रखा जाता है। इस कक्ष में ही मधुमक्खियों के अण्डे, लार्वा, प्यूपा आदि विकसित होते हैं। इस कक्ष में मोम के आधार युक्त फ्रेम रखे जाते हैं, जिनमें मौन अपना छत्ता बनाती है।

ग) मधु कक्ष : शिशु कक्ष के समान ही एक बक्सा शिशु कक्ष के ऊपर रखा जाता है, जिसे मधु कक्ष या सुपर कहते हैं। मधु उत्पादन सीजन में ही मधु एकत्र होता है। लैंगस्टूथ मौन गृह में सुपर में रखे फ्रेम के आकार का ही होता है जबकि ज्योलीकोट मौन गृह से यह कुछ छोटा होता है।

घ) भीतरी ढक्कन : शिशु कक्ष या मधु कक्ष को ढकने हेतु एक लकड़ी का छिद्रयुक्त चौखट होता है।

ड) ऊपरी ढक्कन : यह मौन गृह का सबसे ऊपर वाला भाग है। यह प्रायः लकड़ी का बना होता है, परन्तु कभी–कभी इस पर एल्युमीनियम की परत भी चढ़ा देते हैं।

च) अन्य उपकरण : मौन गृह के अतिरिक्त कुछ अन्य उपकरणों की भी आवश्यकता होती है जिनका विवरण निम्न प्रकार है:

क) चौकी : यह लोहे की बनी आयताकार चौकी होती है, जिसके ऊपर मौन–गृह को रखा जाता है ताकि मौन गृह सीधे मिट्टी के सम्पर्क में न आये, अन्यथा मौन गृह दीमक या फफूंद आदि से खराब हो सकता है। प्रायः इसके पायों के नीचे मिट्टी या धातु की प्यालियां रख देते हैं, जिनमें पानी भर दिया जाता है जिससे मौन–गृह में चीटिंयों का आक्रमण नहीं हो पाता।

ख) मुँह रक्षक जाली : यह कपड़े की बनी जाली युक्त टोपी है, जिससे मौन के साथ काम करते समय चेहरे की सुरक्षा हेतु मुँह पर पहना जाता है।

ग) दस्ताने : हाथों को मौन–डंक से बचाने हेतु कपड़े या रबड़ के दस्ताने पहने जाते हैं।

घ) छत्ताधर : यह मोम की बनी हुइ पतली सीट होती है जिसे फ्रेम मे फंसा दिया जाता है। इसी पर मधुमक्खियाँ अपना छत्ता बनाती हैं।

ड) हाइव टूल : यह लोहे का बना एक चपटा आयताकार औजार है, जिसके द्वारा फ्रेमों को निकालना, कीलें ठोकने आदि कई कार्य सुगमता पूर्वक किये जाते है।

च) धूम्रकर : यह प्रायः धुंआ करने के लिए प्रयोग में लाया जाता है, जब मधुमक्खियाँ तीव्र हो जाती हैं तो उन्हें धुंआ करके शान्त कर दिया जाता है।

छ) रानी अवरोधी जाली : यह तार की बनी आयताकार जाली होती है जिसे मधुस्राव के समय रानी मक्खी को सुपर में जाने से रोकने के लिए शिशु कक्ष व सुपर के मध्य लगा देते है अन्यथा रानी सुपर में जाकर अंडे देना प्रारम्भ कर देती है फलस्वरुप मधु एकत्रीकरण का कार्य रुक जाता है।

ज) ब्रश : यह मधुमक्खियों को फ्रेमों से हटाने हेतु प्रयोग किया जाता है।

झ) स्वार्म बैग : जब भोजन की कमी होती है या बाहर फूल कम होने लगते हैं तब मधुमक्खियां मौन–गृह का त्याग कर देती हैं ऐसी स्थिति नें उन्हे पकड़ने हेतु स्वार्म बैग जो कि कपड़े का बना होता है, का प्रयोग करते हैं।

मधु निष्कासन यन्त्रः इस मशीन के द्वारा फ्रेमों में एकत्र मधु को निकाला जाता है। इस मशीन में शहद युक्त फ्रेमों को रखकर तेजी से घुमाते हैं जिससे शहद बाहर आ जाता है तथा फ्रेम भी सुरक्षित रहते हैं।

इनके अतिरिक्त कुछ अन्य उपकरण भी प्रयोग में लाये जाते हैं जैसेः–

1. रानी पिंजरा : रानी मक्खी को एक स्थान से दूसरे स्थान पर ले जाने हेतु।
2. चाकू : इसका प्रयोग मधु युक्त फ्रेम से मोम को हटाने में किया जाता है।
3. वायर इम्बेडर : मोमी छत्ताधार को फ्रेमों में लगाने हेतु।
4. भोजन पात्र : भोजन देने हेतु।

मधु मक्खी और परागणः किसी पुष्प के द्वारा फल या बीज बनने के लिये यह आवश्यक है कि उस फूल का नर बीज या परागकण उसके मादा बीज या अंडाणु से मिले। इस क्रिया को निषेचन कहते हैं। प्रायः यह दो प्रकार का होता है जिसमें प्रथम प्रकार वह है जिसमें कि एक ही पुष्प का परागकण उसी पुष्प के अंडाणु से मिल जाता है जिसे स्वपरागण कहते हैं। यह क्रिया प्रायः धान्य फसलों जैसे गेहूँ, धान इत्यादि में पाया जाता है। दूसरी स्थिति वह है, जिसमें एक पुष्प का परागकण उसी पौधे के किसी अन्य पुष्प के मादा भाग (अंडाणु) या किसी अन्य पौधे (उसी जाति के) के मादा भाग या अंडाणु से मिलता है ऐसे परागकण को परपरागण कहते हैं। जैसे विभिन्न प्रकार के फल, सब्जियां, तिलहन, दलहन, मक्का आदि पौधों में यह प्रक्रिया पायी जाती है। यह क्रिया प्रायः हवा, पानी तथा कीटों के माध्यम से होती है। कीट जिनमें मधुमक्खी सर्वाधिक परागण का कार्य करती है अत्यंत महत्वपूर्ण है। श्रमिक मधुमक्खियाँ प्रायः परागकण व मधुरस (विशेष प्रकार का मीठा रस जो कि पुष्प से या पौधे के विशेष भागों से स्रावित होता है) को एकत्र करने के लिए एक पुष्प से दूसरे पुष्प पर भ्रमण करती रहती हैं। इस प्रकार परागकण मधुमक्खी के पैरों में बने विशेष प्रकार की परागथैली में एकत्र हो जाते हैं कुछ परागकण मधुमक्खी के बालों में चिपककर भी दूसरे पुष्पों तक पहुँचते हैं। इस प्रकार मधुमक्खी परागण में विशेष रूप से सहायक होती है। स्पष्ट है कि मधुमक्खी पुष्प के किसी भाग को क्षतिग्रस्त नहीं करती है तथा परागण में सहायक होती है। इस प्रकार मधुमक्खियाँ उपज को बढ़ाने में अप्रत्यक्ष रूप से अत्यधिक सहायक है। कुछ फसलें ऐसी भी हैं जिनमें मधुमक्ख्याँ 30–50 प्रतिशत तक उपज में वृद्धि करती हैं। मधुमक्खियों द्वारा फलोत्पादन एवं सब्जी बीज उत्पादन में वृद्धि क्रमशाः तालिका 20.2 व 20.3 में वर्णित है।

तालिका 20.2: मधुमक्खियों द्वारा फलोत्पादन में वृद्धि

फसल	फलोत्पादन में वृद्धि (%)	वजन में वृद्धि (%)	आकार में वृद्धि (%) (लम्बाई, ब्यास)
सेब	10	33	15, 10
आडू	22	44	29, 23
पुलम	13	39	11,14
लीची	26.8	54.3	—

तालिका 20.3: मधुमक्खियों द्वारा सब्जी बीज उत्पादन में वृद्धि

फसल	फली में वृद्धि (%)	बीज संख्या में वृद्धि (%)	बीज उपज में वृद्धि (%)
पत्ता गोभी	28	35	40
फूल गोभी	24	34	37
मूली	23	24	34
प्याज	–	90.47	83.81
गाजर	–	–	5 गुना

उपरोक्त तालिकाओं से स्पष्ट है कि फलोत्पादन एवं सब्जी बीज उत्पादन को बढ़ाने में मधुमक्खियाँ अप्रत्यक्ष रूप से अत्यधिक सहायक है। अतएव, फलोत्पादन एवं सब्जी बीज उत्पादन में मधुमक्खियों का प्रयोग अत्यन्त आवश्यक है।

मौन वंशों का विभिन्न मौसमों में प्रबंधन

1. गर्मी के मौसम में

- अत्यधिक गर्मी की स्थिति में गृहों को छाया में रखने का प्रबंध करना चाहिए तथा उन्हें भीगे हुए बोरे से ढ़ककर रखना चाहिए।
- स्टैंड की प्याली में प्रतिदिन स्वच्छ पानी डालना चाहिए।
- यदि फूलों की कमी हो तो कृत्रिम भोजन देना चाहिए। इसके लिए चीनी का घोल (एक भाग चीनी एवं एक भाग पानी) दें।
- गर्म हवा से बचाव के लिए घास–फूस की बाड़ लगायी जा सकती है।

2. बरसात के मौसम में

- मधुमक्खी गृहों को नमीमुक्त स्थान पर रखना चाहिए।
- गृहों को उपर से किसी प्रकार ढ़ककर उन्हें सुरक्षित किया जा सकता है।
- यदि फूलों की कमी हो तो कृत्रिम भोजन देना चाहिए
- कमजोर वंशों को आपस में मिलाकर उन्हें शक्तिशाली बना देना चाहिए।

3. सर्दी के मौसम में

- कमजोर वंशों को आपस में मिलाकर उन्हें शक्तिशाली बना देना चहिए।
- गृहों को घास–फूस या थर्माकोल आदि से ढ़क देना चाहिए।
- यदि फूलों की कमी हो तो कृत्रिम भोजन देना चाहिए।

- कृत्रिम भोजन जैसे चीनी का गाढ़ा घोल देना चाहिए। इसके लिए दो भाग चीनी एवं एक भाग पानी का प्रयोग करें।
- अत्यधिक सर्दी की अवस्था में मौन गृहों को नहीं खोलना चाहिए।

मधुमक्खियों में बीमारियां तथा अन्य शत्रु

मधुमक्खियों में बीमारियाँ मुख्यतः शिशु अवस्था में पायी जाती हैं। इनमें फाउल ब्रूड, सैक ब्रूड तथा नोजीमा प्रमुख हैं।

1. फाउल ब्रूड : यह जीवाणुओं द्वारा होने वाला रोग है। मधुमक्खियों में कई प्रकार के फाउल ब्रूड रोग लगते हैं जैसे अमेरिकन फाउल ब्रूड, यूरोपियन फाउल ब्रूड इत्यादि। इस रोग का मुख्य कारक बैसिलस जीवाणु होता है। रोग ग्रस्त शिशुओं के शरीर से सड़ी मछली या ऐसिटिक अम्ल जैसी दुर्गन्ध आती है। जहाँ अमेरिकन फाउल ब्रूड बीमारी में शिशु विकास की अन्तिम अवस्था अर्थात प्यूपा अवस्था में मरते हैं वहीं यूरोपियन फाउल ब्रूड बीमारी से ग्रस्त शिशु 4–5 दिन की अवस्था में ही मर जाते हैं।
2. सैक ब्रूड रोग : यह वायरस जनित रोग है जिसका प्रकोप भारतीय मक्खियों में प्रमुखता से पाया जाता है। इटेलियन प्रजाति इस रोग से लगभग मुक्त है। इस रोग से ग्रस्त लार्वे अपने विकास की अंतिम अवस्था में अपने कोष्ठकों में मृत मिलती है। ऐसी लार्वा का नीचे का भाग फूल कर थैली जैसा बन जाता है। मरी हुयी लार्वा के शरीर से कोई गन्ध नहीं आती है।
3. नोजीमा रोग : यह रोग एक विशेष प्रोटोजोआ, नोजीमा एपिस के द्वारा होता है। रोग केवल वयस्क मक्खियों में लगता है। रोग ग्रस्त मक्खियों का पेट फूल जाता है व उन्हें पेचिस हो जाती है। इस रोग से ग्रस्त मक्खियाँ गृहों के सामने मरते हुई देखी जा सकती है।
4. माइट द्वारा उत्पन्न रोगः मधुमक्खियों में मुख्यतः यह रोग ऐकेरेपिस बुडी तथा बरोआ जैवकसोनी नामक माइट से लगते हैं। सूक्ष्म माइटें शिशु तथा प्रौढ़ मधुमक्खी का रक्त चूसते हैं फलस्वरुप माइट ग्रसित मक्खियों की मौत हो जाती है। माइट ग्रस्त मक्खियों का पंख "ड्ग" के आकार का हो जाता है तथा ऐसी मक्खियों को मौन गृह के सामने रेंगते हुए देखा जा सकता है।

नियंत्रण

1. रोग ग्रस्त फ्रेमों को मौन गृह से अलग कर देना चाहिए तथा मौन गृह के खाली स्थानों को फार्मिक ऐसिड या फार्मलिन से उपचारित करना चाहिए।

2. रोग बढ़ने की अवस्था में रोग ग्रस्त वंशो को नष्ट करके छत्तों को जला देना चाहिए।
3. सल्फर पाउडर 200 मि.ग्रा./फ्रेमों की दर का बुरकाव फ्रेमो के ऊपर करने से माइट को नियंत्रित किया जा सकता है।
4. जीवाणु जनित रोगों से बचाने हेतु एन्टीबायोटिक औषधि जैसे टेरामाइसिन 250–400 मिश्रण को 1 लीटर चीनी के शर्बत में मिलाकर देना लाभप्रद होता है।

अन्य शत्रु

1. मोमी पतंगा : इसे वैज्ञानिक भाषा में गैलोनेला कहते हैं। पुराने फ्रेमों में जिनका रंग लगभग काला पड़ जाता है, में इसकी सुंडियां सुरंग बनाकर खाती है। ये सुंडियां छत्तों में उपस्थित अंडो तथा शिशुओं को नष्ट कर देती हैं। इस पतंगे का प्रकोप बरसात या नमी की अवस्था में ज्यादा होता है।
2. बर्रे : प्रायः इनका प्रकोप गर्मी व बरसात ऋतु में होता है विभिन्न प्रकार के बर्रें मधुमक्खियों को उनके मौन गृह से ही उठा लेते हैं तथा उनको मार डालते है, इनमें वेस्पा ओरेरिया व वेस्पा ओरियेन्टेलिस प्रमुख है।
3. चिड़िया व जंगली पशु : चिड़िया व जंगली पशु भी मधुमक्खियों को उनके मौन गृह या बाहर से भी उठा लेते हैं तथा उनको अपना भोजन बनाते है या मार डालते है।

नियंत्रण

1. मधुमक्खी वंशो को कमजोर न होने दे।
2. पुराने फ्रेमों को नियमित अन्तराल पर नये फ्रेमों से बदलते रहें।
3. मोमी पतंगे के आक्रमण की स्थिति में गृह को 180 ग्राम सल्फर से प्रधुमित करना चाहिए।
4. मोमी पतंगे से ग्रस्त छत्तों को 1/2 घंटा धूप में रखने से भी उसकी सुड़ियां बाहर निकल जाती है, जिन्हें आसानी से इकट्ठा कर मारा जा सकता है।
5. बर्रों को प्रायः किसी लकड़ी के फट्टे से मारा जा सकता है।
6. बर्र जाल के प्रयोग से भी इन्हें कुछ हद तक नियंत्रित कर सकते है।

❑❑❑

परिशिष्ट—1

सफलता की कहानीः नालन्दा में सफल एवं लाभदायक जैविक कृषि

जैविक कृषि न केवल गुणकारी है, अपितु एक लाभकारी कृषि भी है, इसका प्रत्यक्षीकरण एवं प्रकटीकरण नालन्दा जिला के विभिन्न ग्रामों मे कृषि विज्ञान केन्द्र, हरनौत (नालन्दा) के वैज्ञानिकों ने किया है। जिससे नालन्दा जिले मे जैविक कृषि का क्षेत्रफल 14 हेक्टेयर से बढ़ कर चार हजार हेक्टेयर हो गया है। नालन्दा जिला के विभिन्न गाँवों जैसे सोहडीह, आशानगर, बबुरवरना, सरदार बिगहा, प्रेमन बिगहा, जुनैदी, इत्यादि में बड़े पैमाने पर विभिन्न फसलों की कृषि खासकर, सब्जी की कृषि होती आ रही थी। उपरोक्त विभिन्न गाँवो में रसायनिक खाद, कीटनाशी एवं फफूंदनाशी इत्यादि क प्रयोग बड़े पैमाने पर करते आ रहे थे। जिसके कारण न केवल सब्जी का लागत मूल्य बढ़ता जा रहा था, बल्कि सब्जी की गुणवता के साथ—साथ विपणन मे भी समस्या हो रही थी। फलस्वरूप किसानों को सब्जी की कृषि से लाभ घटता जा रहा था।

वर्ष 2003 में राजेंद्र कृषि विश्वविद्यालय के कीट विभाग मे आई.सी.ए.आर., नई दिल्ली, द्वारा संपोषित नेट वर्क प्रोजेक्ट पेस्टीसाइड अवशेष जांच प्रयोगशाला में नालन्दा जिला के सोहडीह, आशानगर, रामडीहा, एवं सोहसराय के किसानों जैसे श्री अरूण कुमार, श्री अवधेश प्रसाद, श्री गिरीश प्रसाद, श्री जितन प्रसाद, श्री अजय कुमार, श्री संतोष कुमार, श्री सुरेश कुमार, श्री धर्मेंद्र कुमार, श्री शिवकुमार, श्री अरविंद कुमार इत्यादि के विभिन्न सब्जियों जैसे आलू, फूलगोभी, बैगन, मिर्च, भिंडी, कद्दू इत्यादि सब्जी के नमूनों की जाँच कीट विभाग राजेन्द्र कृषि विश्वविद्यालय पूसा मे किया गया, जिसमें लगभग 64.75 प्रतिशत नमूनों को कीटनाशकों के प्रभाव से प्रदूषित पाया गया तथा शेष नमूनों में इथियोन की मात्रा 3.416 से 5.064 मि.ली. प्रति किलो ग्राम पाई गई, जो वैज्ञानिक दृष्टिकोण से अनुशंसित मान्य स्तर से कई गुना ज्यादा थी। जो सब्जी उपभोक्ताओं के लिये भी अस्वस्थकर थी। साथ ही साथ सब्जियों को केवल नजदीक के बाजार मे बेचा जाता था जिससे सब्जी उत्पादकों का लाभ सीमित था।

उपरोक्त समस्याओं को ध्यान में रखते हुए कृषि विज्ञान केन्द्र, हरनौत, नालंदा के द्वारा सब से पहले बिहार शरीफ के प्रखंड सोहडीह एवं आशानगर, के गाँवो को जैविक सब्जी उत्पादन के लिये चयन किया गया। इन दोनो गाँवो के कृषकों के लिये जैविक कृषि से संबंधित विभिन्न तकनीकी पहलुओं पर जैसे बीजोपचार, समेकित पोषक तत्व प्रबंधन, समेकित कीट—व्याधि प्रबंधन, जैवउर्वरक, जैविक कीटनाशी एवं फफूँदनाशी के प्रयोग एवं लाभ के बारे में किसानों को विभिन्न कार्यक्रम जैसे प्रशिक्षण, अग्रिमपंक्ति प्रत्यक्षण, किसान गोष्ठी, किसान चौपाल, एवं कृषि विभाग, बिहार सरकार द्वारा चलाये गये प्रशिक्षण मे कृ

षि विज्ञान केन्द्र, हरनौत (नालन्दा) के वैज्ञानिकों ने सहयोग किया। इसके बाद सोहडीह में लगभग 265 किसानों को आत्मा, नालंदा के द्वारा "शेरे बिहार फार्मस समूह"के नाम से पंजीयन कराया गया, जिसमें कृषि विज्ञान केंद्र, हरनौत (नालन्दा) के द्वारा समूह के किसानों को जैविक कृषि के विभिन्न पहलुओं की वैज्ञानिक जानकारी दी गई।

"शेरे बिहार कृषक समूह"से जुड़े कृषकों के समुह को कृषि विज्ञान केंद्र, हरनौत नालंदा द्वारा किसानों को वर्मीकंपोस्ट के उत्पादन एवं प्रयोग का विस्तृत प्रशिक्षण दिया गया। साथ ही साथ कृषि विभाग, बिहार सरकार के द्वारा अनुदानित दर पर वर्मी कंपोस्ट इकाई का निर्माण समूह से जुड़े कृषकों को उपलब्ध कराया गया तथा कृषि में इसका भरपूर उपयोग किया गया और लगभग 320 वर्मीकंपोस्ट इकाई लगाया गया। जिससे वार्षिक उत्पादन लगभग 2500 टन प्रति वर्ष प्राप्त कर खेतों में उपयोग किया गया। जिसके कारण सब्जी की गुणवत्ता में सुधार होने के साथ–साथ सब्जी की सुरक्षा अवधि मे भी सुधार हुआ। समूह से जुड़े किसानों के खेतों की मिट्टी की उर्वरता का स्तर जानने के उद्देश्य से कृषि विज्ञान केन्द्र, हरनौत (नालंदा) द्वारा वर्ष 2013 में सोहडीह और आशानगर गाँवों की मिट्टी के नमूने की जांच की गयी। जिसमें आर्गेनिक कार्बन, नत्रजन, स्फुर और पोटाश, इत्यादि की मात्रा क्रमशः 0.63 प्रतिशत, 328 किलो ग्राम प्रति हेक्टेयर 42.6 किलो ग्राम प्रति हेक्टेयर और 317 किलो ग्राम प्रति हेक्टेयर जबकि 2010–11 में आर्गेनिक कार्बन, नत्रजन, स्फुर, पोटाश इत्यादि की मात्रा क्रमशः 0.591 प्रतिशत, 315 किलो ग्राम प्रति हेक्टेयर, 38.9 किलो ग्राम प्रति हेक्टेयर, एवं 305 किलो ग्रामप्रति हेक्टेयर थी। तालिका 1 में मिट्टी की औसत उर्वरता का स्तर दर्शाया गया है। चित्र 1 में जैविक कृषि का निरीक्षण करते हुए माननीय श्री नीतीश कुमार जी दिखाई दे रहे हैं एवं चित्र 2 में जैविक कृषि द्वारा उत्पादित पत्ता गोभी दर्शाई गई है।

तालिका 1: मिट्टी की औसत उर्वरता का स्तर

विवरण	जैविक कार्बन (प्रतिशत में)	उपलब्ध नत्रजन (किलो ग्राम प्रति हेक्टेयर)	उपलब्ध स्फुर (किलो ग्राम प्रति हेक्टेयर)	उपलब्ध पोटाश (किलो ग्राम प्रति हेक्टेयर)
मृदास्तर (2010-11)	0.591	315.0	38.9	305.0
मृदास्तर (2013-14)	0.636	328.0	42.6	317.0

चित्र 1: मानानीय मुख्यमंत्री श्री नीतीश कुमार जी द्वारा जैविक उत्पादो का निरीक्षण

चित्र 2: जैविक कृषि द्वारा उत्पादित पत्ता गोभी

"शेरे बिहार कृषक समूह" से जुड़े कृषकों को कृषि विज्ञान केंद्र, नालंदा एवं कृषि विभाग, नालंदा के सहयोग से जैविक प्रमाणीकरण एजेंसी ECOCERT के द्वारा जैविक कृषि का प्रमाणीकरण स्तर सी 0–3 के रूप मे वर्ष 2013 में दिया गया जो जैविक उत्पाद को जैविक रूप से प्रमाणित करता है। इस प्रकार ग्राम सोहडीह, एवं आज्ञानगर के किसान न केवल अपने जिले बल्कि राज्य के बाहर भी जैविक सब्जी उत्पादन के लिये प्रेरणा स्रोत बने हुए हैं। जैविक कृषि से जुड़े "शेरे बिहार कृषक समूह" के किसानों का सब्जी उत्पादों जैसे आलू, फूल गोभी, प्याज, करेला एवं कद्दू इत्यादि की औसत उत्पादकता एवं सापेक्षिक लाभ प्रति हेक्टेयर तालिका 2 में वर्णित हैं।

तालिका 2: जैविक कृषि द्वारा सब्जी उत्पादों औसत उत्पादकता एवं सापेक्षिक लाभ (प्रति हे०)

जैविक सब्जी के प्रकार	किसानों की सं0	क्षेत्रफल (हेक्टेयर में)	औसत उत्पादन (कि. प्रति हे.)	सापेक्षिक लाभ (रू प्रति हे. में)
आलू	265	200	480	32000
फूलगोभी	265	105	640	160000
प्याज	265	120	576	180000
करैला	265	40	640	192000
कद्दू	265	40	950	189000

ECOCERT एजेंसी से जैविक उत्पादों का प्रमाणीकरण के उपरांत, उपरोक्त समूह के किसान की न केवल राज्य के अंदर विभिन्न सब्जियों की मांग बढ़ी है, बल्कि राज्य के बाहर महाराष्ट्र, झारखंड, पश्चिम बंगाल, मध्य प्रदेश इत्यादि मे अधिक मूल्य पर सब्जी भेजी जा रही है। इसके अतिरिक्त, मध्य पूर्व के देशों में भी उपरोक्त समूह के सब्जियों की माँग के आधार पर आपूर्ति की जा रही है। इसी प्रकार कृषि विज्ञान केन्द्र, हरनौत (नालंदा) के द्वारा जुनैदी, प्रेमन बिगहा, रामडीहा, सोहसराय, सरदार बिगहा, द्वारिका बिगहा, जोरारपुर, कल्याण बिगहा, नेहुसा, छतियाना, मुढ़ारी, नगरनौसा, मीराचक इत्यादि गाँवों में भी कृषकों

के समूह को जैविक कृषि के विभिन्न पहलुओं पर प्रशिक्षण, प्रत्यक्षण इत्यादि एवं जैविक कृषि हेतु सरकारी योजनओं का लाभ लेने के कारण आज नालन्दा जिले में जैविक कृषि का क्षेत्रफल 4000 हे0 (चार हजार हेक्टेयर) हो गया है, जबकि 2010–11 मे यहाँ पर मात्र 14 हे0 भूमि पर ही जैविक कृषि की जाती थी। इस प्रकार कृषि विज्ञान केंद्र, हरनौत (नालन्दा) अपने जिले के किसानों के उत्थान हेतु सतत् प्रयत्नशील हैं। चित्र 3 यह दर्शाता है कि ग्राम सोहडीह पूर्णतः जैविक कृषि ग्राम है और चित्र 4 में जैविक विधि से उत्पादित आलू दर्शाया गया है।

चित्र 3: जैविक कृषि ग्रामः सोहडीह

चित्र 4: जैविक आलू

परिशिष्ट–2

सफलता का मूल मंत्र जैविक कृषि – श्री बदिया की जुबानी

झाबुआ मध्यप्रदेश के पश्चिम में स्थित आदिवासी बाहुल्य जिला है। जिसमें भील, भिलाला एवं पटलिया समुदाय निवास करता है। जिनकी जिले में जनसंख्या 87 प्रतिशत है। ये अपने रीतिरिवाजों, परम्पराओं के प्रति काफी दृढ़ रहते हैं। जीवन यापन का मुख्य स्रोत कृषि ही है। मृदा की कम उर्वरता, असमतलता, असिंचित होना, एव नवीन कृषिगत तकनीकियों की जानकारी का अभाव, पारम्परिक बीज का उपयोग, साक्षरता की कमी आदि कारणों से उत्पादन कम होकर आर्थिक स्तर काफी नीचे है। आदिवासी कृषक पारम्परिक ज्ञान का उपयोग कर नवीन तकनीकियों से सामंजस्य कर आगे बढ़ रहे हैं। विकास खंड मेघनगर के ग्राम हत्यादेहली के झोसलीफलिया के आदिवासी कृषक श्री बदिया पिता राय सिंह डामोर ने जैविक खेती का अभूतपूर्व उदाहरण प्रस्तुत किया है। श्री बदिया के श्री मुख से जैविक कृषि की सफलता की कहानी यहाँ प्रस्तुत है–

मैं अभी तक जो खेती करता था उससे आय तो होती थी, लेकिन मेरे परिवार की आवश्यकता के लिये कुछ भी नहीं बचता था। और न ही मैं अपनी मूलभूत आवश्यकता को ठीक ढंग से पूरी कर पाता था। कृषि से प्राप्त होने वाली सारी आय कृषि कार्य हेतु व्यापारियों से लिये गये कर्ज को उतारने में चली जाती थी। ऐसी स्थिति में मैंने कृषि छोड़ने का निर्णय ले लिया था। क्योंकि यदि मैं आगे भी इसी प्रकार खेती करता रहता तो मुझ पर कर्ज और बढ़ता जाता। मुझे कृषि करने हेतु खाद, बीज एवं कीटनाशकों के लिये व्यापारियों पर निर्भर रहना पड़ता था। व्यापारियों द्वारा खाद, बीज एंव कीटनाशक उच्च ब्याज दर पर प्रदान किये जाते थे और उस पर भी यदि मौसम साथ न दे तो हालात बद से बदतर हो जाते थे। जिससे कर्ज सतत बना रहने की आशंका रहती थी। इन सब बातों को ध्यान में रखते हुए ही मैंने कृषि को त्यागने का मन बना लिया था। और इसी विचार से मे चिंतित रहने लगा था। जिसका असर मेरे स्वास्थ्य एवं व्यवहार पर भी होने लगा था। लेकिन एक बार ग्राम में आयोजित हो रही बैठक में शामिल होने के बाद मैनें कृषि को लाभ का व्यवसाय बनाने का निर्णय लिया और आज मेरी कृषि मेरे और मेरे परिवार के लिये एक लाभ का व्यवसाय बन गई है। बदिया भाई आगे अपने अनुभवों को बताते हुए कहते हैं कि वर्ष 2015 में, मैं संस्था आई जी एस एस एस के द्वारा आयोजित बैठक का हिस्सा बना तो मुझे पता चला कि मेरी कृषि भी लाभ का व्यवसाय बन सकती है। बस इसके लिये हमें हमारी कृषि पद्धति में हमारे पूर्वजों का जो जैविक कृषि का ज्ञान था उसे अपनाना होगा क्योंकि हमारे पूर्वजों के ऊपर कभी भी कृषि का कर्ज नहीं था। और न ही कभी हमारे पूर्वज खाद, बीज एवं कीटनाशकों के लिये बाजार जाते थे। वे केवल अपने पास उपलब्ध

संसाधनों का ही उपयोग करते थे। बस उसी दिन से मैनें भी जैविक कृषि करने का संकल्प लिया और ग्राम के कृषक क्लब का सदस्य बन गया। और बैठकों एवं प्रशिक्षण के माध्यम से कृषि को लाभ का व्यवसाय बनाने हेतु अपने ज्ञान को बढ़ाता गया और इस पर कार्य करना आरम्भ कर दिया।

सर्वप्रथम मैंने परियोजना दल के साथ मिलकर कृषि विभाग के वित्तीय सहयोग से वर्मीपिट का निर्माण कर कम्पोस्ट खाद तैयार किया और उसका उपयोग करने लगा जिससे मेरी रसायनिक उर्वरक की खपत कम होने लगी तथा मेरी उस पर से निर्भरता भी कम होने लगी, साथ ही साथ प्रति मौसम रसायनिक खाद पर प्रति एकड़ लगने वाली लागत में रुपये 2000 से 2500 की बचत होने लगी, और मैं खाद उपयोग करने हेतु आत्मनिर्भर होने लगा।

इसके पश्चात मैंने जैविक कीटनाशक का निर्माण प्रारम्भ किया जिससे भी मेरी प्रति मौसम रुपये 2000 से 3000 की बचत होने लगी। मुझमें धीरे धीरे आत्म विश्वास बढ़ने लगा और मैं इस कार्य को और लगन से करने लगा। खेतों की खरपतवारों की निराई हेतु हमारे कृषक क्लब एवं बीज समिति के सदस्यों ने मिलकर आपसी सहयोग से कार्य करने की पारम्परिक प्रथा हलमा को पुनः जीवित कर हलमा से निराई कार्य किया। जिससे सभी कृषकों द्वारा रसायनिक खरपतवार नाशक दवाई का उपयोग न करने से लागत में रुपये 1500–2000 तक की बचत हुई। इसके बाद केवल बीज ही बचता था, जिसके लिये हमें बाजार पर निर्भर रहना था। लेकिन बीज समिति के भाइयों के सहयोग से हमने बीजो का संरक्षण एवं संग्रहण करना सीख लिया और हम बीज पर भी आत्मनिर्भर हो गये। इस प्रकार प्रति एकड़ बीज पर होने वाला 2000 से 3000 रूपये व्यय बचने लगा और मेरी कृषि धीरे धीरे लाभ का व्यवसाय बनने लगी। मैं निरन्तर इस पर कार्य कर रहा हूँ। और अब मुझे पहले

की तुलना में अधिक कर्ज रहित आय प्राप्त हो रही है। मेरे क्षेत्र नें लोग मुझे एक उन्नत जैविक कृषक के रूप में जानने लगे हैं और वे मुझसे सलाह भी लेनें आते हैं। मुझसे सलाह लेने आने वाले लोग मेरे खेत को अवश्य देखते हैं। मेरी खेत की मिट्टी एवं उपज में आये परिवर्तनों को देखकर वे भी जैविक खेती करने हेतु प्रोत्साहित हो रहे हैं।

अब मैं जल के संरक्षण हेतु, खेत में बोने की पद्धति में बदलाव कर जल संरक्षण भी कर रहा हूँ। जिससे मौसम की प्रतिकूलता के चलते भी मेरे खेतों मे पर्याप्त नमी बनी रहती है और मेरी उपज भी अच्छी आती है। साथ ही साथ सब्जी उत्पादन कर प्रतिदिन 300 से 500 रूपये तक की नियमित आय भी प्राप्त करता हूँ।

मेरे कार्य को देखते हुये जिला प्रषासन के माध्यम से कृषि विभाग के द्वारा मुझे जैविक कृषक के रूप में सम्मानित किया गया एवं 25000 रूपये की पुरस्कार राशि एवं जैविक कृषक का प्रमाण पत्र प्रदान किया।

परिशिष्ट–3

कृषि एवं लोकजीवन में प्रचलित कहावतें एवं लोकोक्तियाँ

कृषि भारतीय उपमहाद्वीप में जीवन शैली है, यही कारण है कि कृषि एवं कृषक भारतीय समाज के दो मूलभूत स्तम्भ है। आज भी हमारा देश भारत, गांवों का देश है, यही कारण है कि हमारा लोकजीवन कृषि पर ही आधारित है। उत्तम कृषि उत्पादन, कृषक जीवन में खुशहाली का संचार करता है, परन्तु फसल चौपट होने पर उसे मृत्युतुल्य कष्टकारी होता है। जल ही जीवन है, और सूरज ऊर्जा का एक मात्र स्रोत। जलवायु एवं कृषि में अटूट सम्बंध है। कुछ लोग मौसम एवं जलवायु को एक ही समझते हैं, पर वास्तव में मौसम हमारे वातावरण में होने वाले दिन–प्रतिदिन के अस्थायी बदलाव को दर्शाता है, जबकि जलवायु का अर्थ है, मौसम बदलाव की स्पष्ट एवं स्थायी स्थिति जिसका हम पूर्वानुमान लगा सकते हैं।

लोक–कहावतें जनमानस के लिए आलोक स्तम्भ हैं। कहावतें लोक जीवन का नीतिशास्त्र हैं। इनके प्रकाश में हम जीवन के कठिन क्षणों में, लोकानुभव से मार्गदर्शन प्राप्त कर सफलता का मार्ग ढूंढते हैं। इन्हें पढ़कर इनको गढ़ने वालों की सूझबूझ एवं सूक्ष्म पर्यवेक्षण क्षमता पर आश्चर्य होता है। वे सचमुच जीवनदृष्टा थे। सदियों से परम्परागत तरीके से जो हम से कहते आये हैं उसे ही "कहावत" का नाम दिया गया है। "कहावत" शब्द का संधि–विच्छेद है, "कह+आवत यानि कहते आते हैं। इसी क्रम में "लोकोक्ति" शब्द का भी भरपूर प्रयोग होता है, देखा जाय तो "लोकोक्ति" एवं "कहावत" समानार्थक है, क्योकि जब कथन व्यक्ति की लेखकीय सीमाओं से ऊपर उठकर, पीढ़ी दर पीढ़ी अर्जित लोकानुभव तथा लोकज्ञान से परिमार्जित होता जाता है, तब इसका नामकरण "लोकोक्ति" हो जाता है। इस शब्द का संधि–विच्छेद है "लोक+उक्ति" अर्थात लोगों द्वारा कहा हुआ। इस तरह इन लोक कहावतों एवं लोकोक्तियो का कृषि एवं कृषक जीवन में महत्त्वपूर्ण स्थान है।

कृषि ही है सर्वोत्तम व्यवसाय

खेती किसानी का महिमा मंडन निम्न पंक्तियों से स्पष्ट है।

उत्तम खेती मध्यम बान। अधम चाकरी भीख निदान।।

उद्यम एवं व्यवसाय के मामले में सर्वश्रेष्ठ व्यवसाय खेती (कृषि) ही है इसके बाद दूसरे नंबर पर मध्यम कोटि का व्यवसाय वाणिज्य (व्यापार) है एवं नौकरी सबसे अधम है, किन्तु भीख मांगना सबसे निकृष्ट कोटि का व्यवसाय माना गया है।

खेती उत्तम काज है, इहि सम और न होय। खाबे कों सबकों मिलै, खेती कीजे सोय।।

कृषि उत्तम कार्य है, इसके बराबर और कोई कार्य नहीं है। यह सबको भोजन देती है इसलिये खेती करनी चाहिये।

उत्तम खेती आप सेती, मध्यम खेती भाई सेती। निकृट खेती नौकर सेती, बिगड़ गई तो बलाय सेती।।

उत्तम खेती वह है जो स्वयं की जाये (स्वयं द्वारा सेवित हो), मध्यम खेती वह है जो भाई देखे, निकृष्ट खेती वह है जिसे नौकर देखें। जो बला की तरह की जाय वह खेती बिल्कुल बिगड़ जाती है।

जोखिम से भरपूर है कृषि एवं पशुपालन

ठांड़ी खेती, गाभिन गाय। तब जानौं, जब मौं में जाय।

खेत में खड़ी फसल और गाभिन गाय का सुख तभी जानिये जब उनका परिणाम सामने आ जाय। खेत का अन्न और गाय का दूध मुंह में जाने पर ही सुख मानना चाहिये। इसके पूर्व इनके देखने भर का सुख है।

स्वयं करे कृषि कार्य

खेती पाती विनती और घोड़े की तंग

अपने हाथ सँवारिये, चाहे लाख आपके संग

कृषि कार्य, किसी को पत्र लिखना एवं किसी से याचना करना ये सारे कार्य स्वयं से ही करने पर श्रेष्ठ फल की अपेक्षा करनी चाहिए।

खेती धन कौ नास, धनी न होवै पास। खेती धन की आस, धनी जो होवै पास।।

खेती से धन की आशा तभी करनी चाहिये जब कृषि कार्य करने वाला स्वामी (धनी) पास में रहे अर्थात् स्वयं करे। यदि धनी पास में नहीं रहता है तो खेती से प्राप्य धन तो नष्ट हो ही जाता है, साथ में लागत भी नष्ट हो जाती है। इसकी एक अंतर कथा भी है।

नित्तई खेती दूजै गाय, जो ना देखै ऊ की जाय।

नित्य ही खेती और गाय को जो स्वयं नहीं देखते हैं उसकी (खेती या गाय) चली जाती है। अर्थात् कृषि कार्य और गौ सेवा स्वयं करनी चाहिये, दूसरों के भरोसे नहीं।

खेती करै रात घर सोवै, काटै चोर मूंड़ धर रोवै।।

जो खेती करके रात्रि में घर पर सोते हैं– उनकी खेती चोर काट ले जाते हैं, और वह सिर पीटकर रोते हैं इसी को एक अन्य लोकोक्ति में कहा गया है–

खुद करै तौ खेती। नईं तौ बंजर हेती।।

आदी खेती उनकी कहें, जो नित हल के संग रहें। बयें बीज उपजै नईं तहां, जो पूंछें कै हर है कहां।।

असाड़ साउन करी गमतरी, कातिक खाये, पुआ। मांय बहिनियां पूछन लागे, कातिक कित्ता हुआ।।

आषाढ़ और सावन माह में जो गांव गांव में घूमते रहे तथा कार्तिक में पुआ खाते रहे (मौज उड़ाते रहे) वह माँ, बहिनों से पूछते हैं कि कार्तिक की फसल में कितना (अनाज) पैदा हुआ। अर्थात् जो खेती में व्यक्तिगत रुचि नहीं लेते हैं उन्हें कुछ प्राप्त नहीं होता है।

कातिक मास, रात हर जोतौ। टांग पसारें, घर मत सूतौ।।

कार्तिक के मास में खेत तैयार करने के लिये रात्रि में भी हल जोतना चाहिये। (उन दिनों) घर में टांग पसारकर नहीं सोना चाहिये। अर्थात रात–दिन का परिश्रम अपेक्षित हैं।

खेती उनकी कहें, जो हल अपने हांत गहें।

जो स्वयं हल चलाकर खेती करते हैं उन्हें खेती का पूरा लाभ मिलता है। जो हल के साथ रहते हैं किन्तु हल दूसरों से चलवाते हैं उन्हें खेती का आधा लाभ मिलता है। किन्तु जिन्हें हल की स्थिति के बारे में ज्ञान नहीं होता है, उनके यहां खेती निष्फल होती है।

सावन में ससरारी गये, पूस में खाये पुआ। चैत में छैला पूंछत डोलें, तुम्हरें कित्ता हुआ।।

कृषि कार्य के प्रमुख माह सावन में यदि कोई ससुराल जाय और पौष माह में मौज उड़ाता फिरे, तब चैत्र के महीने में वह छैला दूसरों से पूछता फिरता है कि उनके खेतों में कितनी उपज हुई। क्योंकि उसकी उदासीनता के कारण उसके अपने खेत में कुछ भी पैदा नहीं होता है।

खेती तौ थोरी करै, मेहनत करै सवाय। राम चहै बा मनुस खों, टोटौ कभऊन आय।।

जो व्यक्ति भले ही खेती थोड़ी भूमि पर करे किन्तु मेहनत सवाई (आवश्यकता से अधिक) करे ऐसे मनुष्य को कभी टोटा (नुकसान) नहीं होता है।

कृषि एवं सामान्य लोक जीवन में भूमि का महत्त्व

भूमि न भुमियां छोड़िये, बड़ौ भूमि कौ वास। भूमि बिहीनी बेल जो, पल में होत बिनास।।

अपनी जमीन (आधार) नहीं छोड़नी चाहिये। भूमि पर वास का अपना बड़प्पन है। भूमि छोड़ देने वाली बेल का कुछ ही क्षणों में नाश हो जाता है।

कृषि हेतु उचित भूमि का चुनाव

जरयाने उर कांस में, खेत करौ जिन कोय।

बैला दोऊ बैंच कें, करो नौकरी सोय।।

कंटीली झाड़ियों और कांस से युक्त खेत में खेती नहीं करनी चाहिये अन्यथा उससे क्षति होगी। इससे बेहतर है कि दोनों बैल बेचकर नौकरी करें और निश्चिन्त होकर सोवें।

लाभदायक कृषि हेतु हलों की उचित संख्या

एक हर हत्या दो हर काज। तीन हर खेती चार हर राज।।

एक हल की खेती करना फायदेमंद होता है, दो हल की खेती से काम चलाया जा सकता है तीन हल की खेती से किसानी का सुख मिलता है और चार हल की खेती करने वाला राजसी वैभव से रह सकता है।

खेत की जुताई के उचित समय का महत्त्व

कच्चौ खेत न जोतै कोई। नईं तो बीज न अंकुरा होई।।

कच्चा खेत किसी को नहीं जोतना चाहिये अन्यथा बीज अंकुरित नहीं होता है। कच्चे खेत से तात्पर्य फसल बोने के पूर्व की गयी जुताई से है जो कि एक प्रमुख मृदा–संस्कार है।

खेत की जुताई की महिमा

जब सैल टनाटन बाजै, तब चना हो ज्यादे।

चने के खेत को इस प्रकार तैयार किया जाये कि मिट्टी बहुत ज्यादा भुरभुरी ना हो, तभी इसकी पैदावार अच्छी होगी।

वर्षा के पूर्वानुमान के आधार पर फसलों का चुनाव

अक्का कोदों नीम बन, अम्मा मौरें धान। राय करोंदा जूनरी, उपजै अम्ति प्रमान।।

जिस वर्ष अकौआ, कोदों, नीम, कपास, और आम अध्कि फूलें उस वर्ष धान, राय, करोंदा तथा ज्वार अधिक मात्रा में पैदा होते हैं।

मघा पूर्वा लागी जोर, उर्द मूँग सब धरो बहोर।

बऊत बनै तो बैयो, नातर बरा–बरीं कर खैयो।।

मघा तथा पूर्वा नक्षत्र में अधिक वर्षा होने पर कृषि का नाश हो जाता है, ऐसी स्थिति में उड़द तथा मूँग सब हिफाजत से रख लेना चाहिये। बोते बन सके तो बोना, अन्यथा इन्हीं उड़द मूँग की बड़ी–बरा खाकर संतोष कर लेना–क्योंकि अन्य उपज की आशा नहीं है।

माघ मास में हिम परै बिजली चमके जोय। जगत सुखी निश्चय रहै वृष्टि घनेरी होय।।

माघ मास में बिजली चमके और ओले पड़ें तो घनी वर्षा होगी तथा समस्त संसार सुखी रहेगा।

विभन्न फसल एवं पौध/ बीजारोपण की दूरी

हरिन फलांगन काकरी, पेंग, पेंग कपास।जाय कहौ किसान सें, बोबै घनी उखार।।

हिरण की छलांग की दूरी पर ककड़ी बोनी चाहिये, किन्तु कपास कदम–कदम की दूरी पर बोना चाहिये। ऊख को घना बोना चाहिये। ऐसा किसान से जाकर कहना।

वर्षा या पानी का कृषि में महत्त्व

तिरिया रोबै पुरुष बिना, खेती रोवै मेह बिना।।

स्त्री पुरुष के बिना तथा खेती वर्षा के बिना रोती है, अर्थात् बरबाद हो जाती है।

जलप्रबंधन

पानी बरसे बहय न पावे, तब खेती के मजा दिखावे।

यदि वर्षा का जल खेत में ही बना रहे तो उपज काफी अच्छी होती है।

थोड़ा जोते बहुत हींगावै, उचे बॉधे मेंड़।

ऐसे में खेती करै,पैदा होवै खाक।।

यदि थोड़ी सी जुताई करके पाटा चला दिया जाए तथा बिना समतल किये हुए खेत में ऊपरी जमीन पर मेंड़ बाँध दी जाए तो खेत में पानी संग्रहित नहीं हो पाएगा तथा पानी की कमी से फसल की पैदावार अच्छी नहीं होगी।

सिंचाई का महत्त्व

तीन सिंचाई, गन्ने की गोड़, तब देखो गन्ने की पोड़।

गन्ने में सिंचाई एवं गुड़ाई का महत्व बताये हुए कहा गया है कि यदि गन्ने की फसल में समय पर तीन सिंचाई की जाएँ एवं भूमि को अच्छी तरह जोत कर गन्ना लगाया जाए तो अच्छी उपज प्राप्त होगी।

अन्नदात्रि कृषि को आजीविका का सर्वोत्तम साधन माना गया है। कृषि ज्योतिष में वर्षा को बहुत मान्यता दी गयी है, कब किस ग्रह–नक्षत्र में क्या किया जाए कि अच्छी फसल हो, एवं फसल बरबादी न हो। कृषि ज्योतिष चर्चा हो और उसमें घाघ–भड्डरी की बात न हो, ऐसा हो नहीं सकता है। यहाँ तक कि वैज्ञानिक कृषि की मूल अवधारणा में इन दोनों विद्वान महानुभावों का महत्त्वपूर्ण योगदान है, क्योकि दोनों ही अपने ज़माने के जाने हुए ज्योतिषवेत्ता थे एवं इनके (घाघ एवं भड्डरी) द्वारा की गयी भविष्यवाणी, कालान्तर में कहावतें बन कर लोक जीवन, की अमूल्य थाती बन गई हैं।

मौसम विज्ञान, वर्षापात का पूर्वानुमान, बाढ़–सूखा, फसल की पैदावार, आदि की चर्चा होते ही लोग घाघ–भड्डरी की कहावतें एवं लोकोक्ति की चर्चा बरबस करने लगते हैं। इन कहावतों एवं लोकोक्तियों में विविधता के साथ–साथ रोचकता का समुचित समावेश है, जिसके कारण भी जनमानस, रुचिपूर्वक मनोरंजन के साथ वाचन एवं श्रवण करते हैं।

कृषि हेतु सुकाल या अच्छे समय की परिकल्पना

सोम, सुक्र, गुरुवार को पूस अमावस होय। घर–घर बजें बधाइय, दुखी न दीखै कोय।।

यदि पौष माह की अमावस्या, सोमवार गुरुवार या शुक्रवार को हो, तो सुकाल आयेगा, कोई दीन दुखी नहीं होगा और घर–घर बधाइयां बजेंगी।

सूखा पड़ने की संभावना

पंचमि कातिक शुक्ल की जो होवे शनिवार। तो दुकाल भारी पड़े मचि है हा–हा कार।।

कार्तिक शुक्ल पंचमी को यदि शनिवार पड़े तो अकाल पड़ेगा और हाहाकार मचेगा।

सावन में पुरवैया, भादों में पछयाव। हरंवारे हर छांड़कें लरका जाय जिबाव।।

सावन में पूर्व की ओर से (पुरवाई) हवा चले तथा भादों में पश्चिम की ओर से (पछुआ) हवा चले तो अकाल पड़ने की सम्भावना होती है तब किसानों को हल छोडकर बच्चे जीवित रखने का अन्य साधन तलाशना चाहिए।

सावन सुकला सप्तमी, जो गरजै अधिरात। तुम जैयो पिय नालवा, हम जैहैं गुजरात।।

सावन शुक्ला सप्तमी को यदि आधी रात्रि में बादल गरजें तो अकाल पड़ेगा। ऐसी स्थिति में घर में दाना नहीं बचेगा। तब हे! प्रियतम तुम मालवा चले जाना मैं गुजरात चली जाऊंगी।

मेघ करोंटा लै गओ, इन्द्र बांध गओ टेक।
बेर मकोरा यों कहें, मरन न दैहों एक।।

बेर तथा मकोरा कहते हैं कि भले ही बादल करवट ले लें तथा इंद्र टेक बांध लें (न बरसने की जिद करें) किन्तु हम किसी को मरने नहीं देंगे। अर्थात जलसिंचन के अभाव में भी बुन्देलखण्ड की धरती बेर तथा मकोरा पैदा करने में सक्षम है। जिससे मनुष्य के जीवन का गुजारा हो सकता है।

अन्धड़ या आंधी की संभावना

चैत बदी, परमा दिवस, जो आवे रविवार। वायु कोप होवै घनो, सह न सकै भू भार।।

चैत्र कृष्ण प्रतिपदा को रविवार हो तो वायु का भारी कोप होगा अन्धड़ आयेगा और जनजीवन अस्त व्यस्त हो जायेगा।

वर्षा का पूर्वानुमान

फूले कास सकल महि छाई, जेनु वर्षा कृत प्रगाढ़ बढ़ाई।

अर्थात यदि कास में फूल खिलने लगे तो बादलों से घिरे होने के बावजूद भी वर्षा होने की उम्मीद कम होती है।

वर्षा ऋतु में कम बारिश होगी एवं रोहू मछली का भी उत्पादन कम होगा।

औआ बौआ बहे बतास, तब होवे बरखा की आस।

कहने का तात्पर्य यह है कि यदि वर्षा ऋतु में हवा किसी निश्चित दिशा से नहीं बहती है तथा न ही उसकी निश्चित गति हो तो उसका अर्थ है कि वर्षा शीघ्र होने के आसार हैं।

अब जौ चलै पुरवाई, तब जानो बरसा ऋतु आई।

यदि हवा पूर्व दिशा से लगातार बह रही हो तो निश्चित ही बारिश होगी।

सांझें धनुष सकारें मोरा। जे दोनों पानी के बौरा।।

शाम को इन्द्रधनुष का दिखाई देना और प्रातः काल मोर का नाचना– दोनों पानी बरसने के संकेत हैं।

अगहन बदी आठें घटा बिज्जु समेती जोय। तो सावन बरसे भलौ, साख सवाई होय।।

अगहन बदी (कृष्ण पक्ष की) अष्टमी को काले बादलों की घटा हो और बिजली चमके तो सावन में पानी अच्छा बरसेगा और खेती सवाई हो जायेगी।

पुरुवा में जो पछुआ बहै, हंस के नार पुरुष से कहै। वो बरसै जो करै भरता, सबै कहै यह अमिट विचार।।

पुरवाई बहते–बहते अचानक पछुआ बहने लगे, स्त्री हंसकर नर–पुरुष से बात करे तब यह सर्वमान्य विचार है कि वह (बादल) बरसेंगें तथा वह (स्त्री) पति वर लेगी।

माघ में बादर लाली धारै, अब सच जानो पथरा पारै।

यदि 21 जनवरी से 19 फरवरी तक बादलों का रंग लाल दिखाई दें तो यह समझा जाता है कि जल्दी ही ओले पड़ेंगे।

उत्तर उत्तर दैं गयी, हस्तगओ मुख मोरि। भली बिचारी चित्रा, परजा लइ बहोरि।।

उत्तरा और हस्त नक्षत्रों में वर्षा न होने से कृषि कार्य होने में बाधा रही उन्हें चित्रा ही भली लगती है जिसके बरसने से खेती संभल गयी और प्रजा बच गयी

चित्रा बरसें तीन भये, गोंऊ सक्कर मांस। चित्रा बरसें तीन गये, कोदें तिली कपास।।

चित्रा नक्षत्र में बर्षा होने से गेहूं, गन्ना, और दाल में वृद्धि होती है, परंतु कोदों, तिली तथा कपास की फसल नष्ट हो जाती है।

चैत चमक्कै बीजली, बरसै सुदि बैसाख। जेठै सूरज जो तपैं, निष्चै वरसा भाख।।

चैत्र में बिजली चमके, बैशाख के शुक्ल पक्ष में पानी बरसे तथा ज्येष्ठ में सूरज की गर्मी अधिक हो तो निश्चय ही अच्छी बरसात होगी।

चौदस पूनों जेठ की बर्षा बरसें जोय। चौमासौ बरसै नहीं नदियन नीर न होय।।

ज्येष्ठ मास की शुक्ल पक्ष की चतुर्दशी तथा पूर्णिमा को यदि पानी बरसे तो बरसात में पानी नहीं बरसेगा तथा नदियों में पानी नहीं होगा।

लाग मारध दूर वर्षा, दूर मारध लाग वर्षा।

चन्द्रमा के प्रभामण्डल को देखकर भी वर्षा का पूर्वानुमान लगाया जा सकता है। यदि प्रभामण्डल छोटा है तो वर्षा में देर है, यदि प्रभामण्डल बड़ा है तो वर्षा शीघ्र होगी। वास्तव में यह वातावरण में आर्द्रता का द्योतक है फलस्वरूप वर्षा आने की उम्मीद कम होती है।

जे दिन जेठ बहे पुरवाई, ओही दिन सावन धूल उड़ाई।

जेठ के महीने (मध्य मई–मध्य जून) में जितने दिन पूर्व दिशा से वर्षा वाली हवा चलती है, उतने ही दिन सावन महीने में (मध्य जुलाई–मध्य अगस्त) वर्षा नही होती है।

परिशिष्ट–4

आयुर्वेदिक दोहे

पानी में गुड़ डालिए, बीत जाए जब रात!
सुबह छानकर पीजिए, अच्छे हों हालात!!
धनिया की पत्ती मसल, बूँद नैन में डार!
दुखती अँखियां ठीक हों, पल लागे दो–चार!!
ऊर्जा मिलती है बहुत, पिएं गुनगुना नीर!
कब्ज खतम हो पेट की, मिट जाए हर पीर!!
प्रातः काल पानी पिएं, घूंट–घूंट कर आप!
बस दो–तीन गिलास है, हर औषधि का बाप!!
ठंडा पानी पियो मत, करता क्रूर प्रहार!
करे हाजमे का सदा, ये तो बंटाढार!!
भोजन करें धरती पर, अल्थी पल्थी मार!
चबा–चबा कर खाइए, वैद्य न झांकें द्वार!!
प्रातः काल फल रस लो, दुपहर लस्सी–छांछ !
सदा रात में दूध पी, सभी रोग का नाश!!
प्रातः दोपहर लीजिये, जब नियमित आहार!
तीस मिनट की नींद लो, रोग न आवें द्वार!!
भोजन करके रात में, घूमें कदम हजार!
डाक्टर, ओझा, वैद्य का, लुट जाए व्यापार !!
घूंट–घूंट पानी पियो, रहो तनाव से दूर!
एसिडिटी, या मोटापा, होवे चकनाचूर!!
अर्थराइटस या हार्निया, अपेंडिक्स का त्रास!

पानी पीजै बैठकर, कभी न आवें पास!!
रक्तचाप बढने लगे, तब मत सोचो भाय!
सौगंध राम की खाइ के, तुरत छोड दो चाय!!
सुबह खाइये कुवंर–सा, दुपहर यथा नरेश!
भोजन लीजै रात में, जैसे रंक सुरेश!!
देर रात तक जागना, रोगों का जंजाल!
अपच, आँख के रोग सँग, तन भी रहे निढाल!!
दर्द, घाव, फोड़ा, चुभन, सूजन, चोट पिराइ!
बीस मिनट चुंबक धरौ, पिरवा जाइ हराइ!!
सत्तर रोगों को करे, चूना हमसे दूर!
दूर करे ये बाँझपन, सुस्ती अपच हुजूर!!
भोजन करके जोहिए, केवल घंटा डेढ!
पानी इसके बाद पी, ये औषधि का पेड!!
अलसी, तिल, नारियल, घी, सरसों का तेल!
यही खाइए नहीं तो, हार्ट समझिए फेल!
पहला स्थान सेंधा नमक, पहाड़ी नमक सुजान!
श्वेत नमक है सागरी, ये है जहर समान!!
एल्मुनियम के पात्र का, करता जो उपयोग!
आमंत्रित करता सदा, वह अडतालीस रोग!!
फल या मीठा खाइके, तुरत न पीजै नीर!
ये सब छोटी आंत में, बनते विषधर तीर!!
चोकर खाने से सदा, बढती तन की शक्ति!
गेहूँ मोटा पीसिए, दिल में बढ़े विरक्ति!!

रोज मुलहठी चूसिए, कफ बाहर आ जाय!
बने सुरीला कंठ भी, सबको लगत सुहाय!!
भोजन करके खाइए, सौंफ, गुड, अजवाइन!
पत्थर भी पच जायगा, जानै सकल जहान!!
लौकी का रस पीजिए, चोकर युक्त पिसान!
तुलसी, गुड, सेंधा नमक, हृदय रोग निदान!
चैत्र माह में नीम की, पत्ती हर दिन खावे!
ज्वर, डेंगू या मलेरिया, बारह मील भगावे !!
सौ वर्षों तक वह जिए, लेत नाक से सांस!
अल्पकाल जीवें, करें, मुंह से श्वासोच्छ्वास!!
सितम, गर्म जल से कभी, करिये मत स्नान!
घट जाता है आत्मबल, नैनन को नुकसान!!
हृदय रोग से आपको, बचना है श्रीमान!
सुरा, चाय या कोल्ड्रिंक, का मत करिए पान!!
अगर नहावें गरम जल, तन–मन हो कमजोर!
नयन ज्योति कमजोर हो, शक्ति घटे चहुंओर!!
तुलसी का पत्ता करें, यदि हरदम उपयोग!
मिट जाते हर उम्र में, तन में सारे रोग!!
साभार अज्ञात

परिशिष्ट–5

जैविक प्रमाणीकरण संस्थाएं

(1) आई.एम.ओ.प्रा.लि.
नं.–1314 डबल रोड, इन्द्रानगर
बंगलुरु–560 038 (कर्नाटक)
फोन–080–25285883, 25201546
फैक्स–080–25272185
ईमेल–imolnd@gsnl.com

(2) इंडियन ऑरगेनिक सर्टिफिकेशन एजेंसी (इंडोसर्ट)
थोटुयुधम, पोस्ट दृएलूवा
कोचीन– 683 105 (केरल)
फोन– 0484–2630908, 2630909, 2620943

(3) लैकोन क्वालिटी सर्टिफिकेशन प्रा. लि.
चेनाथ्रा, थिपानी
तिरुवाला–689 101 (केरल)
फोन– 0469–2606447
ईमेल–laconindia@sancharnet.in

(4) नेचुरल ऑरगेनिक सर्टिफिकेशन एजेंसी
छत्रपति हाउस, निचली तल
पी.एन.गाडगिल शोरुम के पास
पुणे–411 038 (महाराष्ट्र)
फोन–020–25457869, 56218063
फैक्स–020–25390096
ईमेल–contact@nocaindia.com

(5) वनसर्ट एशिया एग्री सर्टिफिकेशन प्रा. लि.
अग्रसेन फार्म, वाटिका रोड, वाटिका, पोस्ट–टौक
जयपुर–303 905 (राजस्थान)
फोन–0141–2770342
फैक्स–0141–2771101
ईमेल–info@onecertasia.in

(6) ब्यूरो वेरिटास सर्टिफिकेशन इंडिया प्रा. लि.
मारवाह सेंटर, छठी मंजिल
अंसा इंडस्ट्रियल इस्टेट के सामने
कृष्णलाल मारवाह मार्ग
अँधेरी (ईस्ट), मुम्बई–400 072 (महाराष्ट्र)
फोन–022–56956300, 56956311
फैक्स–022– 56956302, 56956310
ईमेल–resinfo@in.burearitas.com

(7) इकोसर्ट सा
सेक्टर–3, एस–613 एवं 4, गेट नं.–102
हिंदुस्तान आवास लि.
वाल्मी वालुज रोड, नक्षत्र वाड़ी
औरंगाबाद –431 002 (महाराष्ट्र)
फोन–0240–2377120, 2376949
फैक्स– 0240–2376866
ईमेल–ecocent@sancharnet.in

(8) एस.जी.एस. इंडिया प्रा. लि.
उद्योग विहार , फेज–II
गुड़गांव–122 015 (हरियाणा)
फैक्स–0124–2399990–98
ईमेल–0124–2399764

(9) कंट्रोल यूनियन सर्टिफिकेशन
समर विले, आठवीं मंजिल
33वी –14वी रोड, जंक्शन, खार (वेस्ट)
मुम्बई–400 052 (महाराष्ट्र)
फोन–022–67255394–95
ईमेल–cuc@controlunion.in; cucindia@ controlunion.in; controlunion@gsnl.com

(10) उत्तरांचल स्टेट ऑरगेनिक सर्टिफिकेशन एजेंसी
12/11 बसंत विहार
देहरादून–248 006 (उत्तरांचल)
फोन–0135–2760861
फैक्स–0135–2760734
ईमेल–ussopca@radiffmail.com

(11) ए.पी.ओ.एफ. ऑरगेनिक सर्टिफिकेशन एजेंसी
प्रथम तल, नौवी क्रास, 5 वी मेन
जयमहल एक्सटैंशन
बंगलूरू–560 046 (कर्नाटक)
फोन– 080–55369888
फैक्स–080–23430155
ईमेल–aocabongolore@yahoo.com.in

(12) राजस्थान ऑरगेनिक सर्टिफिकेशन एजेंसी
पंत कृषि भवन
जयपुर (राजस्थान)

परिशिष्ट–6

राष्ट्रीय एवं क्षेत्रीय जैविक खेती केन्द्र

(1) निदेशक
राष्ट्रीय जैविक खेती केन्द्र
सैक्टर –19, गाजियाबाद–201 002 (उ.प्र.)
फोन– 0120–2764906, 2764212, 2764901
वेबसाइट–www-dacnet.nic.in@http%@@ncof-dacnet-nic-in
ईमेल–nbdc@nic.in
उत्तर प्रदेश, उत्तराखंड, दिल्ली एवं राजस्थान

(2) क्षेत्रीय निदेशक
क्षेत्रीय जैविक खेती केन्द्र
34, दूसरा मेन रोड, हेबल, बापटिस्ट अस्पताल के पास क्नामंगला क्रास
व्हाइट फील्ड होस कोटे रोड, काडुगोदी पोस्ट
बंगलूरू–560 067 (कर्नाटक)
फोन– 080–23330616
ईमेल–biofkk06@nic.in; rcofbg@gmail.com
कर्नाटक, केरल, तमिलनाडू, पांडिचेरी तथा लक्षद्वीप

(3) क्षेत्रीय निदेशक
क्षेत्रीय जैविक खेती केन्द्र
जी ए–144, नीलाद्री विहार , केवी–4 के पास पीओः शैल श्री विहार
भुवनेश्वर–751 007 (उड़ीसा)
फोन– 0674–2721281
ईमेल–biofor04@nic.in
बिहार, उड़ीसा, पश्चिम बंगाल एवं अंडमान निकोबार

(4) क्षेत्रीय निदेशक
क्षेत्रीय जैविक खेती केन्द्र
798, पटेल नगर, सी आइडी कालोनी के सामने
हिसार–125 001 (हरियाणा)
फोन– 01662–242709
ईमेल– biofhr05@nic.in
हरियाणा, हिमाचल प्रदेश, पंजाब, जम्मू एन्ड कश्मीर

(5) क्षेत्रीय निदेशक
क्षेत्रीय जैविक खेती केन्द्र
लांगोल रोड, लैम्फ़लपेट
इंफाल–795 002 (मणिपुर)
फोन– 0385–2422217
ईमेल–biofmm01@nic.in
आसाम, अरुणाचल प्रदेश, मेघालय, मिजोरम, मणिपुर, नागालैंड, त्रिपुरा एवं सिक्किम

(6) क्षेत्रीय निदेशक
क्षेत्रीय जैविक खेती केन्द्र
हीरा भवन–मकान नं.–21, न्यू चुंगी नाका, आधारताल
जबलपुर–482 004 (म.प्र.)
फोन– 0761–2460972
ईमेल– biofmp06@nic.in
मध्य प्रदेश, छत्तीसगढ़ और झारखंड

(7) क्षेत्रीय निदेशक
क्षेत्रीय जैविक खेती केन्द्र
नया सचिवालय भवन, पूर्वी खण्ड, सिविल लाइंस
नागपुर–440 001 (महाराष्ट्र)
फोन– 0712–2561459
ईमेल– biofmh10@nic.in
महाराष्ट्र, आन्ध्र प्रदेश, दादर और नगर हवेली, गुजरात, गोआ, दमन एवं दीव

परिशिष्ट–7

संदर्भ साहित्य

1. जैव उर्वरकः जैविक खेती का महत्वपूर्ण घटकः कृषि विभाग, म.प्र. शासन।
2. जीवाणु खादः किसानों के लिए वरदानः कृषि विज्ञान केन्द्र, रांची।
3. बायोफर्टिलाइजर इन इंडियन एग्रीकल्चरः एफ.ए.आई., नई दिल्ली।
4. विभिन्न जैव उर्वरक/जैविक खाद एवं उसके उपयोग : विस्तार निदेशालय, इ.गा. कृ.वि., रायपुर।
5. यूज ऑफ़ बायोफर्टिलाइजर फॉर हाइयर क्रौप यील्डः विस्तार निदेशालय, भारत सरकार।
6. जैविक खेतीः भा.कृ.अनु.सं., नई दिल्ली।
7. जैविक खेती के प्रमुख सूत्रः भा.कृ.अनु.सं., नई दिल्ली।
8. कीट नियंत्रण के प्राकृतिक उपायः नवधान्य, नई दिल्ली।
9. एकीकृत नाशीजीव प्रबंधनः कृषि विभाग, हिमाचल प्रदेश।
10. रसायनमुक्त खेतीः नवधान्य, नई दिल्ली।
11. धान नैसर्गिक कीट नियंत्रणः कौंसिल फॉर एडवांस्मेंट ऑफ़ पीपल्स एक्शन एण्ड रुरल टैकनोलोजी, नई दिल्ली।
12. नीम उपयोग निर्देशिकाः नवधान्य, नई दिल्ली।
13. खेती दुनियाः के.डी. काम्प्लैक्स गौशाला रोड, पटियाला।
14. जैविक खेती सूचना पत्रः राष्ट्रीय जैविक खेती केन्द्र गाजियाबाद।
15. जैविक खेतीः राष्ट्रीय जैविक खेती केन्द्र, गाजियाबाद।
16. जैविक खादः परिस्थितिक कृषि केन्द्र, गोरखपुर एनवायरन्मेंटल एक्शन ग्रुप, गोरखपुर।
17. राई सरसों एकीकृत नाशीकीट प्रबंधनः राई सरसों अनुसंधान केन्द्र, भरतपुर।
18. इंटीग्रेटेड पेस्ट मैनेजमेंट फारमर्स फील्ड गाइडः डायरेक्टरेट ऑफ़ प्लांट, पोटेक्शन क्वोरेन्टाइन एण्ड स्टोरेज, फरीदाबाद।
19. बायोकन्ट्रोल इन आयलसीड क्राप्सः डायरेक्टरेट ऑफ़ आयलसीड रिसर्च, हैदराबाद।
20. क्राप पेस्ट मैनेजमेंट–दी इन्वारेन्मेंट फ्रेंडली वे, भा.कृ.अनु.सं., नई दिल्ली।

21. जैविक कृषि, आर.के. पाठक, आर.ए. राम व एस.के. शुक्ला।

22. राष्ट्रीय जैविक उत्पादन कार्यक्रम, इण्डिया ऑरगेनिक, वाणिज्य।

23. रिपोर्ट ऑफ़ द वर्किंग ग्रुप ऑन "आर्गेनिक एंड बायो डायनामिक फार्मिंग"। भारत सरकार, योजना आयोग, नई दिल्ली, पृष्ठ 23।

24. रिलेवेंस ऑफ़ आर्गेनिक फार्मिंग इन प्रेजेंट सिनेरियो। लेक्चर इन फार्मर्स ट्रेनिंग प्रोग्राम, आई०सी०ए०आर०–आर०सी०ई० आर०, पटना, पृष्ठ 10।

25. इंटीग्रेटेड आर्गेनिक फार्मिंग मॉडल फॉर एन एकर फार्म प्लाट. टेक्नीकल बुलेटिन न० R-37@PAT-25, आइ० सी० ए० आर० रिसर्च काम्प्लेक्स फॉर ईस्टर्न रीजन, पटना, पृष्ठ 10।

26. जैविक खेती का बढता महत्त्व. कृषि चयनिका, जुलाई–सितम्बर 2001. पृष्ठ 6–7 व 35–37।

27. चैप्टर IX आर्गेनिक फार्मिंग. http//agri-mah-nic-in@agri@eÛtension@html@chap‹-html

28. आर्गेनिक फार्मिंग : पोटेंशियल एंड स्ट्रेटजीज. http//www-icar-org-in

29. वर्मी–कम्पोस्ट। कृषि विज्ञान केंद्र, बिरौली, आर० ए० यू० पूसा, समस्तीपुर. पृष्ठ 88।

30. ए हैंडबुक ऑफ़ आर्गेनिक फार्मिंग। एग्रोबिओस (इंडिय). जोधपुर. पृष्ठ 627।

लेखकों का परिचय

डॉ अनिल कुमार सिंह वर्तमान मे भारतीय कृषि अनुसंधान परिषद के पूर्वी अनुसाधन परिसर पटना मे प्रधान वैज्ञानिक के पद पर कार्यरत है। आपने कृषि स्नातक 1995 में एवं कृषि विज्ञान में डॉक्टरटे आफ फिलासफी की उपाधि 2000 में प्रथम श्रेणी के साथ चंद्रशेखर आजाद कृषि एवं प्रौद्योगिकी विश्वविद्यालय कानपुर से प्राप्त की। डॉ सिंह ने अपना कैरियर कृषि वैज्ञानिक के पद से राष्ट्रीय पादप आनुवंशिक संसाधन ब्यूरो के क्षेत्रीय केंद्र श्रीनगर (जम्मू और कश्मीर) से 2000 मे शुरू किया। 2002 मे राष्ट्रीय पादप आनुवंशिक संसाधन ब्यूरो के मुख्यालय नई दिल्ली स्थान्तरित कर दिये गए। 2006 मे वरिष्ठ वैज्ञानिक के पद पर फसल अनुसंधान कार्यक्रम पूसा बिहार आ गए एवं प्रभारी प्रमुख के रूप मे योगदान दिया। डॉ सिंह विगत 18 वर्षो से कृषि शोध से जुड़े हुए हैं। वैज्ञानिक के रूप मे डॉ सिंह को प्राकृतिक संसाधन संरक्षण प्रौद्योगिकी, पोषक तत्व प्रबंधन, फसल प्रणाली, परिष्कृत कृषि तकनीक विकास, एकीकृत कृषि प्रणाली, वर्षा आधारित चावल फसल उत्पादन प्रणाली पर काम का अनुभव प्राप्त है। इन्होने बाकला की दो प्रजातियों स्वर्ण सुरक्षा (वारानी क्षेत्रो के लिए) एवं स्वर्ण गौरव (सिंचित क्षेत्रो के लिए) का विकास किया। डॉ सिहं ने अब तक 30 अनुसंधान परियोजनाओं का सफलतापूर्वक संचालन किया है। डॉ सिंह के अब तक 300 से अधिक प्रकाशन हो चुके हैं जिसमे 8 पुस्तकें तथा 140 शोध पत्रो का प्रकाशन अन्तर्राष्ट्रीय व राष्ट्रीय शोध पत्रिकाओ में हो चुका है। "जर्नल आफ एग्रीसर्च" के संस्थापक प्रधान संपादक हैं एवं "अक्षय खेती" के संस्थापक प्रधान संपादक थे, 2014 में नेशनल एकेडमी ऑफ एग्रीकल्चरल साइंसेज, नई दिल्ली ने एवं इंडियन सोसाइटी ऑफ एग्रोनोमी, नई दिल्ली ने 2012 ने एसोसिएटशिप प्रदान किया। हिन्दी मे मौलिक पुस्तक लेखन के लिए वर्ष 2017 का राज भाषा गौरव (तृतीय) पुरस्कार "वैदिक कृषि का वैज्ञानिक स्वरूप जैव गतिशील कृषि" पुस्तक को प्रदान किया गया है। अक्षय खेती को हिन्दी मे उत्कृष्ट कृषि पत्रिका हेतु भारतीय कृषि अनुसंधान परिषद द्वारा गणेश शंकर विद्यार्थी का प्रथम पुरस्कार वर्ष 2014–15 के लिया दिया गया। अन्य पुरस्कारों में राष्ट्रीय गौरव पुरस्कार (2013) एवं युवा वैज्ञानिक पुरस्कार (2011) प्रमुख हैं।

डॉ अजय कुमार सिंह वर्तमान मे बिहार कृषि विश्वविद्यालय, सबौर के कुलपति के पद पर कार्यरत होकर कृषि विज्ञान एवं कृषि के उन्नत्ति के लिए कार्यशील हैं। परास्नातक एवं डॉक्टरेट आफ फिलासफी की उपाधि सस्य विज्ञान मे वर्ष 1978 और 1981 के दौरान भारतीय कृषि अनुसंधान संस्थान, नई दिल्ली से प्रथम श्रेणी में प्राप्त की। डॉ सिंह ने बतौर जूनियर वैज्ञानिक–सह–सहायक प्रोफेसर से अपने कैरियर का श्रीगणेश नवंबर 1981 में बिहार कृषि कॉलेज, सबौर, बिहार में दियारा भूमि सुधार पर अखिल भारतीय समन्वय अनुसंधान परियोजना के तहत किया। 1990 में डॉ सिंह को वरिष्ठ वैज्ञानिक–सह–एसोसिएट प्रोफेसर के रूप में राजेंद्र कृषि विश्वविद्यालय, पूसा में स्थानांतरित किया गया। वर्ष 1998 में डॉ सिंह प्रधान वैज्ञानिक, फार्मिंग सिस्टम रिसर्च के लिए परियोजना निदेशालय, मोदीपुरम के रूप में शामिल हुये। 2005 में, डॉ सिंह ने क्षेत्रीय समन्वयक, जोन–दो के पद पर रहते हुए 56 कृषि विज्ञान केंद्रों की निगरानी मूल्यांकन

और मार्गदर्शन किया। आई सी ए आर–कृषि प्रौद्योगिकी अनुप्रयोग अनुसंधान संस्थान, कोलकाता के निदेशक के रूप में, डॉ सिंह ने 83 केवीके के प्रदर्शन को नई ऊंचाई तक पहुंचाया। डॉ सिंह ने देश मे कृषि उन्नयन हेतु कई विदेश यात्रायें की। डॉ अजय कुमार सिंह ने कई विश्वविद्यालयों आईसीएआर संस्थानों के आईआरसी सचिव, प्रबंधन बोर्ड में सदस्य, नोडल अधिकारी, सह–सदस्य के तौर पर कार्य किया। प्रमुख संगठनों में कलकत्ता विश्वविद्यालय, आर के एम विवेकानंद विश्वविद्यालय, बिरसा कृषि विश्वविद्यालय, नरेंद्र देव कृषि और प्रौद्योगिकी विश्वविद्यालय, शामिल हैं। आप इंडियन सोसायटी ऑफ एग्रोनोमी के काउन्सलर रहे और एग्रोनोमी डाइजेस्ट के संपादक के रूप में भी काम किया। डॉ सिंह ने 6 बाह्य रूप से वित्त पोषित बहु–अनुशांसनात्मक परियोजनाओं को पी आई आरै सह–पी आई के रूप में प्रबंधित किया। आपने 101 शोध पत्र, 73 तकनीकी बुलेटिन और लोकप्रिय लेख, 171 सम्मेलन की कार्यवाही और 02 अनुदेश मैनुअल का प्रकाशन किया हैं। आपने 1 पेटेंट के साथ 1 पुस्तक, 43 पुस्तक अध्याय और मैनुअल को भी संपादित किया है। डॉ सिंह इंडियन सोसाइटी ऑफ एग्रोनोमी, इंडियन सोसाइटी ऑफ एक्स्टेंशन एजुकेशन और इंडियन सोसाइटी ऑफ एक्सटेंसन के फैलो हैं। हिन्दी मे मौलिक पुस्तक लेखन के लिए आपको वर्ष 2017 का राज भाषा गौरव (तृतीय) पुरस्कार "वैदिक कृषि का वैज्ञानिक स्वरूप जैव गतिशील कृषि" पुस्तक को प्रदान किया गया है।

डॉ (श्रीमती) आराधना कुमारी वर्तमान में सहायक प्राध्यापक (प्लांट फिजियालॉजी), के पद पर कृषि महाविद्यालय, जवाहर लाल नेहरू कृषि विश्व विद्यालय, गंज बासोदा, मध्य प्रदेश में पदस्थापित हैं। आपने कृषि स्नातक की उपाधि 2007 में राष्ट्रीय प्रतिभा छात्रवृत्ति के साथ कृषि विज्ञान संस्थान, बनारस हिन्दू विश्व विद्यालय से प्रथम श्रेणी में उत्तीर्ण की। डॉ कुमारी ने आई सी ए आर, जूनियर रिसर्च फैलोशिप के साथ परास्नातक की उपाधि (कृषि) सी बी एस एच, गोविंद बल्लभ पंत कृषि एवं प्रौद्योगिकी विश्व विद्यालय पंत नगर से 2009 में प्रथम श्रेणी के साथ उत्तीर्ण की। डॉ कुमारी को भारतीय कृषि अनुसंधान परिषद द्वारा परास्नातक के अध्यन हेतु जूनियर रिसर्च फैलोशिप भी मिली। डॉक्टरेट आफ फिलासफी की उपाधि (प्लांट फिजीओलोजी) 2012 भारतीय कृषि अनुसंधान संस्थान, नई दिल्ली से सी एस आई आर एवं डी एस टी फैलोशिप के साथ प्रथम श्रेणी में प्राप्त की। आपने अपनी सारी परीक्षाएँ प्रथम श्रेणी एवं विशेष सम्मान के साथ उत्तीर्ण की। आपने ए एस आर बी, सी एस आई आर और यू जी सी द्वारा आयोजित विभिन्न एन ई टी परीक्षाओं को भी उत्तीर्ण किया है। आपने कई राष्ट्रीय और अतंर्राष्ट्रीय सम्मेलनों में शोध पत्र प्रस्तुत किए हैं। आपने दो पुस्तक, दो तकनीकी बुलेटिन, विभिन्न शोध पत्र, लेखों की समीक्षा, पुस्तिकाएं, पुस्तक अध्याय आरै लोकप्रिय लेख प्रकाशित किए हैं। हिन्दी मे मौलिक पुस्तक लेखन के लिए वर्ष 2017 का राज भाषा गौरव (तृतीय) पुरस्कार "वैदिक कृषि का वैज्ञानिक स्वरूप जैव गतिशील कृषि" पुस्तक को प्रदान किया गया है। डॉ कुमारी के उत्कृष्ट एकेडमिक गतिविधियो एवं शोध मे अभिरुचि को सराहते हुये वर्ष 2016 मे सोसायटी फॉर अपलिफ्टमेंट ऑफ रुरल इकॉनमी वराणसी ने युवा वैज्ञानिक पुरस्कार से सम्मानित किया।

डॉ अंजनी कुमार वर्तमान में भारतीय कृषि अनुसंधान परिषद के कृषि प्रौद्योगिकी अनुप्रयोग अनुसंधान संस्थान के निदेशक के पद पर कार्यरत है। डॉ अंजनी ने वर्ष 1993 में कृषि विज्ञान केन्द्र विदिशा (म.प्र.) में सस्य वैज्ञानिक के पद पर कार्य करना प्रारंभ किया। तदुपरांत वर्ष 2002 में वरिष्ठ वैज्ञानिक सह कार्यक्रम समन्यवक के पद पर कृषि विज्ञान केन्द्र गुड़गांव (भारतीय कृषि अनुसंधान संस्थान, नई दिल्ली) में चयन हुआ। इसी संस्थान में वर्ष 2009 में प्रधान वैज्ञानिक सह अध्यक्ष कृषि विज्ञान केन्द्र का पदभार संभाला और 11 अप्रैल 2017 से निदेशक, अटारी, जोन 4, पटना के पद पर अपनी सेवायें दे रहे हैं। डॉ अंजनी नें तकनोकी हस्तांतरण द्वारा किसानों के विकास हेतु अनेकों तकनीकियों को किसानों के बीच हस्तांतरित करने में सफलता प्राप्त की। डॉ अंजनी के 100 से अधिक शोध पत्र विभिन्न राष्ट्रीय शोध पत्रिकाओं एवं अन्य प्रकाशन यथा प्रशिक्षण मेन्युअल, पुस्तक अध्याय, लोकप्रिय लेख, लीफलेट, बुलेटिन आदि प्रारूपों में प्रकाशित हो चुके हैं। इसके साथ–साथ 100 से अधिक बार आकाशवाणी एवं दूरदर्शन द्वारा कृषि संबंधित कार्यक्रमों का प्रसारण किया है। डॉ अंजनी को कई राष्ट्रीय पुरस्कारों जेसै भारतीय कृषि अनुसधान परिषद नई दिल्ली द्वारा बेस्ट कृषि विज्ञान केन्द्र अवार्ड, इंडियन सोसायटी ऑफ एक्सटेंशन एजुकेशन द्वारा फैलो अवार्ड, एस डी विद्यार्थी अवार्ड, वेस्ट के वी के वैज्ञानिक अवार्ड, मोविलाइजेशन सोसाइटी द्वारा यंग साइंटिस्ट अवार्ड, वेस्ट मोविलाइजर अवार्ड तथा फैलो अवार्ड से सम्मानित किया जा चुका है।

डॉ. आशुतोष उपाध्याय वर्तमान में भारतीय कृषि अनुसंधान परिषद के पूर्वी अनुसंधान परिसर पटना में प्रधान वैज्ञानिक के पद पर कार्यरत हैं। डॉ उपाध्याय ने वर्ष 1991 में पूर्वांचल जल प्रौद्योगिकी केन्द्र (सम्प्रति भारतीय जल प्रबन्ध संस्थान), भुवनेश्वर में मृदा एवं भू संरक्षण वैज्ञानिक के पद पर कार्य करना प्रारंभ किया। तदुपरांत वर्ष 2000 में वरिष्ठ वैज्ञानिक के पद पर जल प्रबन्ध निदेशालय में उनका चयन हो गया। कालान्तर में यही जल प्रबन्ध निदेशालय वर्तमान संस्थान में परिवर्तित हो गया। इसी संस्थान में 2008 नें प्रधान वैज्ञानिक का पदभार संभाला और वर्ष 2009 में भूमि एवं जल प्रबन्ध प्रभाग के प्रमुख पद पर आसीन हुये। वर्ष 2015 से अब तक प्रधान वैज्ञानिक के पद पर अपनी सेवायें दे रहे हैं। डॉ उपाध्याय ने भूमि एवं जल प्रबन्ध के क्षेत्र में विभिन्न अनुसंधान किये हैं। उनका प्रिय विषय मॉडलिंग द्वारा भूमि एवं जल के स्थाई व लाभकारी विकास हेतु विभिन्न विकल्पों का अध्ययन रहा है। डॉ उपाध्याय के 100 से अधिक शोध पत्र विभिन्न अन्तर्राष्ट्रीय व राष्ट्रीय शोध पत्रिकाओं एवं अन्य प्रकाशन यथा प्रशिक्षण मैन्युअल, पुस्तक अध्याय, लोकप्रिय लेख, लीफलेट, बुलेटिन, पालिसी पेपर आदि प्रारूपों में प्रकाशित हो चुके हैं। डॉ उपाध्याय को एक अंतर्राष्ट्रीय पुरस्कार ('इण्टरनेशनल कमीशन ऑन इरीगेशन एंड ड्रेनेज' द्वारा 'यंग प्रोफेशनल अवार्ड) एवं कई राष्ट्रीय पुरस्कारों जैसे ('भारतीय कृषि अनुसंधान परिषद, नई दिल्ली द्वारा 'जवाहर लाल नेहरु अवार्ड', 'लाल बहादुर शास्त्री अवार्ड', व 'कृषि स्लोगन प्रतियोगिता' में द्वितीय अवार्ड, 'इंडियन सॉयल कांसर्वेशनिस्ट सोसायटी' द्वारा 'यंग सॉयल कांसर्वेशनिस्ट अवार्ड', 'इंडियन सोसायटी ऑफ एग्रीकल्चरल इंजीनियर्स' द्वारा 'शंकर मेमोरियल अवार्ड', 'कामेंडेशन अवार्ड', 'टीम अवार्ड' एवं 'समग्र विकास वेलफेयर सोसायटी' द्वारा 'एमिनेंट साइंटिस्ट अवार्ड') से सम्मानित किया जा चुक है। डॉ उपाध्याय को वर्ष 2013 में

'द इंस्टीटयूशन आफ इंजीनियर्स' के 'फेलो' व वर्ष 2015 से 'सोसायटी फॉर अपलिफ्टमेंट ऑफ रूरल इकॉनोमी' वाराणसी के 'फेलो' से सम्मानित किया जा चुका है।

डॉ संजीव कुमार वर्तमान में बिहार कृषि विश्वविद्यालय, सबौर के अंतर्गत कृषि विज्ञान केंद्र, हरनौत नालंदा के वरीय वैज्ञानिक सह अध्यक्ष के पद पर कार्यरत है। इन्होंने परास्नातक (डेयरी प्रौद्योगिकी) इलाहाबाद कृषि संसथान, नैनी इलाहबाद अवं पी.एच.डी. राष्ट्रीय डेयरी अनुसन्धान संस्थान, करनाल से किया। इन्होने अपनी सेवा की शुरुवात (NDRI) करनाल के डेयरी प्रौद्योगिकी विभाग के अंतर्गत चल रहे नेटवर्क प्रोजेक्ट में रिसर्च एसोसिएट के पद से की। फिर इन्होने रा.कृ.वि.वि., पूसा के अंतर्गत कृ.वि.के., बांका में कनीय वैज्ञानिक (डेयरी) एवं प्रभारी पदाधिकारी के पद पर योगदान दिया। पुनः इनका चयन सहा. प्र. (डेयरी प्रौद्योगिकी) के पद पर हुआ। इन्होने मई, 2012 तक योगदान किया। तदोपरांत, पुनः इनका चयन बि.कृ.वि.वि. के अंतर्गत कृ.वि.के. के कार्यक्रम समन्वयक के पद पर हुआ। जहाँ इन्होने 2012–17 तक अमूल्य योगदान किया। इनके कुशल नेतृत्व में कृ.वि. केंद्र, नालंदा को वर्ष 2016 के लिए ICAR का सर्वश्रेष्ठ कृ.वि.के. का पुरस्कार प्रदान किया गया। किसानो के हित में एवं जैविक खेती पर विशेष कार्यक्रम के सफल कार्यान्वयन के कारण इन्हें एक्सटसें न वैज्ञानिक का पुरस्कार ICAR-CPRS पटना में वर्ष 2016 में प्रदान किया गया। डॉ कुमार ने लगभग 17 वर्षों से अधिक अवधि तक शिक्षा, अनुसन्धान, प्रसार शिक्षा एवं प्रशासन के विभिन्न पदों पर योगदान किया है। डॉ कुमार ने अंतर्राष्ट्रीय, अंतरशासकीय एवं राष्ट्रीय स्तर के प्रतिष्ठित जर्नल पुस्तिका इत्यादि में 70 से भी अधिक रिसर्च पेपर, रिव्यू पेपर, किताब, तकनीकी लोकप्रिय आलेख प्रकाशित किये हैं। तथा 1 पेटेंट भी है। उन्होंने कई प्रतिष्ठित अंतर्राष्ट्रीय एवं राष्ट्रिय जर्नल प्रकाशन हेतु विभिन्न पाण्डुलिपि का परिक्षण किया है। डॉ कुमार ने विभिन्न प्रकार के अंतर्राष्ट्रीय एवं राष्ट्रिय संगोष्ठी, सेमीनार, कार्यशाला, विभिन्न प्रकार के कृषि एवं सम्बद्ध विज्ञान के रोजगारोन्मुखी प्रशिक्षित किसान सलाहकार प्रशिक्षण, कृषि वैज्ञानिकों के 102वें एफ.एफ.टी. प्रशिक्षण, किसान मेला, गोष्ठी, डेयरी मेला इत्यादि के आयोजक सचिव, कोर्स डायरेक्टर, सचिव अध्यक्ष इत्यादि के रूप में योगदान किया। डॉ कुमार को अखिल भारतीय पशु चिकित्सा सार्वजनिक स्वास्थ्य संगठन द्वारा वर्ष 2010 में युवा वैज्ञानिक का पुरूस्कार, बिहार पशु चिकित्सा महाविद्याालय में आयोजित राष्ट्रीय संगोष्ठी में प्रदान किया गया। इसके अतिरिक्त डॉ कुमार को विभिन्न अन्तर्राष्ट्रीय एवं राष्ट्रीय संगोष्ठी, सेमीनार मे सर्वश्रेष्ठ पेपर, सर्वश्रेष्ठ पोस्टर पुरूस्कार इत्यादि भी प्रदान किया गया हैं।

डॉ राकेश कुमार यादव वर्तमान में कृषि विज्ञान केंद्र (राजमाता विजयाराजे सिंधिया कृषि विश्वविधालय), अलीराजपुर में वरिष्ठ वैज्ञानिक एवं प्रमुख के पद पर कार्यरत हैं। उनका जन्म राजस्थान के सीकर जिले में हुआ था और गाँव के स्कूल में प्राथमिक शिक्षा प्राप्त कर राजस्थान विश्वविधालय, जयपुर से स्नातक (बी.एस.सी., कृषि), राजस्थान कृषि विश्वविधालय, बीकानेर से स्नातकोत्तर (एम.एस.सी., पादप रोग विज्ञान) एवं महाराणा प्रताप कृषि एवं प्रौधोगिकी विश्वविधालय, उदयपुर से विद्या वाचस्पति (पी.एच.डी., पादप रोग विज्ञान) किया है। कृषिगत

वैज्ञानिक तकनीकियों के विस्तार में उनके पास 12 वर्षों का पेशेवर अनुभव है। उन्होने आदिवासी कृषकों के विकास के लिए मुर्गी की नस्ल कड़कनाथ के सरंक्षण व प्रचार तथा समन्वित कीट व रोग प्रबंधन, जल सरंक्षण, उद्यानिकी फसलों के विस्तार, बीज उत्पादन, जैविक कीटनाशकों के प्रयोग के क्षेत्र में महत्वपूर्ण योगदान दिया है। वे आई. सी. ए. आर. द्वारा वित्त पोष्ति परियोजनाओ निकरा, एन. ए. आई. पी., ए. आई. सी. आर. पी. (मक्का) का हिस्सा भी रहे हैं। उनके पास 20 से अधिक शोधपत्र, 08 बुकलेट, 24 लोकप्रिय लेख हैं तथा 07 सफलता की कहानियाँ राष्ट्रीय पत्रिकाओं में प्रकाशित हुयी हैं। डॉ यादव को 2015 मे भारतीय कृषि अनुसंधान परिषद के स्थापना दिवस पर विस्तार क्षेत्र के उत्कृष्ट कार्य हेतु स्वामी सहजानन्द सरस्वती उत्कृष्ट विस्तार वैज्ञानिक पुरस्कार से सम्मानित किया गया। विश्वविद्यालय, जिला प्रशासन एवं कई सोसाइटी द्वारा भी इनको सम्मानित किया जा चुका है।

डॉ प्रेम कुमार सुन्दरम वर्तमान में भारतीय कृषि अनुसंधान परिषद का पूर्वी अनुसंधान परिसर, पटना में वैज्ञानिक के पद पर कार्यरत हैं। उनका जन्म बिहार राज्य के नालंदा जिले में हुआ था और झारखंड के बोकारो स्टील सिटी में स्कूल शिक्षा पूरी की थी। उन्होंने चौधरी चरण सिंह हरियाणा कृषि विश्वविद्यालय, हिसार से स्नातक (बी. टेक., कृषि अभियांत्रिकी), एवं जी.बी. पंत कृषि विश्वविद्यालय और प्रौद्योगिकी, पंतनगर से परास्नातक (एमटेक, फार्म मशीनरी और पावर इंजीनियरिंग) पूरा किया है। भारत के प्रतिष्ठित कृषि संस्थान, भारतीय कृषि संस्थान संसथान, नई दिल्ली से उन्होंने पी.एच.डी. किया है। प्राकृतिक संसाधन प्रबंधन (एन.आर. एम.), जैव ईंधन, कृषि मशीनों के डिजाइन और विकास के क्षेत्र में उनके पास 8 से अधिक वर्षों का पेशेवर अनुभव है। उन्होंने फार्म मशीनरी और पावर इंजीनियरिंग के क्षेत्र में महत्वपूर्ण योगदान दिया है। वह आई.एफ.ए.डी. और आई.आर.आर.आई. द्वारा वित्त पोषित परियोजना का हिस्सा भी रहे हैं। उनके पास एक पेटेंट, 15 से अधिक राष्ट्रीय और अंतर्राष्ट्रीय शोध लेख और विभिन्न लोकप्रिय लेख हैं। वह जर्नल ऑफ एग्रीसर्च आरै हॉर्टफ्लोरा रिसर्च स्पेक्ट्रम के संपादक आरै समीक्षक भी हैं। उन्हानें अन्तर्राष्ट्रीय जर्नल प्रकाशन हेतु पाण्डुलिपि का पुन्रीक्षण भी किया है, वह इंडियन सोसाइटी ऑफ एग्रीकल्चरल इंजीनियरिंग (आईएसएई) के आजीवन सदस्य हैं।